広大すぎる
宇宙の謎を解き明かす

14歳からの
宇宙物理学

KADOKAWA

はじめに

たぶん「宇宙」はだれにとっても魅力的なものでしょう。「宇宙に果てはあるのか」「宇宙が始まる前にはなにがあったのか」「宇宙人はいるのか」など、一度はあれこれ想像してワクワクしたことがあると思います。ところが、なぜかそこに「物理学」という言葉がついた途端に多くの人は萎えてしまいます。「難しくて退屈な勉強」の仲間だと思われてしまうからでしょうか。しかし、「物理学」とは噛《か》み砕けば「なんで？」という自然に対する疑問を驚くほど徹底的に突き詰める活動のことです。そのため、みなさんが一度は妄想した宇宙に関するさまざまな疑問の答えは「宇宙物理学」という学問の中にあるはずなのです。

そんな宇宙物理学に期待する知識をゆるく広くお届けすることが本書の目的です。難しいこともイラストや写真とともになるべくかんたんな言葉で説明したつもりです。とはいえ、中学生以上が対象の本だからといって、内容は手加減していません。もしわからないことがあっても落ち込まないでください。みなさんが理解できなかったのは、私の説明が未熟なのが原因かもしれません。

言い訳のようですが、そもそも宇宙には解明されていないことがまだまだたくさんあります。だから、すべて理解できなくても大丈夫です。本書を読んでわからないことがあったら、自分の考えを膨らませて家族や友人、先生など人と共有して楽しんでください。そして、もし新しい発見やもっとわかりやすい説明を見つけたらぜひ教えてください。

　私は高校生のときに学校の図書館に漫画を読みに行って、たまたま目に入った数学の公式辞典を手に取ったのが物理学を学ぶきっかけになりました。まったく意味はわかりませんでしたが、難しそうな数式が大量に並んでいるのを見て「なんかかっこいい」と思い数学や物理学に興味を持ちはじめ、気がつけば今は宇宙物理学を研究しています。なにかを学び始めるきっかけは、きっとそんな些《さ》細《さい》なものでしょう。本書がみなさんが宇宙や物理学に興味を持つきっかけになれば、とてもうれしく思います。

武田紘樹

CONTENTS

CHAPTER 1

宇宙を知るにはまずここから！物理のキホン

CHAPTER 2

重力は宇宙物理学のキモ！

CHAPTER

3

宇宙の謎を少しずつ解明しよう

CHAPTER
4
宇宙に存在する「天体」ってなんだろう

ブックデザイン　新井大輔　中島里夏（装幀新井）
カバーイラスト　丹地陽子
本文イラスト　白井匠
DTP　山本秀一・山本深雪（G-clef）
三橋理恵子（Quomodo DESIGN）
校正　麦秋アートセンター
編集協力　知野美紀子　深谷恵美
編集　川田央恵（KADOKAWA）

CHAPTER
1

宇宙を知るには まずここから! 物理のキホン

物理ってなんだろう。
数学や理科で出てくる数式は、
数字とアルファベットの羅列にしか
見えないかもしれません。
でも、じつは物理学は私たちの世界の中で起きる
さまざまな「なんで?」を解き明かす学問なのです。

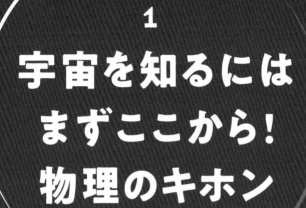

chapter 1

1

物理学は謎を解き明かしていく「超おもしろい学問」

物理学は自然の「なんで?」を解き明かす学問です。

「なんで手を離すとりんごは地面に落ちるの?」「なんで空は青いの?」「どうやって宇宙は始まったの?」そういったさまざまな疑問を、周りの人が見たらちょっと引いてしまうくらい突き詰めていく。そして、自然の背後にあるルールを理論としてまとめる。それが物理学の究極のゴールです。

さらに物理学はその研究対象などによって力学、電磁気学、量子力学、熱・統計力学などの分野に分けられます。本書では、物理学の中でも「宇宙物理学」と呼ばれる、宇宙を対象にした物理学についてゆるく、でも内容は濃く紹介していきます。

ひと口に宇宙物理学といっても左の図を見てもわかるように宇宙や天体の研究対象によって細かく分けられます。大きく「重力」「宇宙論」「天体物理」の3つの領域があります。これらはすべて、だれかのものすごい好奇心によって解明されてきたものです。

さあ、これからこの本と一緒に私たちの宇宙という不思議で謎に満ちたものの姿を少しずつ見ていきましょう。

宇宙物理学の地図（研究分野）

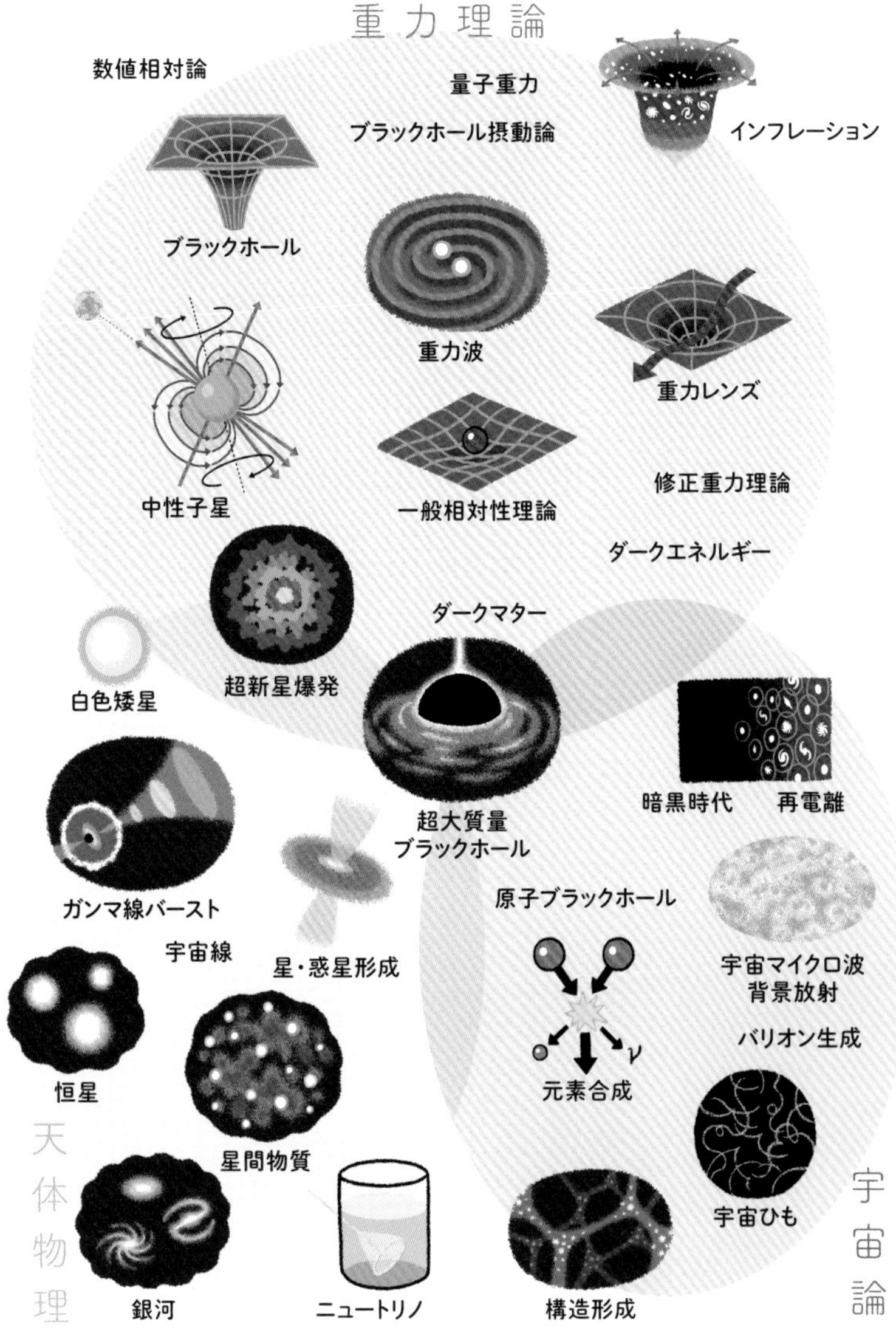
重力理論
数値相対論
量子重力
ブラックホール摂動論
インフレーション
ブラックホール
重力波
重力レンズ
中性子星
一般相対性理論
修正重力理論
ダークエネルギー
ダークマター
白色矮星
超新星爆発
超大質量
ブラックホール
暗黒時代
再電離
ガンマ線バースト
原子ブラックホール
宇宙線
星・惑星形成
宇宙マイクロ波
背景放射
ν
バリオン生成
恒星
元素合成
天体物理
星間物質
宇宙ひも
宇宙論
銀河
ニュートリノ
構造形成

chapter 1

2 「宇宙」という言葉の本当の意味は…？

「宇宙」と聞いてあなたはなにを思い浮かべますか？　輝く星がちりばめられた夜空でしょうか。それとも動画や写真で見たことのある作り物みたいに美しい銀河でしょうか。中にはSFに出てくる宇宙船や宇宙飛行士を思い浮かべる人もいるでしょう。このように、宇宙に対して人がイメージするものはさまざまです。

じつは、宇宙の「宇」は「空間」を表し、「宙」は「時間」を表します。つまり、本来「宇宙」とは時間と空間を表す言葉なのです。

それでは、「宇宙はなにからできているか」

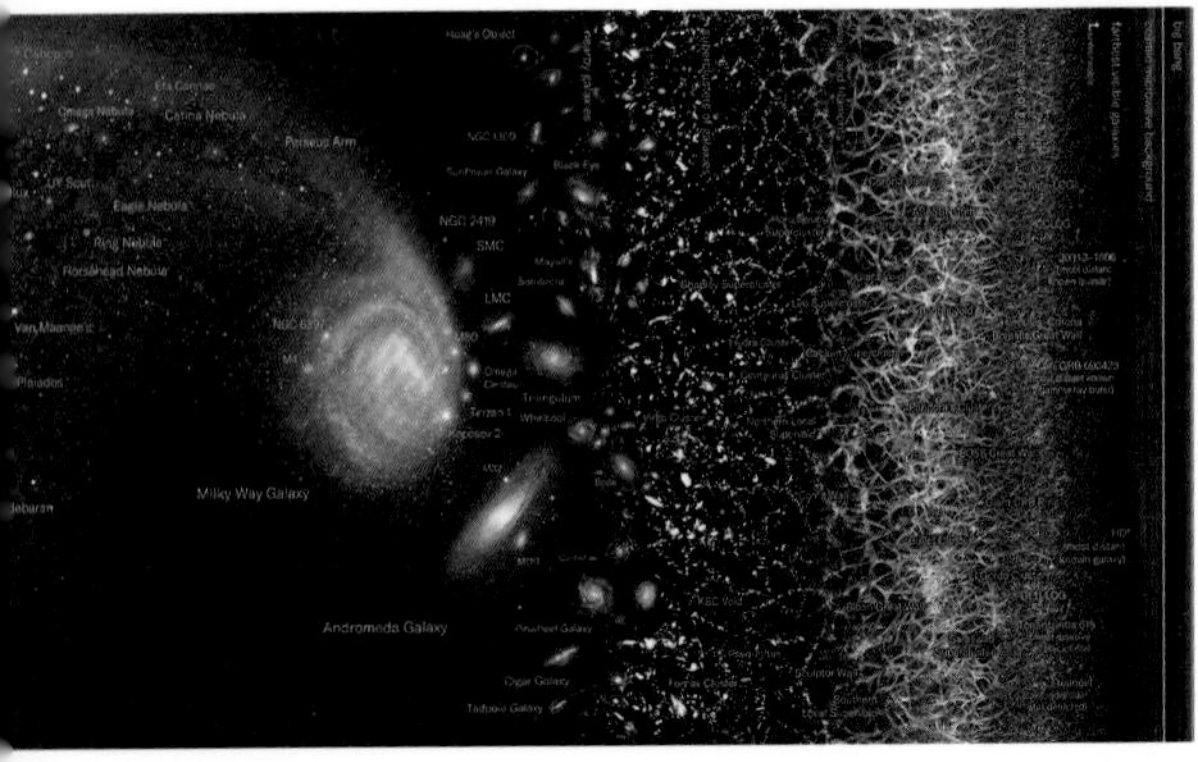

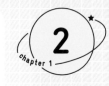

と聞かれたらどう答えますか？

宇宙はおもちゃ箱のように「入れ物」と「中身」からできていると考えられています。時間と空間をまとめて「時空」とも呼びますが、時空こそが入れ物です。その中にある星や銀河などの物体が中身で、それを「天体」と呼びます。箱に入っているおもちゃともいえるでしょう。

最新の物理学と天文学に触れてみれば、宇宙の箱である「時空」と中身である「天体」、つまり宇宙全体で遊ぶことができるのです。そしてまだ解明されていない、宇宙の不思議にも近づくことができるのです。

観測可能な宇宙の地図

現在知られている天体を、地球を起点にして描いた観測可能な宇宙の地図です。地球からそれぞれの天体までの距離は対数スケールで描かれていて、右に向かうほど指数関数的（急速に）大きくなります。対数スケールとは10の指数、つまり数の桁で表した目盛のことです。

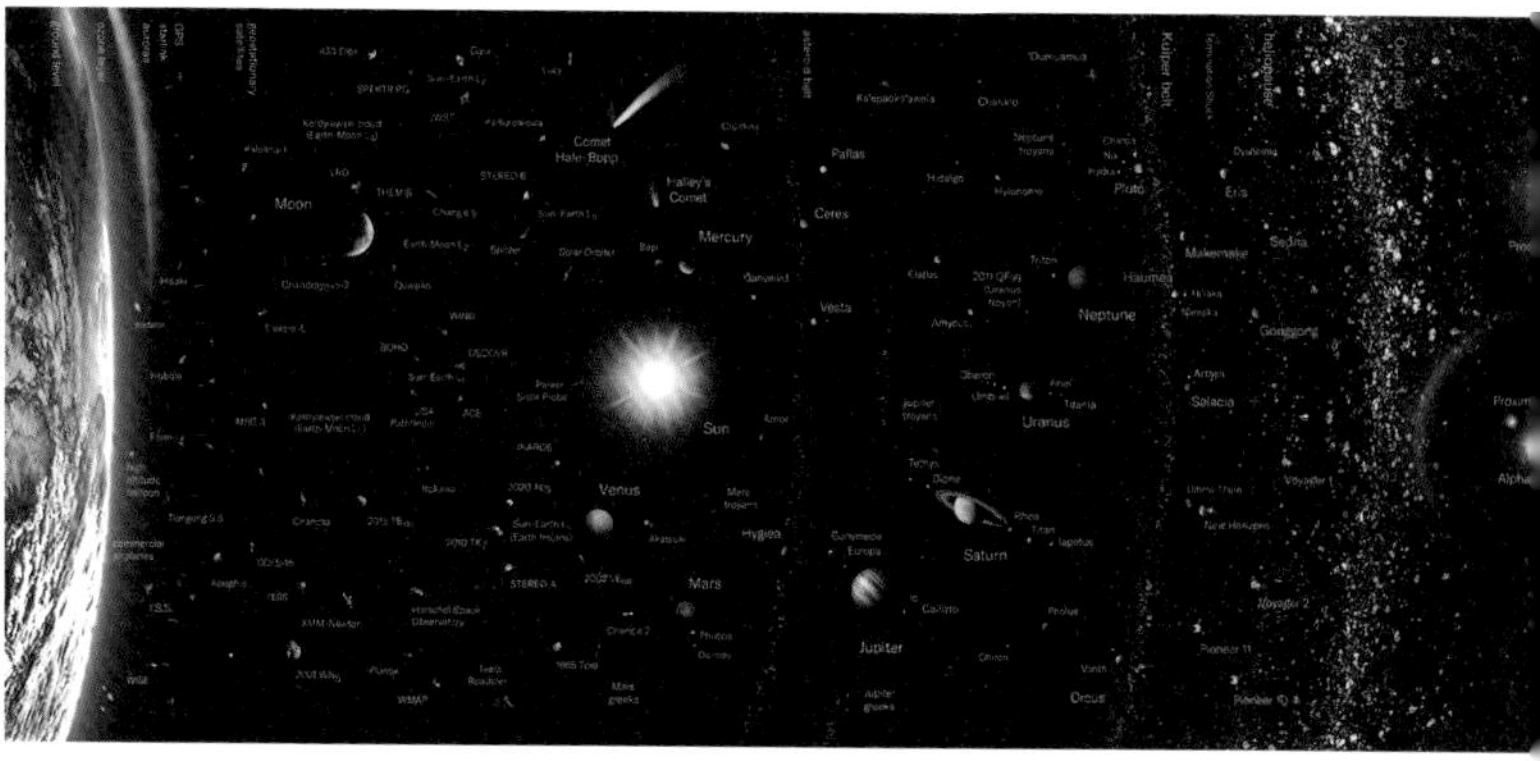

chapter 1

3

古代の「宇宙観」は宗教や神話と切り離せない

現在の物理学では宇宙は「時空に天体があり、それらが物理法則に従って進化する」と考えられています。それでは望遠鏡すらなかった昔の人たちは、宇宙が一体どうなっていると考えていたのでしょうか。

古代エジプトでは、兄妹で夫婦でもある天空の女神「ヌト」と大地の神「ゲブ」の間を大気の神「シュー」が引きはがし、天（宇宙）と地に分けたと考えられていました。

古代インドの仏教的な世界観では、山と海で囲まれた須弥山《しゅみせん》という大きな山の外側にある４つの島の１つに人間が住んでいると考えられていました。一方で、古代インドのヒンドゥー教的な世界観では、大地を支える象、山を支える亀、海に浮かぶ蛇などが宇宙を構成していると考えられていました。

また、古代中国では、球状の天（宇宙）の半分が水で満たされていて、その上に大地が浮かぶという渾天《こんてん》説の考えがありました。

このように、自然を科学的にとらえる前は、宇宙の見方は宗教と強く結びついていました。地域や宗教ごとに異なる宇宙の見方がありますが、宇宙がどうなっているのかに思いをめぐらせるのは今も昔も同じようです。

古代の宇宙観

古代の宇宙観は宗教や神話と強く結びついています。これらは古代エジプト、古代インド、古代中国におけるいくつかの宇宙観を表すイラストです。

古代エジプト

天空の神と大地の神の間を大気の神が引きはがしたことで天と地に分かれたと考えられていました。

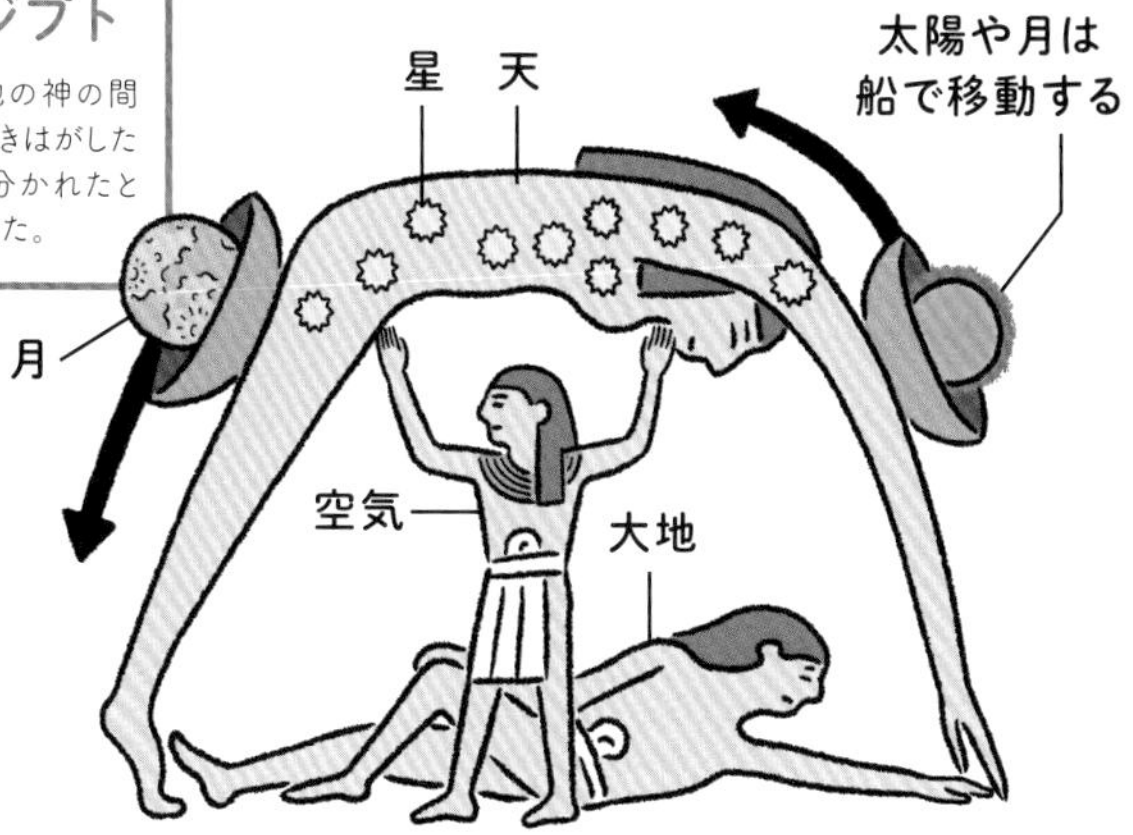

渾天《こんてん》説（中国）

球状の天の半分が海水で満たされていて、その上に平らな大地が浮かんでいると考えられていました。

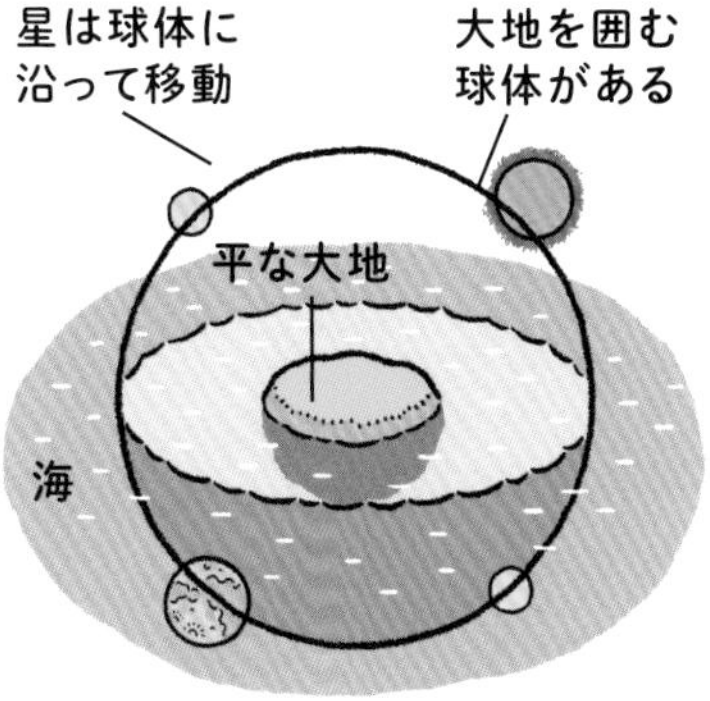

仏教（インド）

山と海で囲まれた須弥山と呼ばれる大きな山の外側にある4つの島の1つに人間が住んでいると考えられていました。

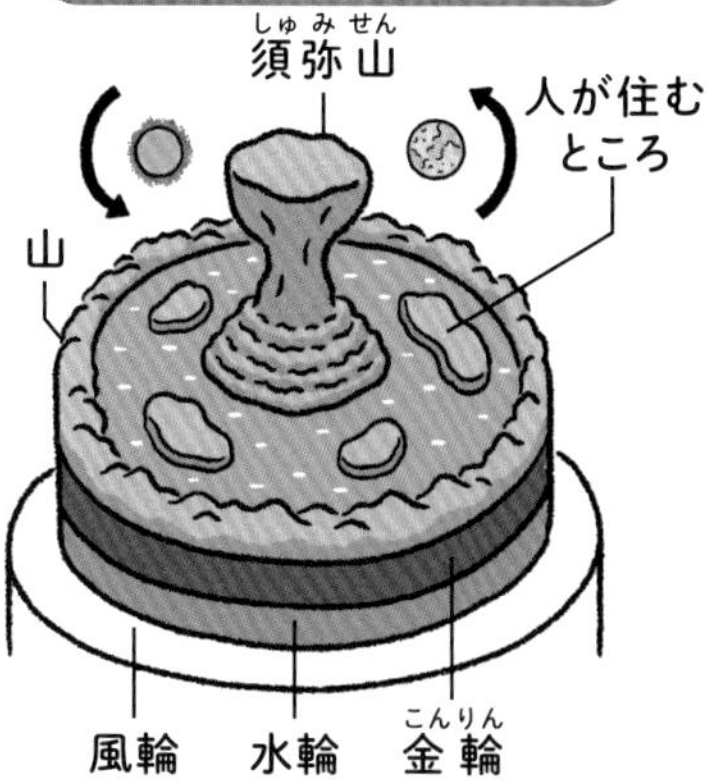

chapter 1

4

1000年以上も「地球が宇宙の中心だ」と思われていた

キリスト教が影響力を持っていた中世のヨーロッパでは、**地球中心説**（天動説）が信じられていました。これは古代から続く考え方で、「静止している地球の周りを太陽やその他の星が回る」とするものです。

2世紀ごろのギリシャの科学者プトレマイオスが、太陽と月、5つの惑星の動きを、導円や周転円などの円を使って説明しました。①のように導円は天動説において地球を中心とする大きな円で、周転円（③）とは②のように天球上での惑星が導円の内側では逆行する運動を、円運動に基づいて説明するために導入された円です。しかし、実際には惑星の回転運動の半径や速度は変化します。これを説明するため、導円は中心が地球から少し離れた離心円となっていて、周転円は「エカント」という点から見て一定の速度で動くと考えることで実際の惑星の運動を説明しました。

プトレマイオスの天動説は惑星の運動を非常に正確に説明していたこともあって、その後1000年以上にわたって支持され続けました。古代から中世まで、当時の人にとっては大地は動かないという考えは自然なものだったのでしょう。

地球中心説（天動説）

中世のヨーロッパでは1000年以上にわたって「宇宙の中で地球は止まっていて、その周りを星が回る」という地球中心説（天動説）が信じられていました。

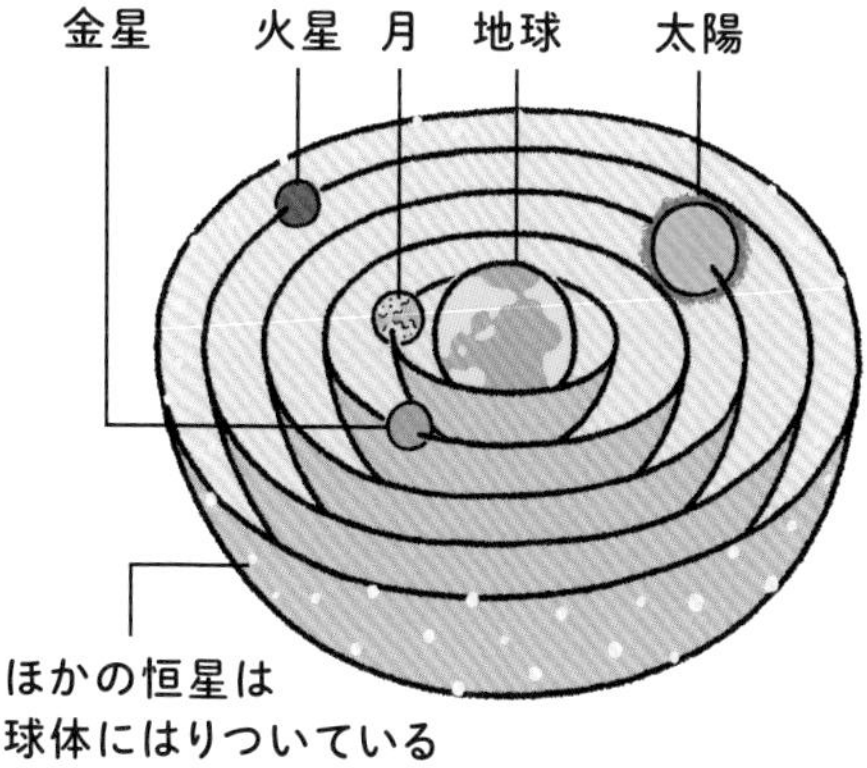

①

地球中心説では、太陽や月、惑星は導円と呼ばれる地球を中心とする大きな円を基準に運動し、地球の周りを周っていると考えられていました。

②

しかし、導円だけでは惑星の逆行という現象を説明できません。逆行とは、天球上で惑星が移動する方向が西から東に戻っているように見える現象です。

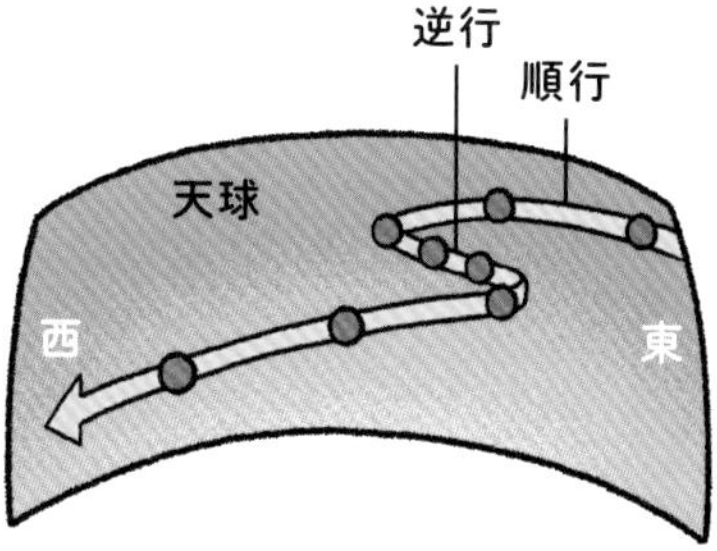

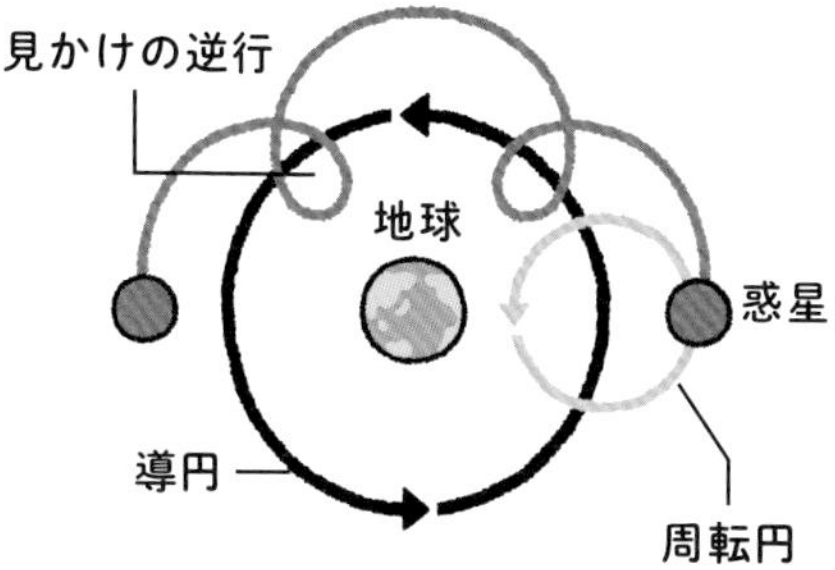

③

そこで地球中心説では導円上を中心にした周転円と呼ばれる小さな円を描きながら天体は動いていると考えることで逆行を説明しました。

memo　古代にも「固定された大地の上に天上の世界がある」とする世界観はありましたが、それらは一般的には天動説とは呼びません。

5
chapter 1

地球中心から太陽中心へ コペルニクス、ガリレイ、ケプラー

16世紀、ポーランドの天文学者コペルニクスが「地球は他の惑星とともに太陽の周りを公転している」という、太陽中心説（地動説）を提唱しました。**地球中心説**では、惑星が天球上を逆方向に進む現象を説明するために導円に周転円を加えていました。しかし太陽中心説であれば、これを惑星の公転速度の違いで自然に説明できるのです。

17世紀になると、イタリアの科学者ガリレイが自ら製作した望遠鏡を使って木星の周りを回る4つの**衛星**を発見しました。これは、「すべての星は宇宙の中心である地球の周りを回る」という天動説を否定する根拠になるものでした。ガリレイはこの成果を発表しますが、聖書の教えに反するとしてキリスト教の宗教裁判にかけられ、終身刑となりました。

ガリレイと同時期、ドイツの天文学者ケプラーは、惑星の観測データを解析して「惑星は円運動ではなく太陽を焦点とする楕円《だえん》運動をしている」などの3つの法則を発見しました。

このようにして宗教や神話に基づいた地球中心の宇宙観から、天体の観測に基づいた太陽中心の宇宙観へと移り変わっていったのです。

コペルニクスの宇宙

太陽を中心に水星、金星、地球、火星、木星、土星が円軌道上を回るとし、それらを取り囲むように静止した恒星が貼り付いた球があると考えられていました。

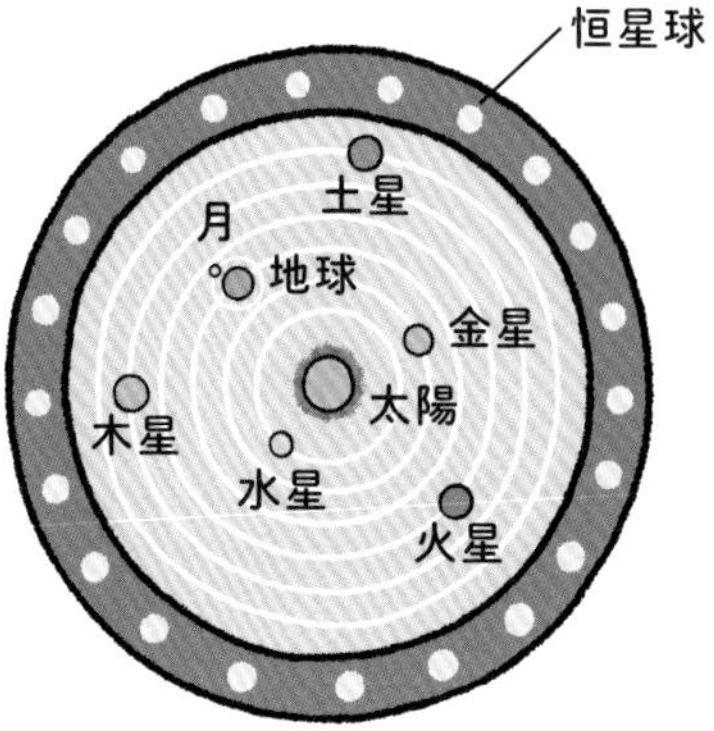

ケプラーの3法則

第1の法則

惑星は太陽を1つの焦点とする楕円軌道上を運動する。楕円とは焦点と呼ばれる2つの点からの距離の和が一定の点を集めた軌跡です。

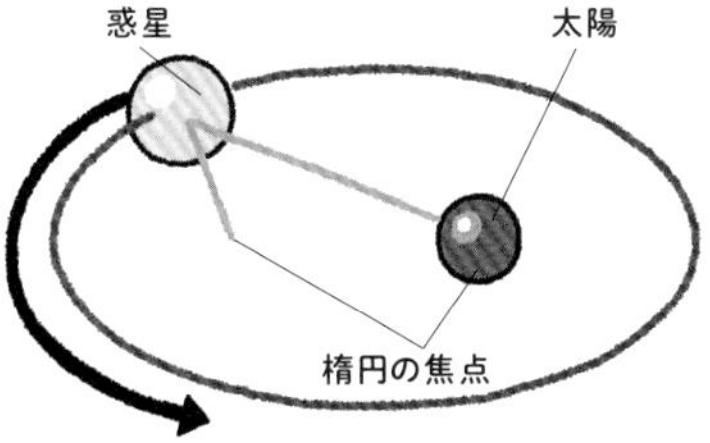

第2の法則

惑星の面積速度（太陽と惑星が単位時間あたりに描く面積）は一定です。

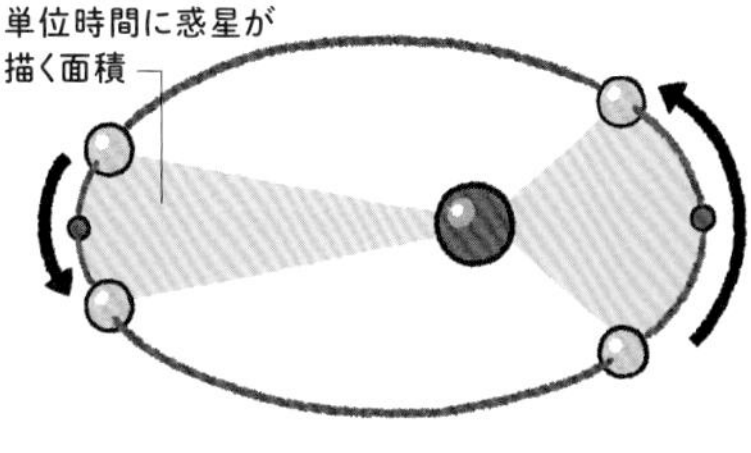

第3の法則

惑星の公転周期（太陽の周りを一周する時間）の2乗は楕円軌道の長半径（楕円の長い方の半径）の3乗に比例します。

memo　ローマ教皇が、ガリレイの裁判が誤りであったことを認めて謝罪したのはガリレイ死去から350年も経った後の1992年でした。

6

chapter 1

数式は宇宙を語る言葉！

私たちがふだん使う言葉だけでは、宇宙のさまざまな現象を正確に説明することはできません。そこで登場するのが数学（数式）です。まずは物理学でよく登場する方程式の考えをざっくり説明します。

　方程式は中学校の数学で勉強するものですが、「まだわかっていない量を含む等式」を指します。まだわかっていない量は、数学的には変数などといい、アルファベット（xやyなど）を使って表します。変数は自由な数になれる箱のような役割をします。等式とはイコールで結ばれた式のことを指します。変数が等式で結ばれることで、変数は自由な値を取れず、その等式が示すルールに従った値を取ることになります。方程式は未知の量が従う法則を与えているのです。

　物理学では位置、速度、加速度、電磁場、温度などの物理的な量がどの関係に従っているかを表す方程式を見つけ出します。そしてその方程式を使い、天体の位置、宇宙が膨張する速度、ロケットの加速度、星の温度などの物理量がどう変化するかを計算します。左の図では自然の背後にある法則を、物理学が数式を使って表現しているのがわかります。

方程式の考え方

方程式と条件を与えると変数の値が決定されます。

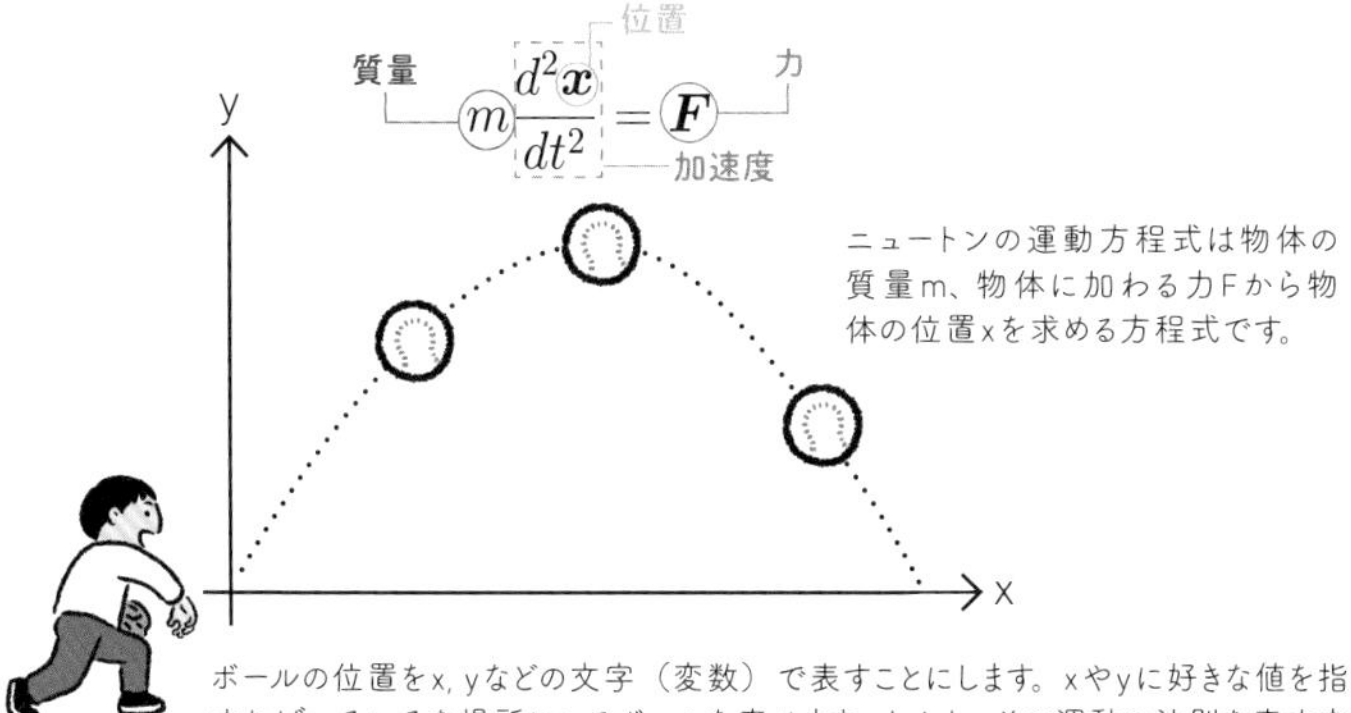

ニュートンの運動方程式は物体の質量m、物体に加わる力Fから物体の位置xを求める方程式です。

ボールの位置をx, yなどの文字（変数）で表すことにします。xやyに好きな値を指定すればいろいろな場所にいるボールを表せます。しかし、その運動の法則を表す方程式と、運動の条件（例えばある時刻での位置と速度）などを決めれば、xとyがある時刻でどんな値を取るかが決まります。このような方程式を特に微分方程式と言います。

生活に隠れる物理法則を表す方程式や数式

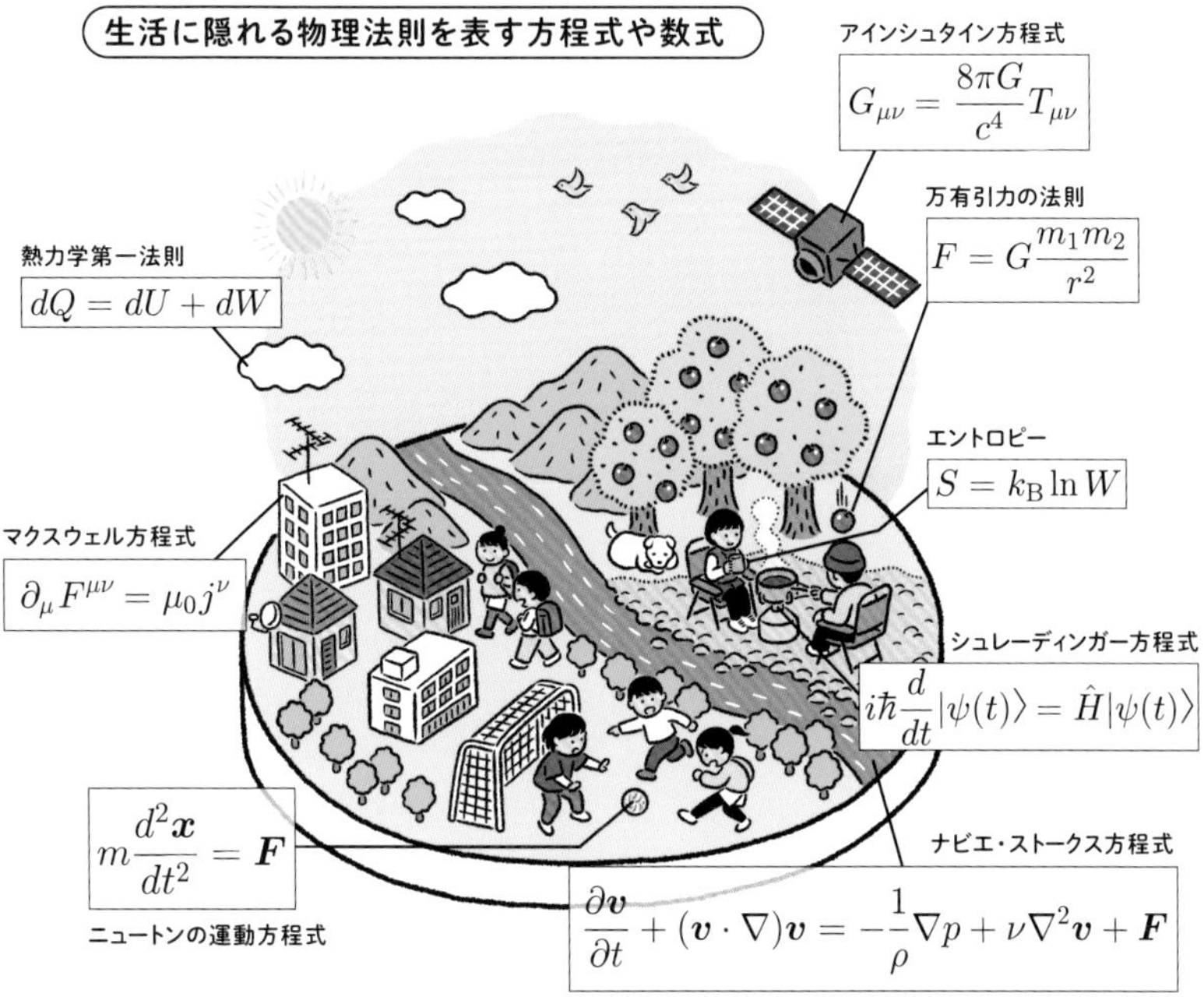

chapter 1 7

宇宙の研究者は結構おおざっぱ

宇宙はとてつもない規模なので、非常に大きな数がよく登場します。逆に、ものすごく小さい数も登場します。これらの数を表すのにゼロを大量につけるのは書くのも大変なので、よく用いられるのが**指数表記**と呼ばれる、10の右肩に小さい数を書く記法です。

10の右肩に小さくaと書くと10をa回掛けた数、つまりゼロがa個連なった数を表すことができます。また、10の右肩に小さく-aと書くと、1を10でa回割った数、つまりゼロがa個連なった少数を表すことができます。

宇宙物理学や天文学では「１０１か１０２かはさておき、とりあえず１００ぐらいなのか１０００ぐらいなのかを知りたい」というように、物理量のだいたいの大きさが気になることがよくあります。そのような桁の違いを表すのに**オーダー**という概念があります。オーダーはＯ《オー》を使って表し、「１００のオーダー（Ｏ（１００））」は3桁の数、つまり１００から９９９程度の数を表します。細かい数字を評価する場合もありますが、最初から細かい計算をする前に「20と70なんて2桁だから一緒でしょ」みたいなノリで、どの程度の大きさなのかを予測して議論しています。

大きい・小さい数の表し方 - 指数表記と接頭辞

10^{24}	1 000 000 000 000 000 000 000 000	Y（ヨタ）
10^{21}	1 000 000 000 000 000 000 000	Z（ゼタ）
10^{18}	1 000 000 000 000 000 000	E（エクサ）
10^{15}	1 000 000 000 000 000	P（ペタ）
10^{12}	1 000 000 000 000	T（テラ）
10^{9}	1 000 000 000	G（ギガ）
10^{6}	1 000 000	M（メガ）
10^{3}	1000	k（キロ）
10^{-3}	0.001	m（ミリ）
10^{-6}	0.000 001	μ（マイクロ）
10^{-9}	0.000 000 001	n（ナノ）
10^{-12}	0.000 000 000 001	p（ピコ）
10^{-15}	0.000 000 000 000 001	f（フェムト）
10^{-18}	0.000 000 000 000 000 001	a（アト）
10^{-21}	0.000 000 000 000 000 000 001	z（ゼプト）
10^{-24}	0.000 000 000 000 000 000 000 001	y（ヨクト）

長さ1メートルを基準にしたときに、それぞれの指数表記と接頭辞に対応する宇宙に現れるさまざまな長さを示しています。

8

chapter 1

宇宙の話でよく使われる、超ビッグな単位

単位とは、なにかしらの量を表すときに使う基準となるもののことです。例えば10mは1mという基準があって、その10倍の長さという量を表していますね。また、身長を聞かれて184cmを「0・00184kmです」と答える人はいないように、単位は議論している状況に合ったものを使います。

日常生活の単位は宇宙を表すには小さすぎるので、かなり大きい単位が必要になります。よく使う単位をいくつか紹介しておきます。

まず、長さの単位です。長さの単位としてはパーセク（pc）をよく使います。地球は太陽の周りを公転しているので、1年を通して星の天球上の位置が変化します。この位置の変化を表す角度を年周視差といいます。1pcは年周視差が1／3600度になるときの距離として決められています。例えば、1pcの100万倍は1Mpc（メガパーセク）という単位を使って表します。

一方、時間には年（yr）を使います。1年の10億倍なら1Gyr（ギガイヤー）と書きます。

また、質量の単位には太陽の質量をよく使います。太陽の何倍の質量を持っているかで、星や銀河などの天体の質量を表すのです。

年周視差

地球が太陽の周りを回ることで天体の天球上の位置が変化します。このときの変化を表す角度を年周視差と言います。

星が遠いほど年周視差は小さい

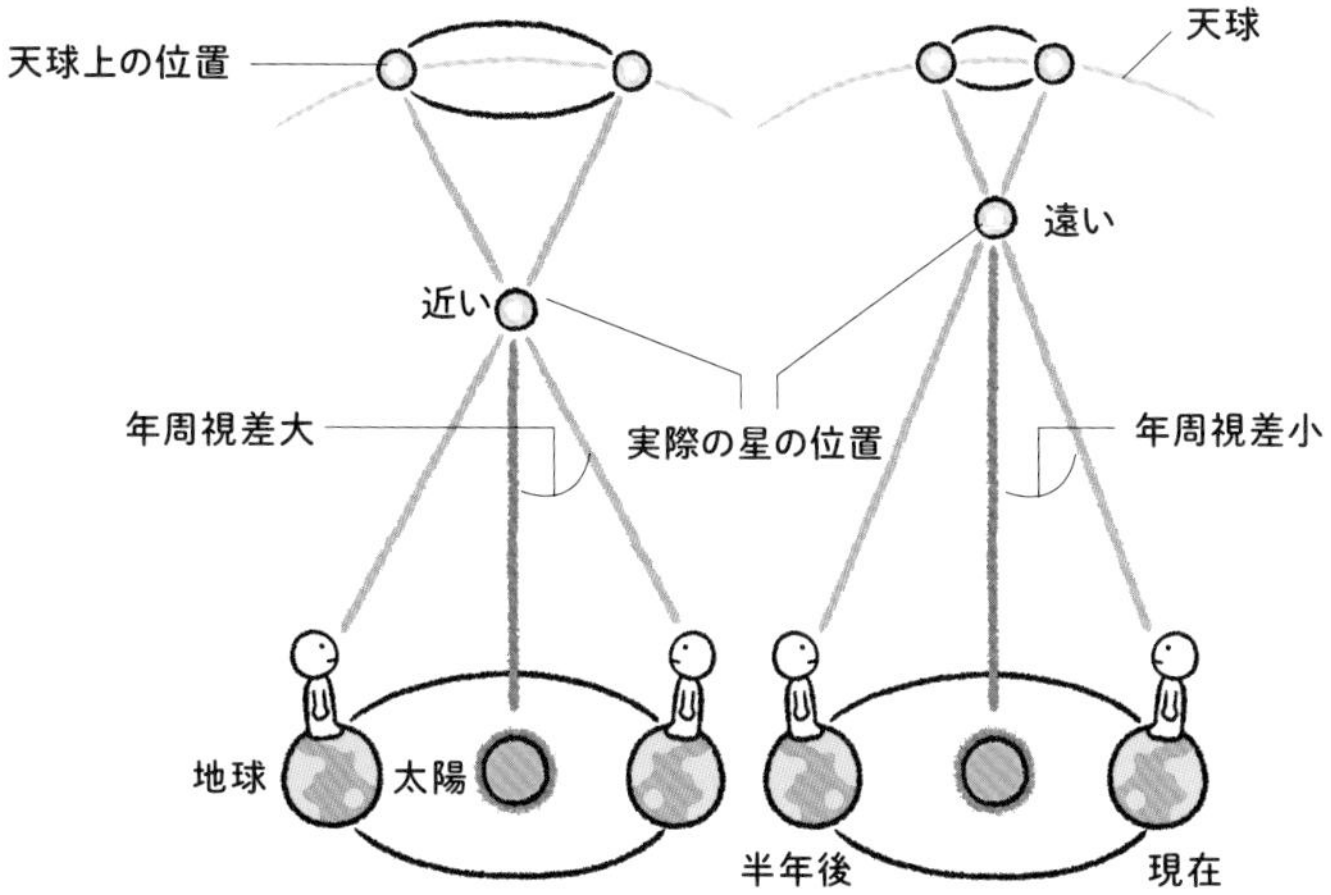

太陽質量で質量を表すイメージ

$$M = 3M_{\odot}$$

太陽の質量を太陽質量といいます。天体の重さは太陽の質量の何倍かで表します。この例では、左の天体の質量Mは太陽の質量$M_{\odot}$の3倍なので、$M=3M_{\odot}$と表します。

memo　質量とは物体を構成する不変な物質の量のこと。慣性の大きさ（物体の動かしにくさの度合い）を示す量のことです。

chapter 1

9

光の正体は「電磁波」人が見えない光もたくさんある

望遠鏡は、遠くにあるものを近くにあるかのように見せる装置です。なかでも光学望遠鏡は、宇宙空間から地球にやってくる光をレンズや鏡を使って集めるものです。

じつは光の正体は電磁波という波です。波は振幅、振動数（周波数）、波長という３つの特徴を持っています。振幅は波の高さ、振動数は波が振動する数、波長は波と波の間の長さを表しています。振動数が大きくなると波長は短くなるという関係があります。

人間は波長が３８０nmから７６０nmの電磁波を目で見ることができます。この波長帯の光を可視光《かしこう》といい、振幅が大きくなると明るく見えます。また、振動数や波長が変わると光の色が変化します。

人が肉眼で見えない光も波長によって電波、マイクロ波、赤外線、紫外線などに分けられます。望遠鏡には得意な波長があって、目で見える光（可視光）を見るための望遠鏡だけでなく、目で見えない電磁波を電気信号に変換して見えるようにする望遠鏡もあります。このような望遠鏡には「電波望遠鏡」、「X線望遠鏡」、「紫外線望遠鏡」といった得意な波長帯の名前がつけられています。

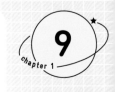

いろいろな電磁波

電磁波は光速で伝わるため、振動数と波長は1対1に対応しています。光には振動数（周波数）ごとに異なる名前がつけられています。光は光子と呼ばれる粒子の流れで、光子のエネルギーは周波数で決まります。電子1個の電荷の絶対値は電気素量（e）といい、1eVは電子を真空中で1Vの電位差で加速したときに電子が持つエネルギーを表します。

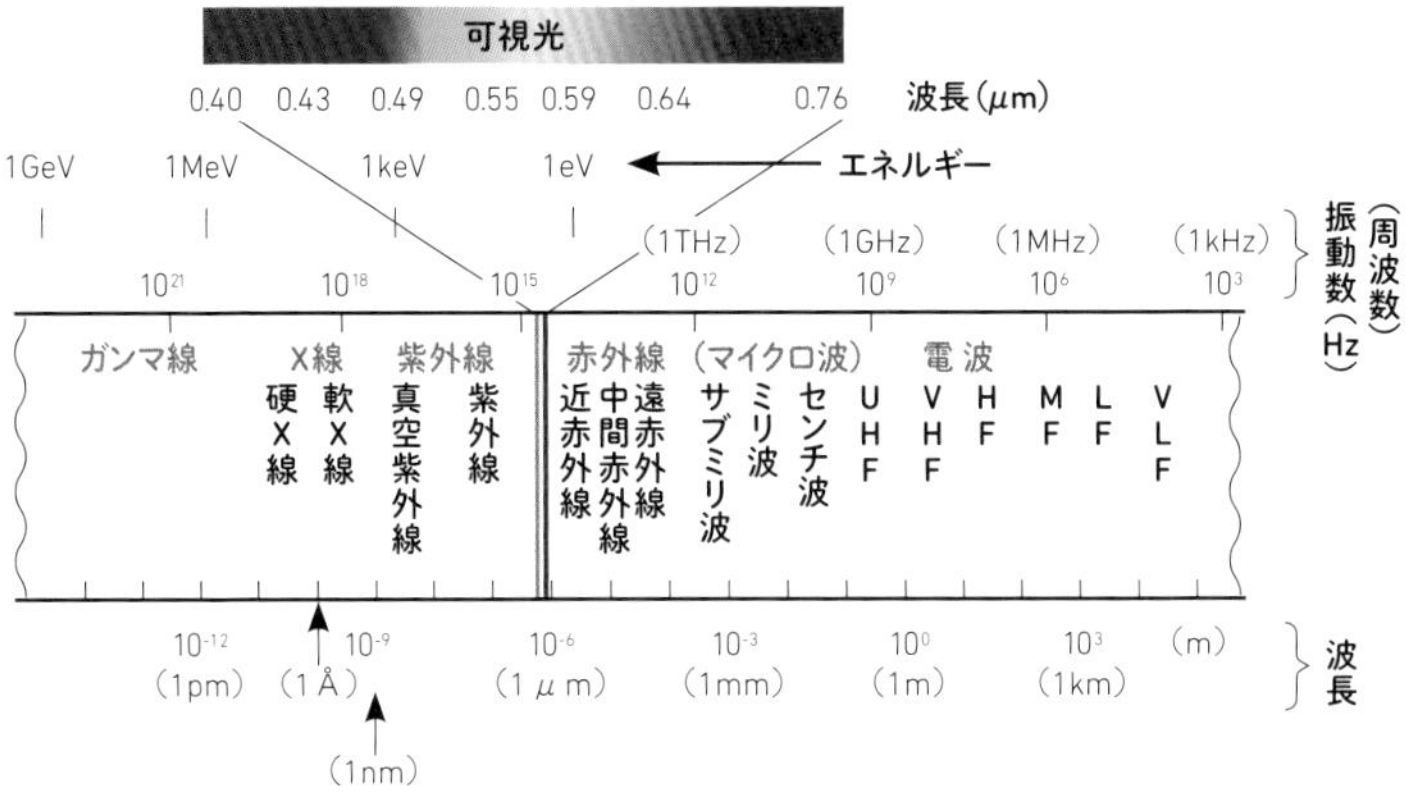

波の特性

波は三角関数（sinやcos）を使って表されます。波の高さを表す振幅、波が振動する回数である振動数（周波数）、波の長さを表す波長、波の進む速度などで波は特徴づけられます。電磁波（光）の場合は電場と磁場と呼ばれる物理量が振動しています。

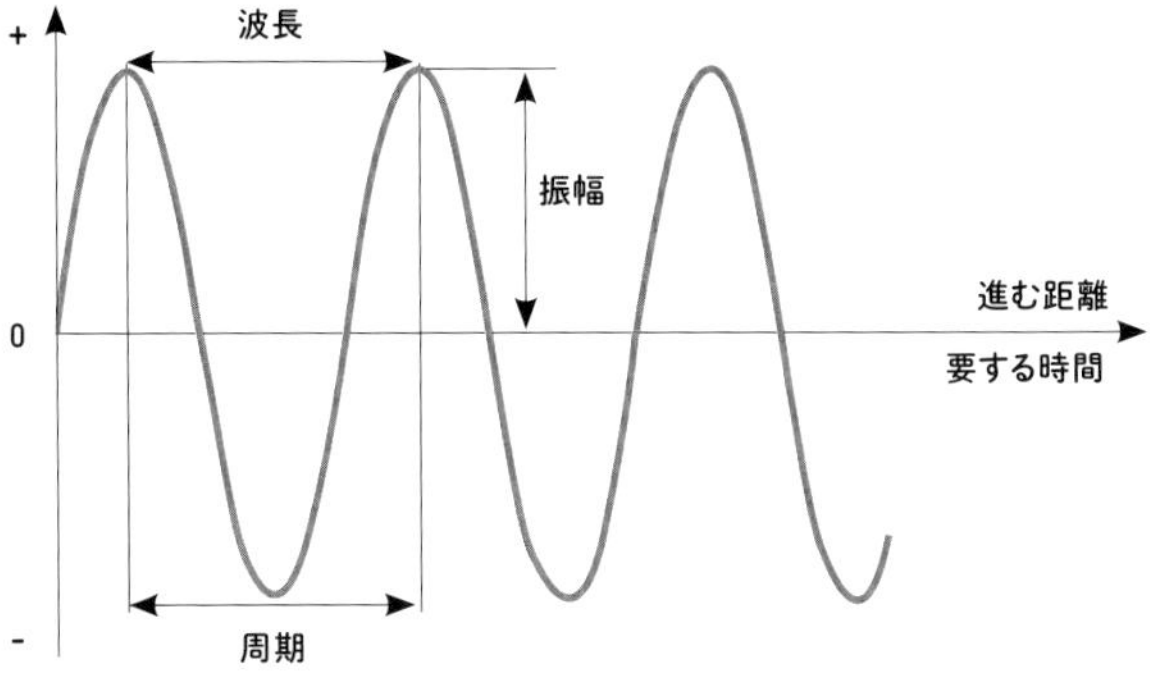

memo
Å（オングストローム）は可視光の波長や電子・分子など、とても小さな長さを表すのに使います。1Å＝0.1nm＝100pm（ピコメートル）になります。

chapter 1

10

星の明るさを示す「等級」には2つの種類がある！

天文学では天体の明るさを**等級**という単位で表します。古代ギリシャの天文学者ヒッパルコスが1000個ほどの星を6つの階級に明るさで分けたことが始まりです。一番明るい星を1等、肉眼でギリギリ見える星を6等としたのが現在の等級の起源です。

等級は、0等級の基準となる星に対して、明るさが$\frac{1}{10}$倍、$\frac{1}{100}$倍と1桁下がって暗くなるごとに、2.5、5.0と2.5ずつ増えていきます。0等級の基準となる星は時代とともに変わっています。そしてこの等級には、じつは種類があります。ここでは**絶対等級**と**見かけの等級**について説明します。

星の明るさは、地球から星までの距離で変化します。近くにある明かりが遠くのものよりも明るく見えるのと同じです。そのため同じ明るさでも、遠くにある星は暗く見え、近くにある星は明るく見えます。地球から見たそのままの等級を見かけの等級といいます。

一方、天体を10 pcの距離で見たときの等級を絶対等級（地球から10 pcのところに天体を置いたときの等級）といいます。すべての天体までの距離を同じにすることで公平に明るさを比較することができるのです。

星の明るさと等級

星の明るさを表す等級は、1等級変化するごとに星の明るさが約2.5倍明るくなるように定義されています。

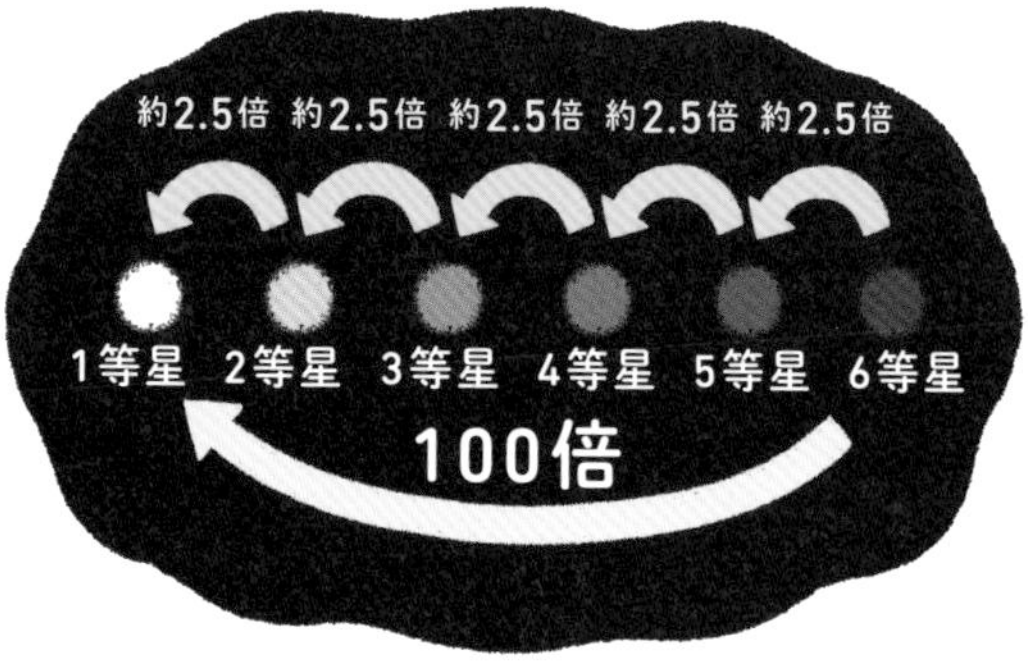

絶対等級と見かけの等級

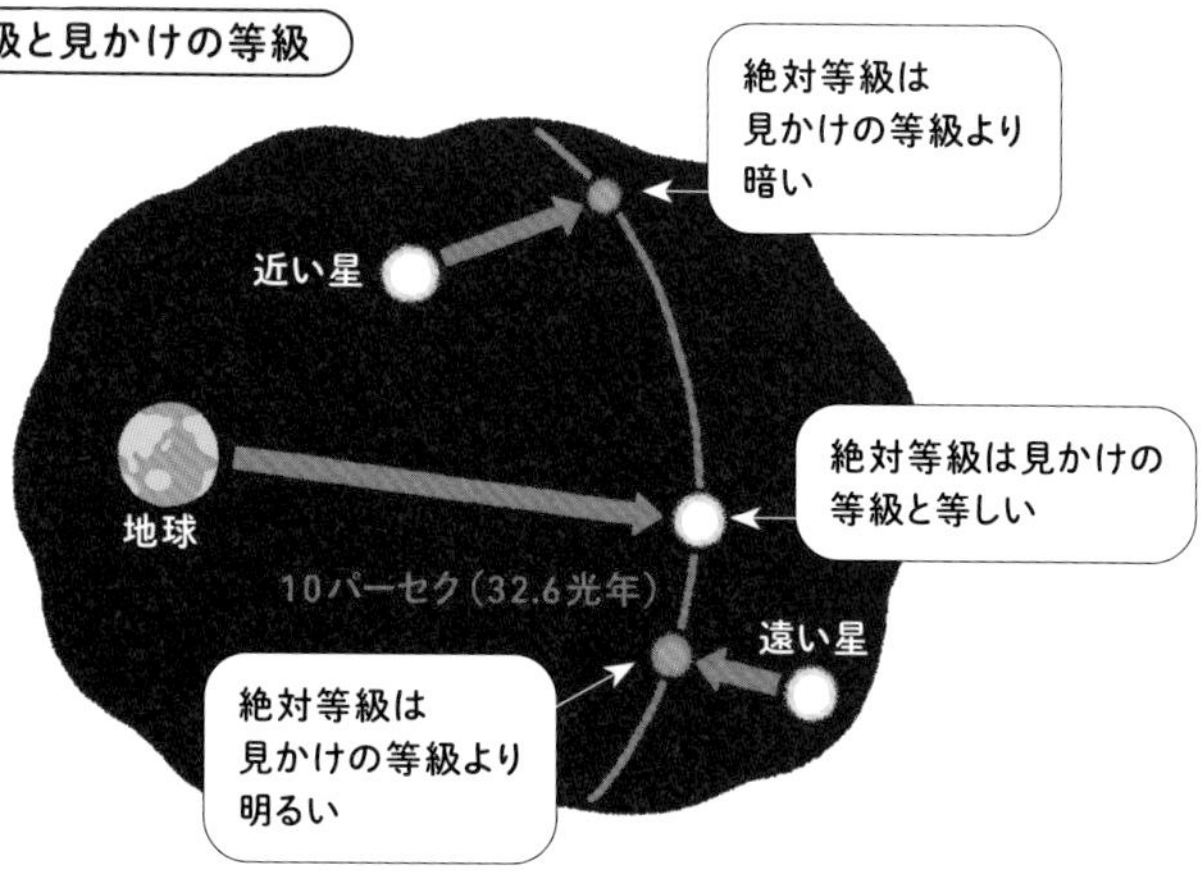

等級には絶対等級と見かけの等級があります。これは、星の明るさは同じ星でも距離によって変化してしまうためです。地球から見たそのままの明るさをもとにした等級を見かけの等級といい、その星を10パーセクの位置に置いたときの見かけの等級を絶対等級といいます。

memo

0等級の基準となる星になにを選ぶかは時代とともに変化しています。現在は、こと座α星のベガなどをもとに定めたベガ等級やAB等級が使われています。

11
chapter 1

宇宙の広大な距離はどうやって測っている？

日常生活では、物の長さを知りたければ定規やメジャーを使いますよね。しかし、天体までの距離や宇宙の大きさを同じように測るわけにはいきません。宇宙において、天体までの距離を測るには、大きく3つの方法があります。

1つ目は、**年周視差**を用いる方法です。人間が両目で見ることで奥行きを感じているように、少なくとも2つの地点から見ることができれば距離を知ることができます。年周視差は地球の公転運動により位置が変化することで起きるため、この年周視差を測定することで天体までの距離を知ることができます。

残りの2つは**標準光源**や角径を用いる方法です。標準光源とは本当の明るさがあらかじめわかっている天体のことです。**角径**《かくけい》は天体の見かけの大きさのことです。星は同じ明るさでも近い方が明るく見えます。同じ大きさでも距離が変われば見かけの大きさも変わります。

つまり、天体の本当の明るさや大きさがわかっていれば、その見かけの明るさや大きさを測定して本当の明るさや大きさと比較することで距離がわかるというわけです。

標準光源による距離測定の原理

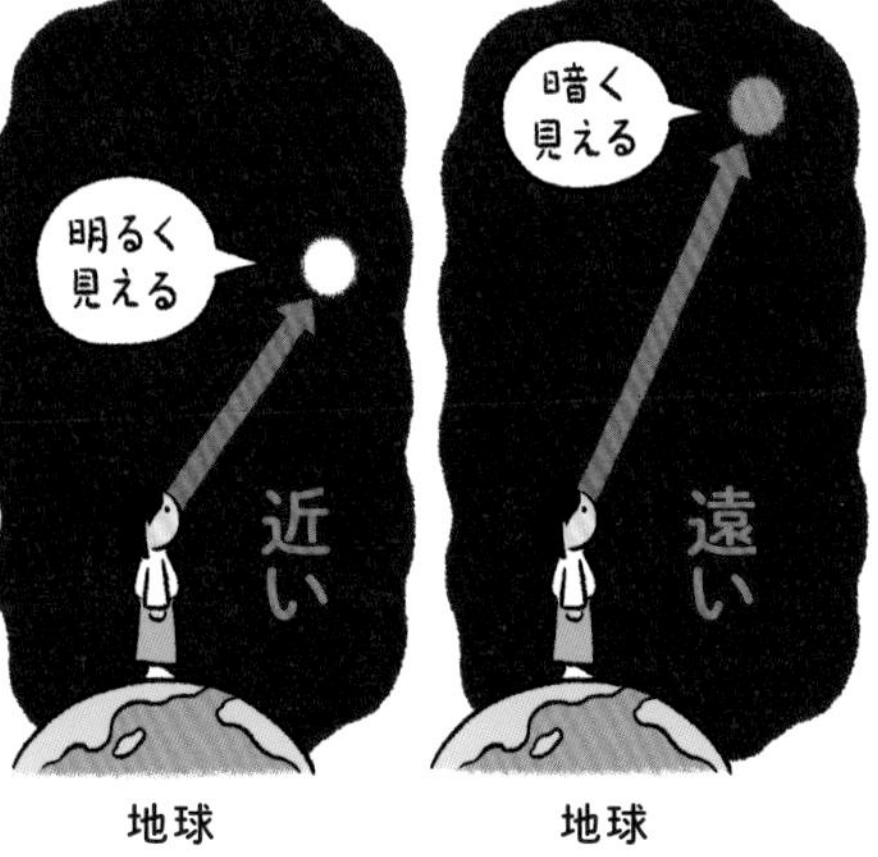

同じ星でも近くにあれば明るく見え、遠くにあれば暗く見えます。逆に言えば、星の本当の明るさ（絶対等級）が分かっていれば、その見かけの明るさと比較することで距離が分かります。

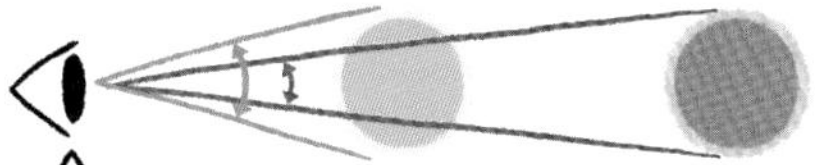

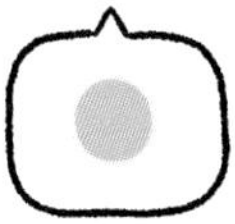

同じ星でも近くにあれば大きく見え、遠くにあれば小さく見えます。逆に言えば、星の本当の大きさが分かっていれば、その見かけの大きさと比較することで距離が分かります。

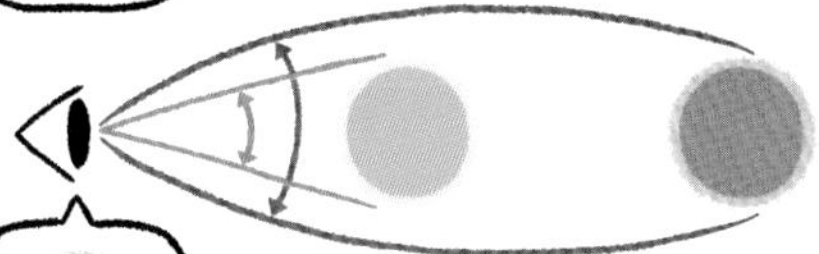

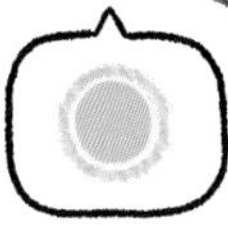

しかし、宇宙膨張の影響で、遠方では遠くにある星の方が大きく見えるということが起こります。そのため、この大きさで測った距離（角径距離）は遠い方が小さくなるという不思議なことが起こります。詳細はP36を参考にして下さい。

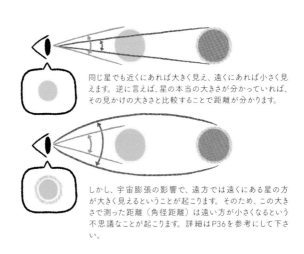

12
chapter 1

私たちが「今見ている宇宙」は昔の姿

物から届く光を目の網膜に像として集めることで、人は物を見ています。光の速さは1秒間で地球を約7周半するほどで、地球上では物から発せられた光が私たちの目に入るまでの時間は一瞬です。

しかし、光が速いとはいえ、どこまででも一瞬で届くわけではありません。宇宙の遠いところからやってくる光は、私たちの目に入る瞬間までに〝時差〟を生じます。つまり、私たちが見ている光は、見ている瞬間よりも前に発射された光ということになります。

じつは、宇宙は膨張し続けていることがわかっていて、観測地点から遠くにあるほど速く遠ざかっているのです（Ｐ１２４参照）。天体の光が宇宙を伝わって地球に届く間にも宇宙は膨張し、光は引き伸ばされて波長が長くなります。この現象は**赤方偏移**《せきほうへんい》と呼ばれ、波長の伸ばされ具合をzで表します。

光の波長がどれくらい引き伸ばされたのかがわかれば赤方偏移を求められます。赤方偏移の大きな値はその天体が遠方にあること、そして宇宙の始まりに近いところにあることを意味します。つまり遠くの宇宙を見ることで、宇宙の昔を知ることができるのです。

天体からの光の時差

光の進む速度は有限です。そのため、天体から発せられた光を人類が見るまでに時差が生じます。今、私たちが見ている天体は過去の姿なのです。

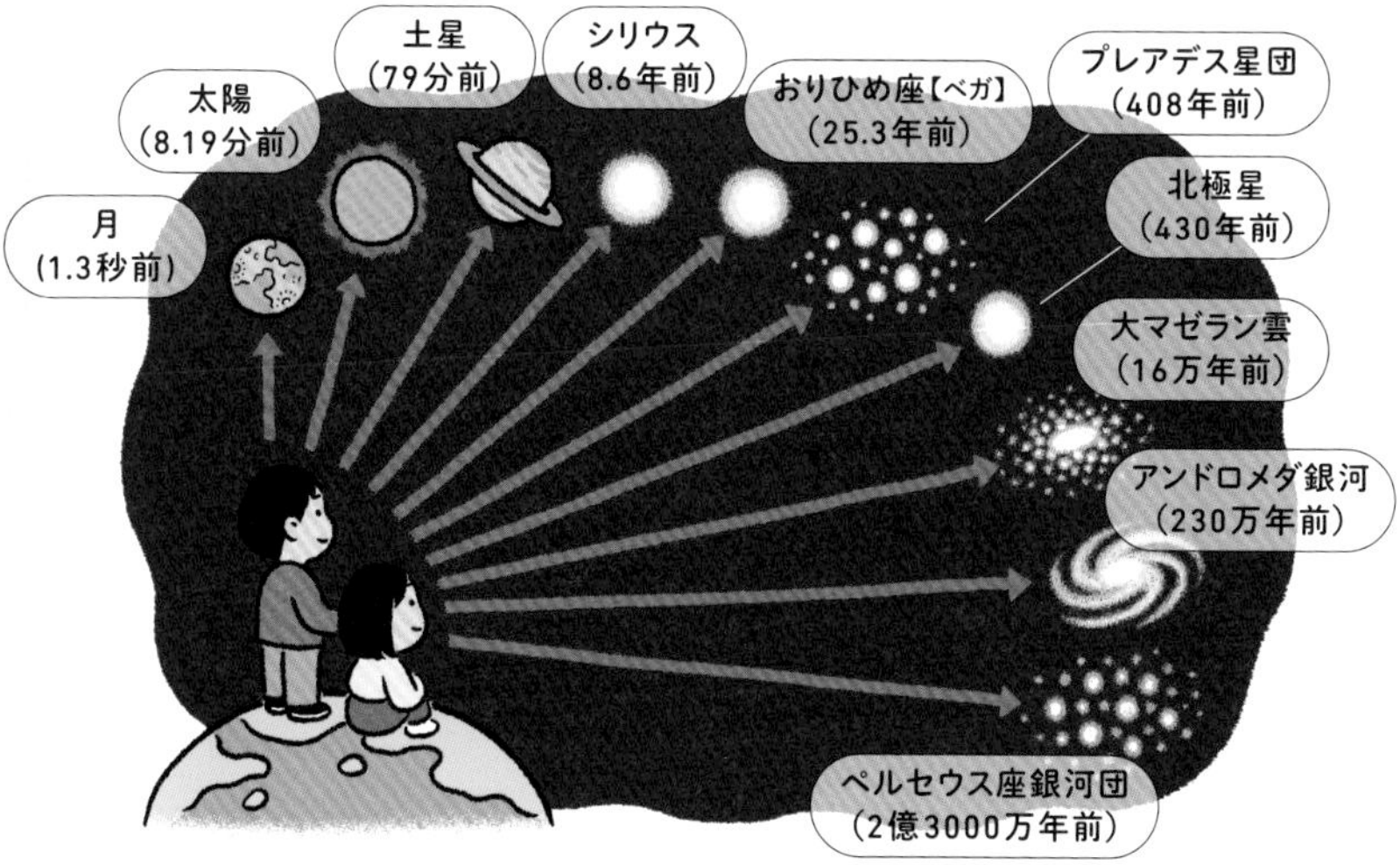

赤方偏移

宇宙は膨張しているので光が宇宙空間を進んでいる間に光は引き伸ばされてしまいます。こうして光の波長が伸ばされることで光の周波数も変化します。遠くからやってきた光の方がより波長が伸ばされるので、この変化を測定することで天体がどれほど遠く（昔）からやってきたのかがわかります。

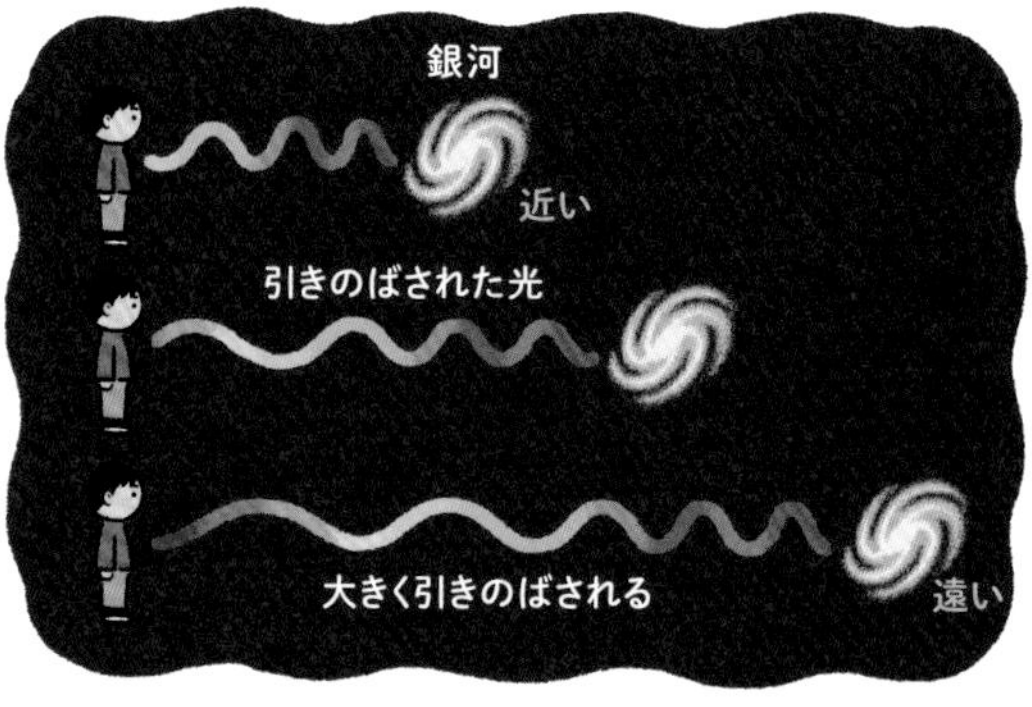

memo

光が1年間に進む距離を1光年といいます。太陽系から一番近いケンタウルス座アルファ星まで4.2光年。今、見ているこの星は4.2年前の姿なのです。

13
chapter 1

宇宙の距離の測り方はひとつではない

宇宙の距離にはさまざまな測り方があることはお話ししましたが、驚くことに実際の宇宙では測り方によって距離が変わってしまうことがあります。これは、宇宙が膨張しているからです。そのため、いろいろな種類の距離があります。

まず、**光路《こうろ》距離**は光が出発してから到着するまでに進んだ距離のこと。主に天体が何年前のものかを知りたいときに使います。

また、2つの地点の間の実際の距離を**固有距離**といい、宇宙が膨張する効果で次第に大きくなります。一方で、宇宙が膨張していても一定になるように定めた距離を**共動距離《きょうどうきょり》**といいます。固有距離と共動距離は今の時刻で同じになるように決められています。

実際に天体までの距離として使われるのは、光の明るさの変化を測る**光度《こうど》距離**や、大きさの変化を測る**角径《かくけい》距離**です。宇宙膨張の効果は距離を引き伸ばすので、明るさを暗くする方向に働きますが、大きさは引き伸ばす方向に働きます。それで、宇宙膨張によって宇宙の遠方では遠い方の天体の方が大きく見えるという不思議な現象が起こり、遠くに行くほど角径距離は短くなってしまうのです。

宇宙膨張と距離

宇宙は膨張しているのでいつのどのような長さを距離と考えるかで距離は異なります。ある時刻の実際の距離である固有距離は宇宙膨張で変化します。固有距離が35億光年のときに天体を出発した光は、宇宙膨張のため35億光年では地球に到達できず、130億光年かかります。これが光路距離です。しかし、このときには天体も遠ざかっているため固有距離は290億光年になります。この距離を共動距離と言います。

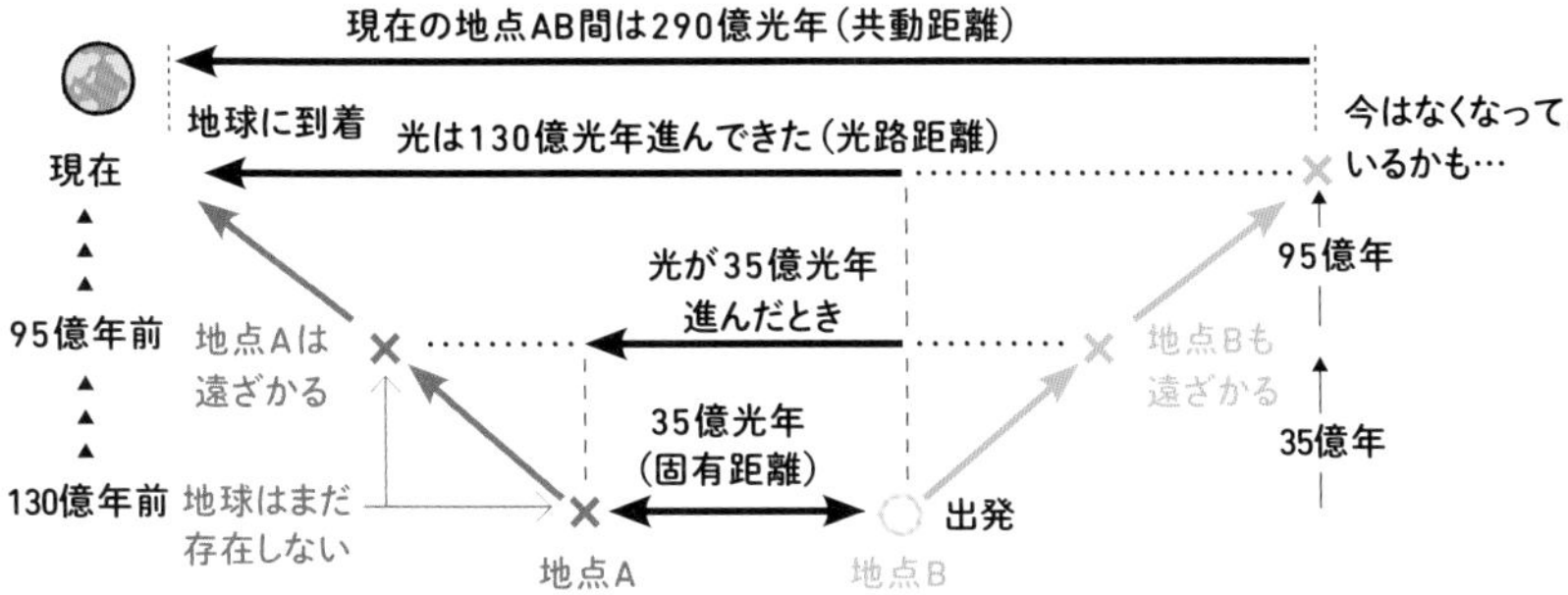

赤方偏移と距離

赤方偏移といろいろな距離の関係を表す図です。宇宙が膨張している影響で、地球に近いところではどの距離でもほぼ同じになりますが、遠いところではずれてしまうことがこの図からわかります。

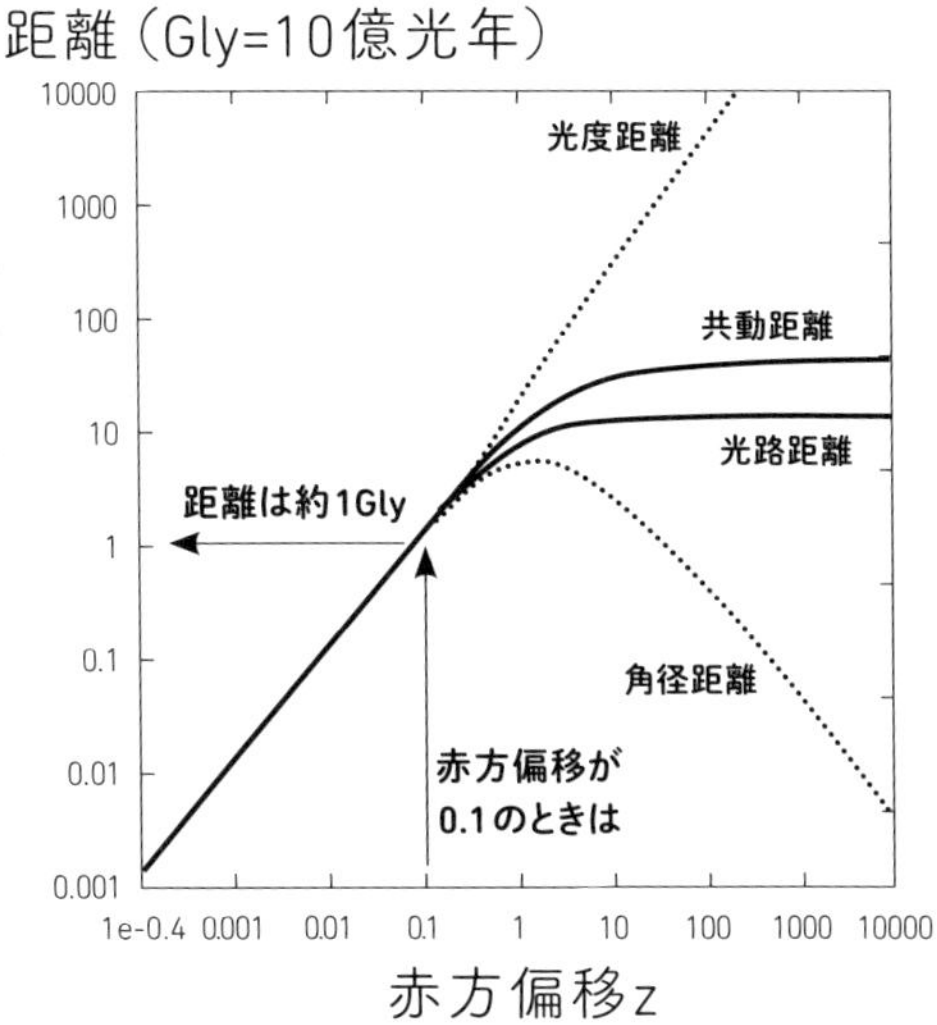

14

chapter 1

温度はマイナス273・15℃以下にならない

「今日の埼玉の最低気温は２℃」というように、だれもが日常的に温度を使っていますね。宇宙物理学でも星の表面の温度や天体の内部の温度など、さまざまな場面で温度が登場します。

　温度の単位によく用いられる「℃」はセルシウス温度と呼ばれる温度の単位です。一般的には水が氷になる温度を０《ぜろ》℃、水が沸騰する温度を１００℃として決められています。しかし、物理学では基本的に絶対温度（熱力学的温度／ケルビン）を使います。

　物質を構成している原子や分子は、不規則な運動をしており、これを**熱運動**といいます。熱運動が激しいほど温度は高くなるので、温度は「不規則な運動の平均的なエネルギー」といえます。原子・分子の熱運動がほぼなくなる温度が**絶対温度**です。絶対温度の単位には「Ｋ」を使います。絶対温度の原点（０《ぜろ》Ｋ）は最低のエネルギーを基準にしています。つまり、絶対温度は必ず０《ぜろ》より大きい値になります。そして、０《ぜろ》Ｋはマイナス２７３・１５℃に対応しています。つまり、温度は絶対にマイナス２７３・１５℃より低くはならないのです。

温度と熱平衡

異なる温度のものを接触させて放置すると同じ温度になります。これを熱平衡といいます。温度は熱平衡を特徴づける量なのです。

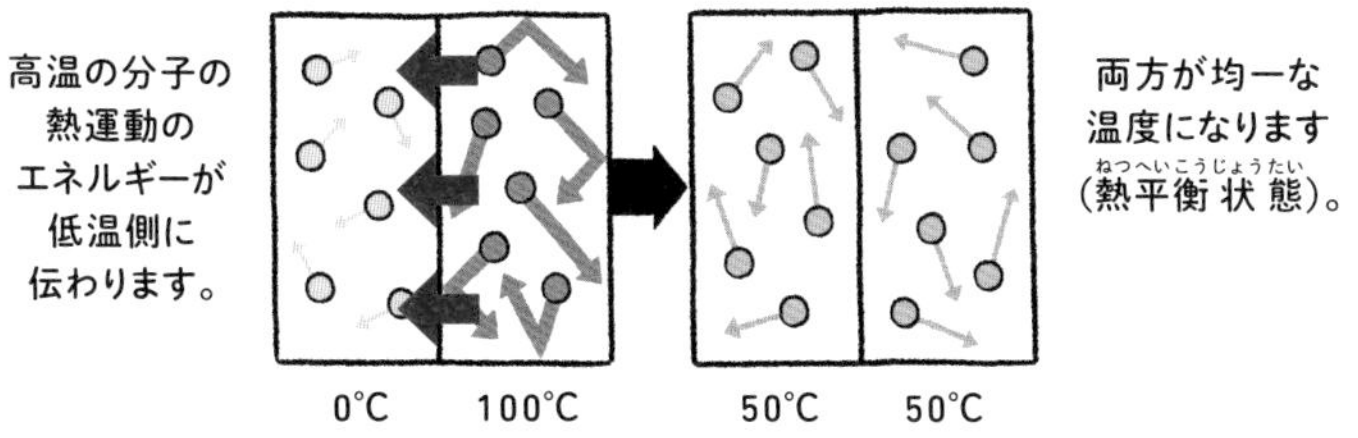

セルシウス温度と絶対温度

日常でよく使う摂氏（セルシウス温度）は水の状態を基準に決められています。絶対温度では熱運動によるエネルギーが最低の状態を基準0《ゼロ》 Kに定めます。このときの温度を絶対零度といいます。

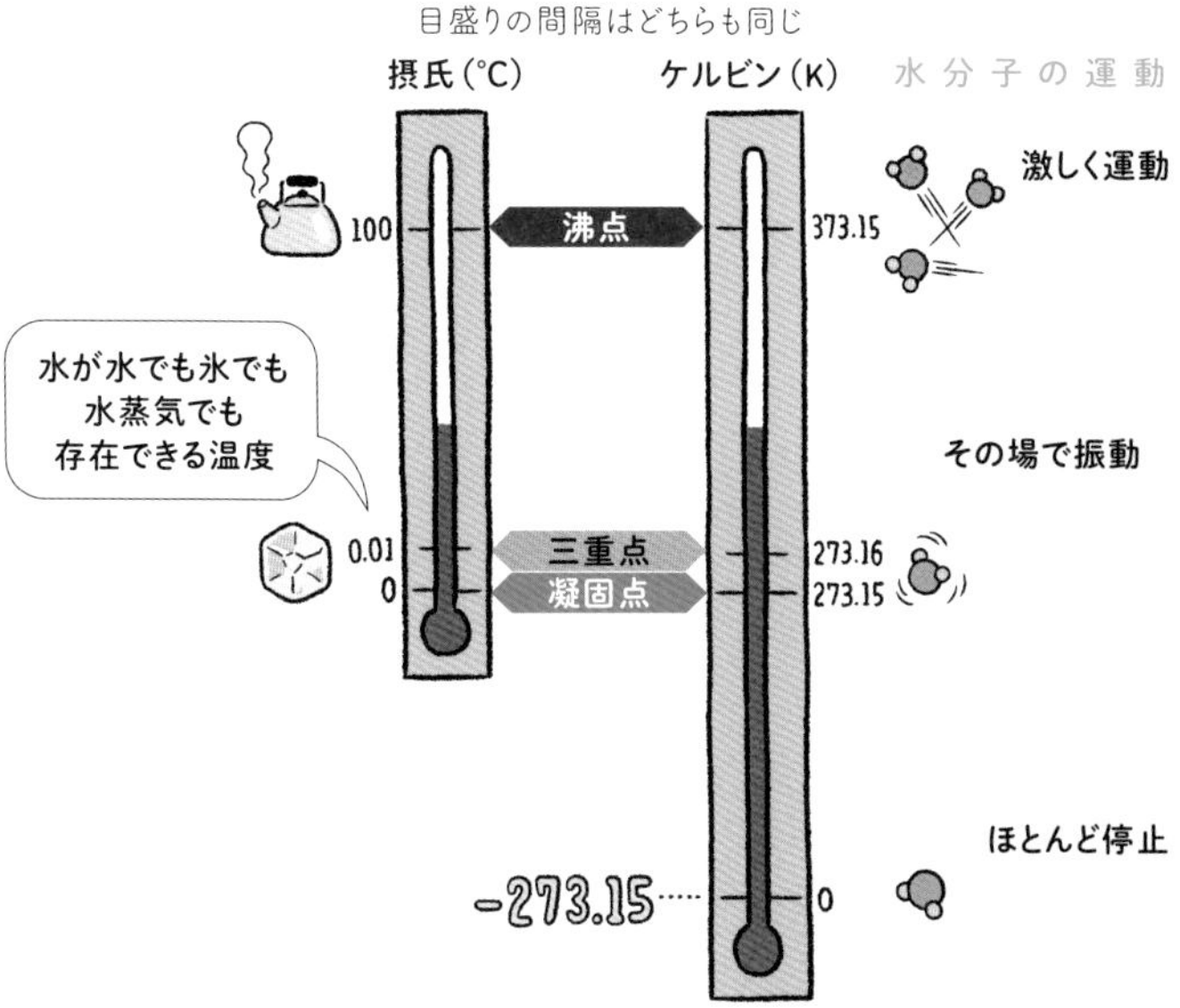

memo 気体、液体、固体の3つの状態が共存し、熱平衡の状態のことを三重点といいます。水の三重点は約0.01℃、約0.006気圧です。

15

chapter 1

物質を構成する究極に小さい粒、その名は「素粒子」

物質を構成する最小の単位のことを素粒《そりゅう》子《し》といいます。素粒子とはそれ以上細かく分割できない、究極に小さい粒子です。例えば水は水分子からできていますが、水分子は水素と酸素原子から成り、原子は原子核と電子からできています。さらに、原子核は陽《よう》子《し》と中性子に分割でき、陽子と中性子はクォークに分割できます。クォークと電子はそれ以上分割できない素粒子の仲間です。

素粒子は、物質を作る物質粒子と力を伝えるゲージ粒子、質量を与えるヒッグス粒子の3つに分けられます。さらに物質粒子は色《しき》荷《か》という性質を持ち、強い相互作用をするクォークと色荷を持たないレプトンに分けられます。クォークとレプトンはそれぞれ6種類ずつ発見されています。クォークとレプトンはさらに電荷によってそれぞれ2つに分けられ、質量によって3つの世代に分けられます。

素粒子などの粒子には、質量はまったく同じなのに電荷が反転している反粒子という粒子もあります。陽子や中性子のようにクォーク3つから作られている粒子をバリオンと呼び、クォークと反クォーク2つから作られている粒子をメソンあるいは中間子といいます。

素粒子の標準模型

グルーオンで結びつくハドロン粒子

クォークとグルーオンから構成され、強い相互作用を行う粒子をハドロン（重粒子）と言います。ハドロンは3つのクォークからなるバリオンと、クォークと反クォークからなるメソン（中間子）に分けられます。

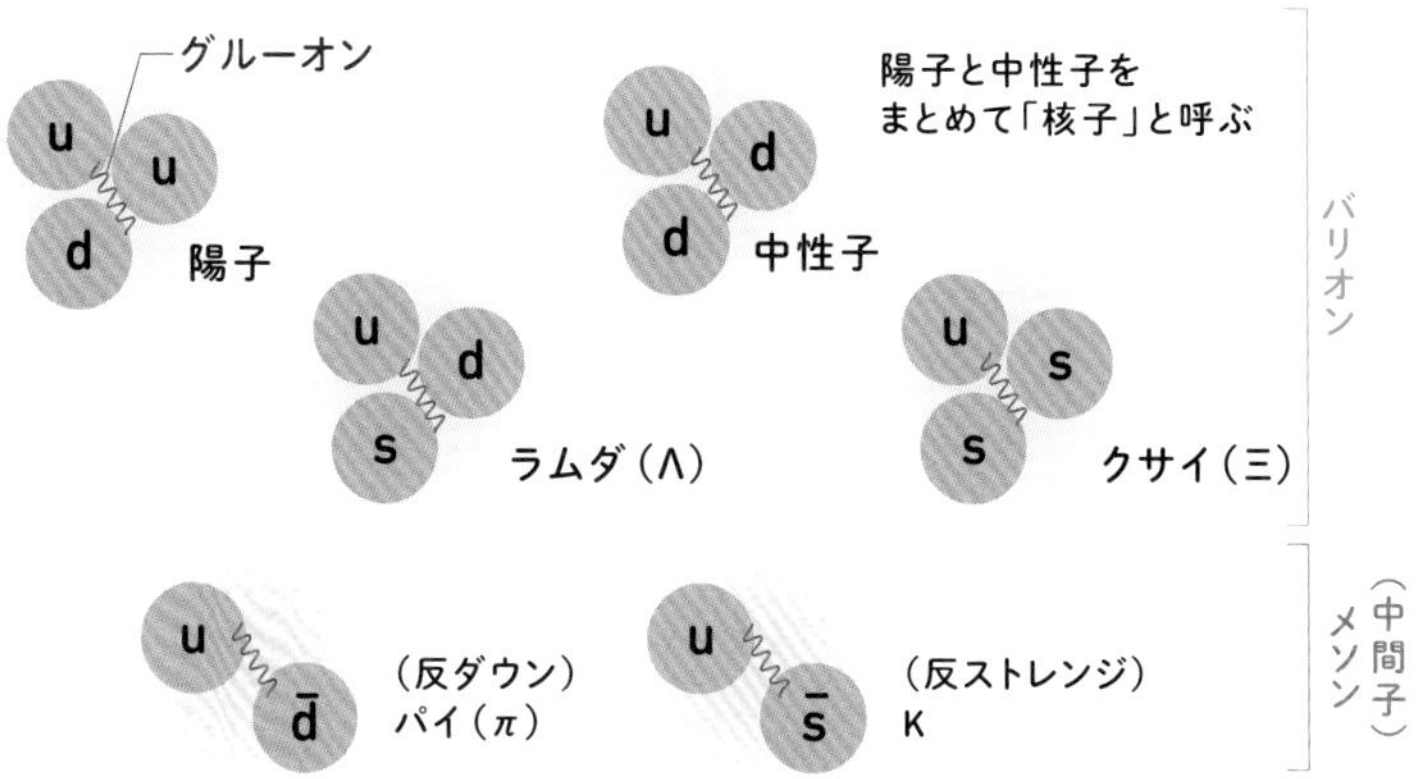

memo
電荷とは帯電した粒子や物体が持っている電気の量のことです。

16

chapter 1

宇宙にある「4つの力」とはなんだろう

「彼女は扉を開ける力が強い」のように「力」も日常的に使う言葉です。物理学では「力」は、2つ以上の物の間で働いて影響を及ぼし合うため、相互作用といいます。

宇宙には、力が4つしかありません。電磁気力、強い力、弱い力、重力で、この4つの力を「基本相互作用」といいます。それぞれゲージボソンと呼ばれる素粒子が媒介して物質粒子の間に働いています。

電磁気力は、光子（光の粒子）を媒介して、電荷を持つ粒子間に働く力で、日常生活で重力以外に感じる力はすべて電磁気力なのです。

強い力は、グルーオンと呼ばれるゲージボソンを媒介してクォーク間に働く力です。原子核内で電磁気力の100倍の強さを持ち、陽子と中性子を結びつけます。

一方、弱い力は電磁気力に比べて非常に弱いものです。ウィークボソンと呼ばれるゲージボソンを媒介してクォークやレプトンの種類を変える力で、中性子が陽子に変化するベータ崩壊という現象を引き起こします。

重力は重力子というゲージボソンを媒介して粒子間に重力を働かせる力です。この重力はほかの3つの力に比べて桁違いに弱いです。

4つの基本相互作用

電磁気力

光子によって電気や磁気を持つ物体同士が相手を引きつけたり遠ざけたりする力。身の回りの重力以外の力はだいたい電磁気力です。

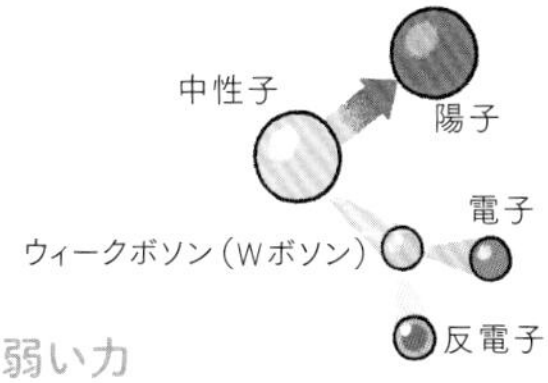

弱い力

ウィークボソンによってクォークやレプトンの種類を変える力。中性子が陽子に変化するベータ崩壊はこの力のおかげ。

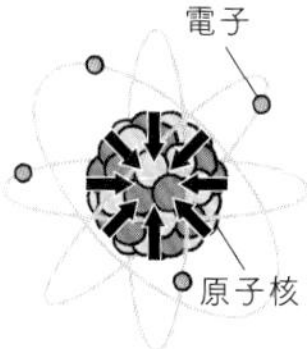

強い力

グルーオンによってクォーク間に働く力。原子核内の陽子と中性子が結びついているのはこの力のおかげ。

重力

質量を持つ物体同士が相手を引きつけたり遠ざけたりする力。

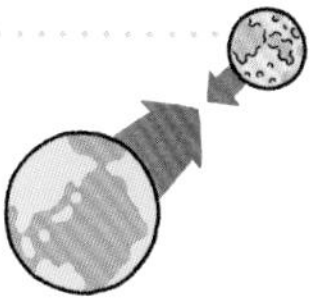

ファインマン図

ファインマン図は素粒子などの粒子の反応過程を表現した図です。これらは4つの基本相互作用に関する代表的なファインマン図です。線は素粒子の伝播を表しています。線が交わる点を頂点と言い、相互作用を表しています。線には1つの頂点から出ているだけの外線と、1つの頂点から出て別の頂点に入っている内線があります。

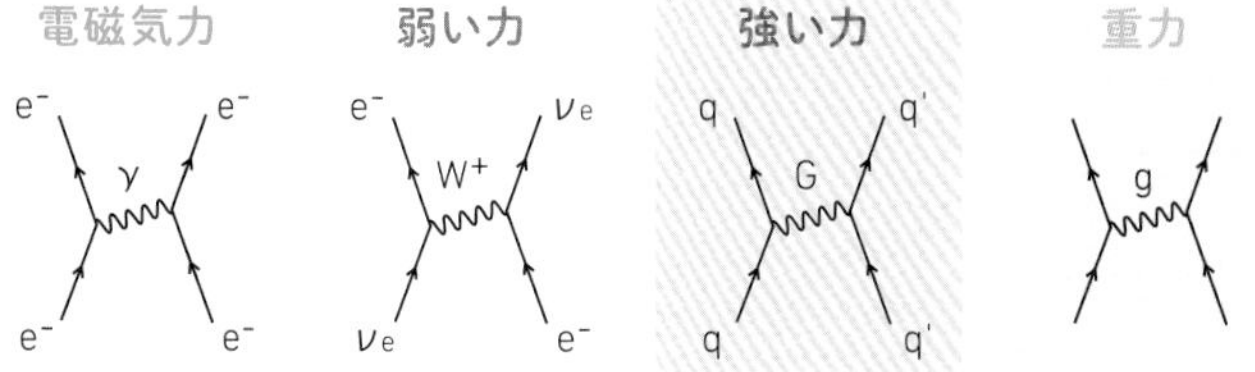

電子（e⁻）が光子（γ）をやり取りして散乱される様子

電子ニュートリノ（νe）と電子がウィークボソン（W⁺）やり取りによって変化する様子

クォーク（q、q'）がグルーオン（G）をやり取りして散乱される様子

物質が重力子（g）をやり取りして散乱する様子

memo

重力は質量を持つ物体が相手を引きつけるように働く時空のゆがみに起因する力です。これについてはP50以降で詳しく解説します。

chapter 1

17 光は粒なのか それとも波なのか？

宇宙における物質や力の正体は、素粒子という小さな粒であることは前述したとおりです。さらに、光は電磁波という波という説明もしました。となると、光は粒なのでしょうか、それとも波なのでしょうか？

「光が粒子か波か」という問題は１７００年ごろから科学者を悩ませてきました。光は波が重なり合って強くなったり弱くなったりする干渉《かんしょう》という現象を示します。一方で、物質に光を当てたときに電子が飛び出す光電《こうでん》効果という現象は光が粒子であることを示しています。このように、光は波のような性質と粒子のような性質を併せ持っているのです。

現在、光どころかこの世界のすべての物質は波としての性質を併せ持つと考えられています。ミクロの世界は、私たちの日常的な感覚では想像できないような物理法則に従っています。この非常に小さな世界をうまく説明する理論を量子論《りょうしろん》といいます。量子とは物(実体)や量の最小単位のこと。ミクロな世界では、光などの物理的な対象やエネルギーなどの物理的な量には、量子という最小の単位の倍数にしかなれないものがあります。じつは素粒子の光子《こうし》の正体は、光の量子なのです。

光の干渉

2枚の板に穴を開けて光を通過させると、光の波の山と山、谷と谷が重なり合って強め合ったり、山と谷が重なり合って弱め合ったりすることでスクリーンに明暗の縞模様が現れます。この現象を干渉といい、光が波の性質を持つことを示しています。

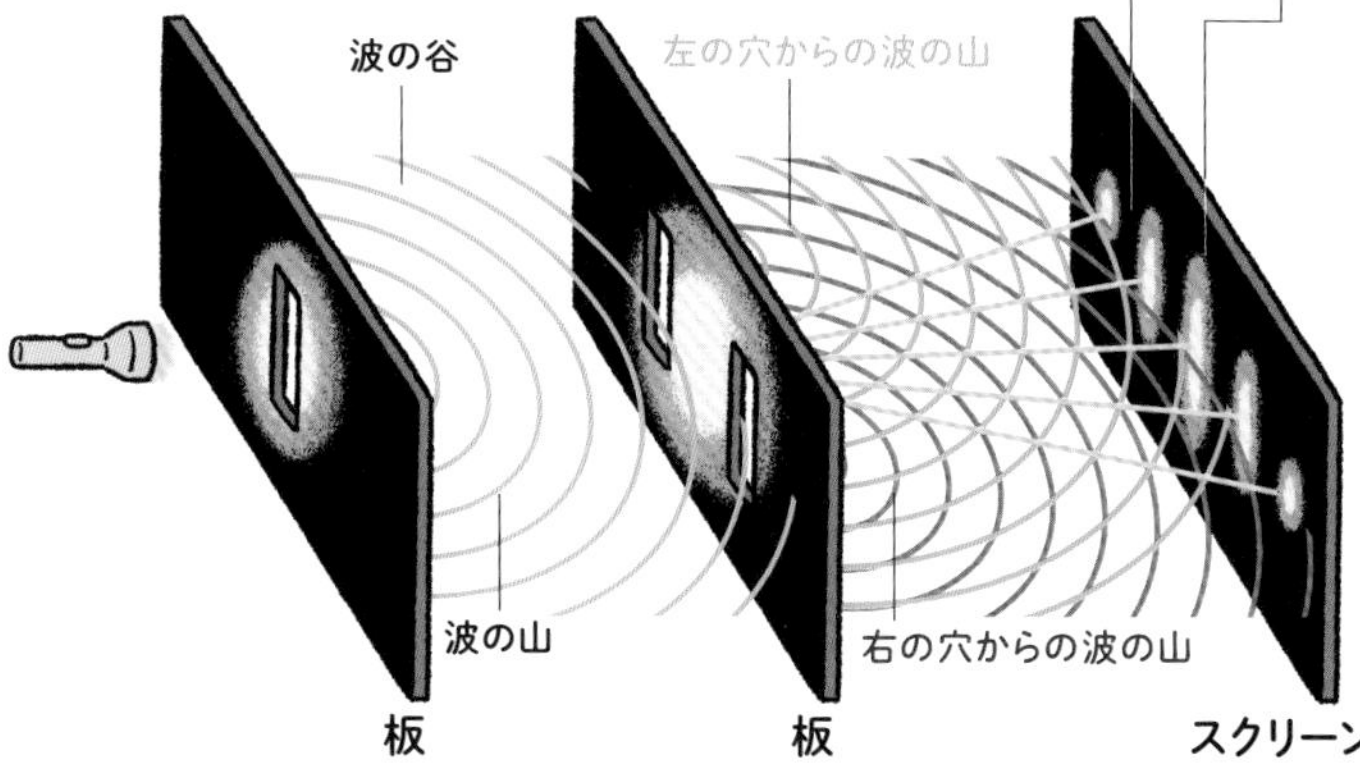
波の山と山が
重なり合って
明るくなる
波の山と谷が
打ち消し合って
暗くなる

光電効果

物質に光を当てると電子が飛び出す現象を光電効果といいます。波長が十分に短くないとどんなに強い光を当てても光電効果は起こりません。これは光には粒子の性質があり、その粒子のエネルギーは周波数に比例することを意味しています。光は波の性質と光子としての粒子の性質を併せ持つのです。

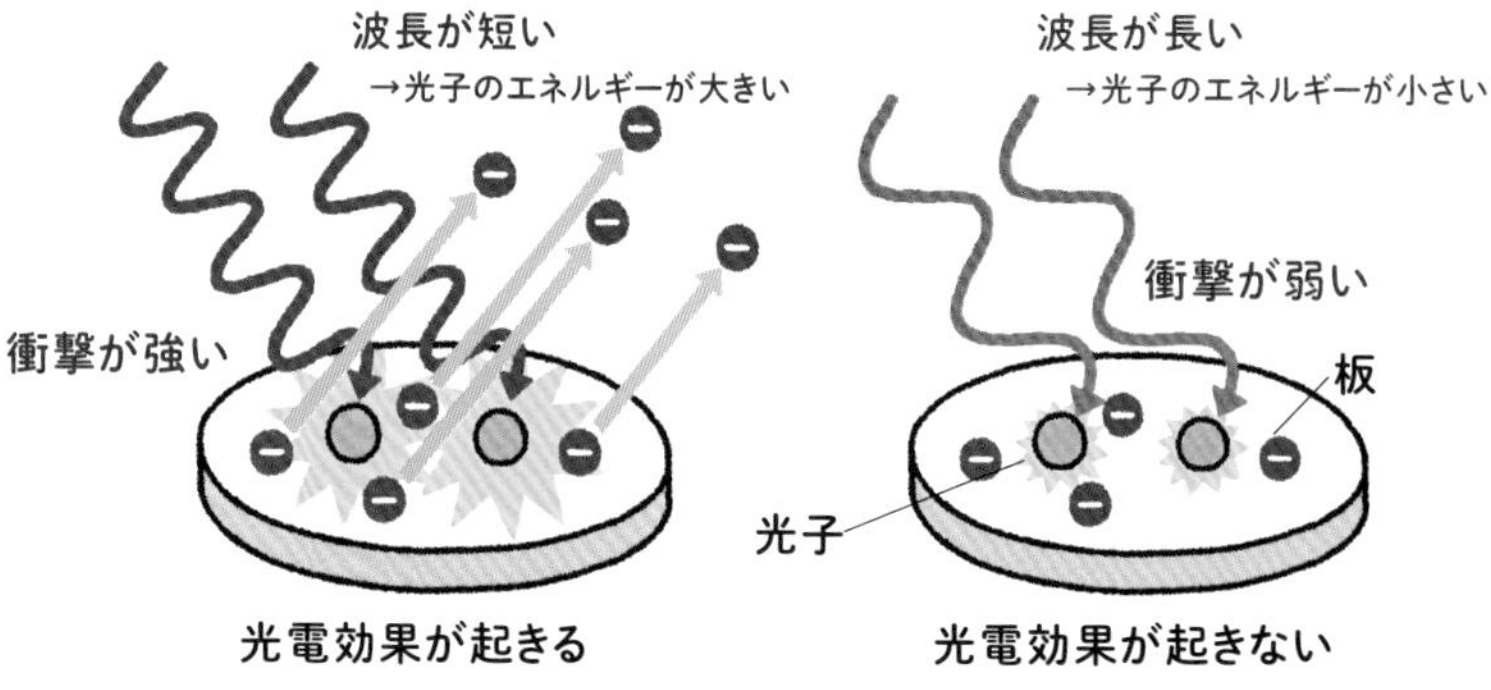

memo
量子論は相対性理論とともに現代の物理学の根幹となっています。

18

chapter 1

空と宇宙の境目、厳密にいうとどこを指す？

宇宙とは、広い意味では時間と空間、そしてその中にある天体などの物体をまとめて指します。しかし、私たちは地球上に住んでいるので、日常的には地球の外という狭い意味で宇宙という言葉を使う人も多いでしょう。そのような、地球などの天体に属さない空間領域は**宇宙空間**といいます。

天体を取り巻く気体の層は大気です。地球の大気は高度に応じて対流圏《たいりゅうけん》、成層圏《せいそうけん》、中間《ちゅうかん》圏《けん》、熱圏《ねつけん》、外気圏《がいきけん》の5つに分けられます。国際航空連盟は高度１００kmを境界線として、それより外側を宇宙空間と定義しています。

飛行機が飛べるのは、エンジンによる推進力で大気中を進むことで、機体を支える揚力が翼で作られるからです。翼の上面に沿って流れる空気の速さは、下面に沿って流れる空気の速さに比べて速くなります。流れの速いほど圧力は小さくなり、そのため上面に比べて下面から大きな圧力を受けるため、翼が揚力を得て、飛行機は姿勢を保てるのです。

高度が上がり空気が薄くなると飛行機を支える揚力が得られなくなるため、飛行機が航空できる高度の限界はおよそ１００kmです。これを、**カルマンライン**とよぶこともあります。

地球の大気圏

地球の大気の層である大気圏は高度に応じて5つに分けられています。

大気

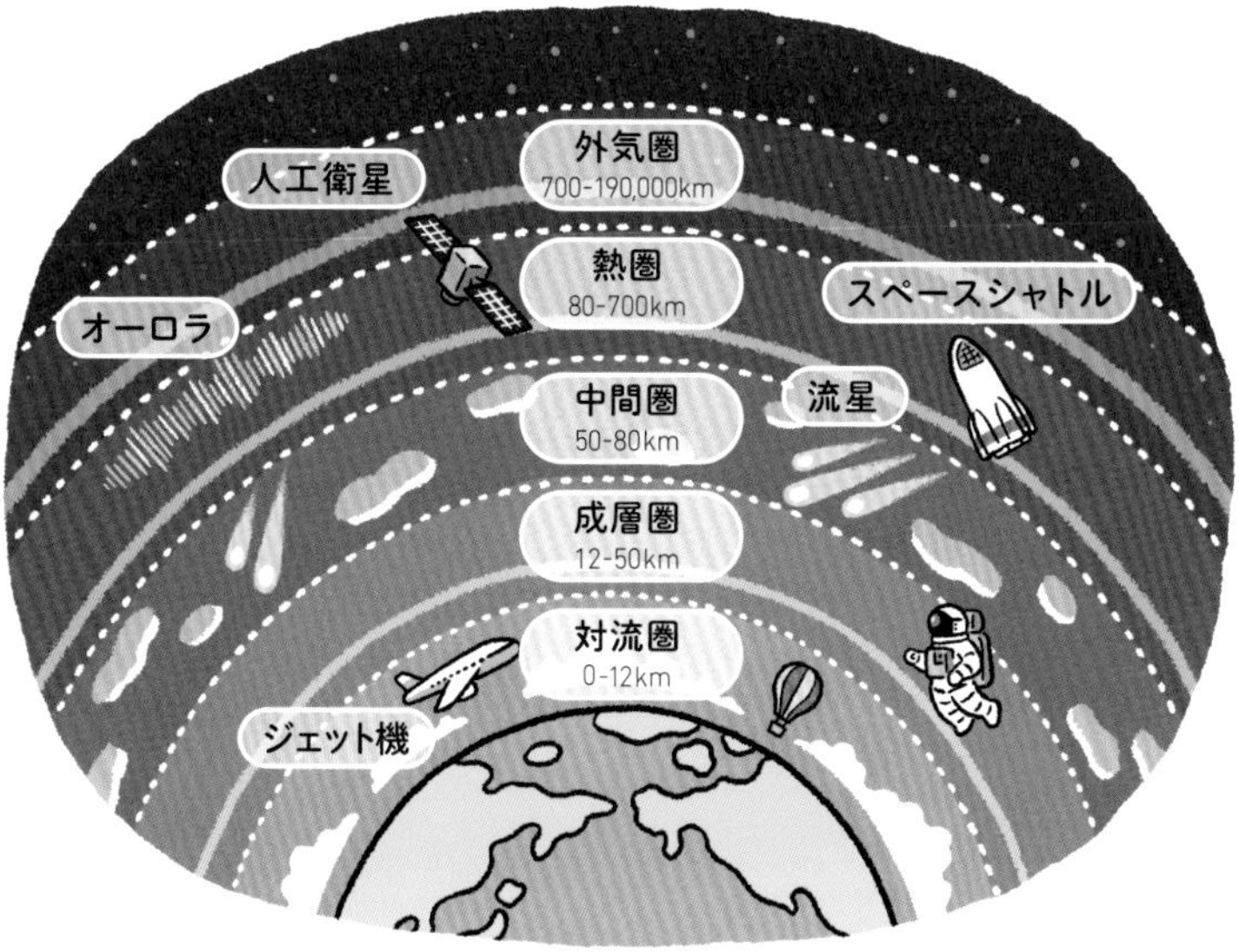

飛行機が飛べる理由

翼で揚力と呼ばれる上向きの力を作ることで、姿勢を保って飛ぶことができます。

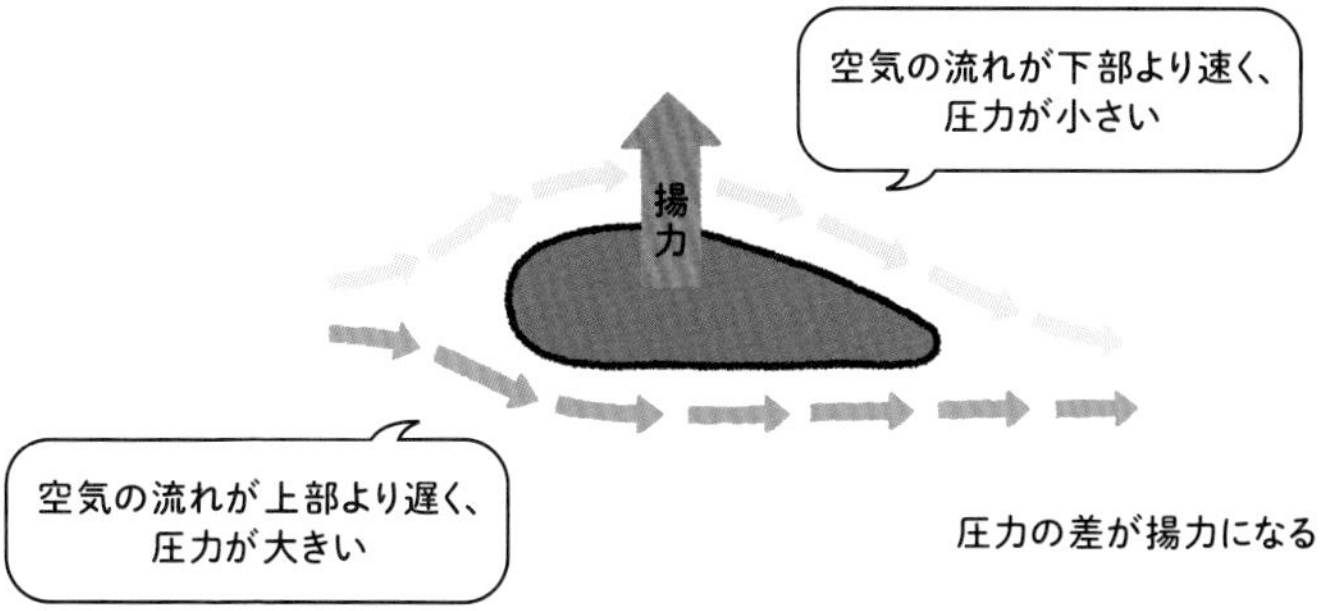

memo

カルマンラインは、飛行機が航空できる高度の限界を初めて計算しようとしたハンガリーの航空工学者カルマンにちなんだ名前です。

COLUMN

宇宙物理学者の生活

学問の研究を仕事とする人を研究者といいます。宇宙物理の研究者は宇宙物理学者ともいい、多くは大学で研究活動をしています。研究者はさまざまな方法で発見した研究成果を「論文」として文章にまとめて公開します。

宇宙物理学者はほかの研究者の論文を読んで感じた疑問を検討したり、議論したりすることで新しい知見を得ます。そして、それら一連の考察を論文としてまとめるのが日常の風景です。

また、その研究手法は分野ごとに「理論」と「実験」に大きく分かれます。理論物理学者は、紙と鉛筆、コンピュータなどを使って計算・シミュレーションすることで、理論を作って新しい現象を予測、観測データを解析したりして宇宙の謎に理論的に迫ります。

一方、実験物理学者は、実験装置を開発したり実際に測定したり、データを解析したりすることで宇宙の謎に実験的に迫ります。「理論」と「実験」の研究者がそれぞれの専門知識を出し合って共同で研究を行うこともよくあります。

CHAPTER 2

重力は宇宙物理学のキモ！

物理を学ぶときによく聞く言葉「重力」。
ニュートンやアインシュタインなど
そうそうたる天才たちが重力の不思議に迫り
私たちの存在する宇宙の謎を説明する
理論を導きだしてくれました。
そんな重力の不思議な世界を紹介します。

19
chapter 2

りんごで知られるニュートンが発見した法則を深掘り！

地上では、物を空中で手放すと地面に向かって落ちます。それが重力による現象であることは学校でも学びましたよね。

イギリスの有名な科学者ニュートンは、微分積分という数学を用いて、物体の運動とそれらに働く力の法則を見つけました。このような物体の運動とそれらに働く力を対象とする物理学の分野を力学《りきがく》と呼びます。

ニュートンが見つけた力学の法則は、物体がその運動を保とうとする**慣性《かんせい》の法則**、物体の運動と力の関係を与える**運動の法則**、物体に力を加えると反対向きの力が生まれるという**作用《さよう》反作用《はんさよう》の法則**で、これがニュートンの運動の三法則です。

またニュートンは、質量を持つ物体の間には必ず引力が発生するという**万有《ばんゆう》引力の法則**を導きました。りんごが地面に落ちるように、月が地球の周りを回る現象も地球からの重力による引力が原因だというのです。

ニュートンの**運動の法則**と万有引力の法則は、ケプラーの3つの法則をきちんと数学的に説明しています。地上での物理法則が成り立つのは地上だけではないことを、数学的に表現することに成功したのです。

ニュートンの運動の三法則

慣性の法則
物体は運動の状態を保とうとする

運動の法則
物体に加わる力によって生じる加速度は慣性質量に比例する。

作用反作用の法則
物体に力を加えると反対向きの力が生じる

万有引力の法則

りんごが地上に落ちるのも、月が地球の周りを回るのも万有引力の法則とニュートンの運動の法則で説明できます。万有引力の法則のFは重力、m1,m2は2つの物体の質量、rは2つの物体の間の距離、Gは万有引力定数と呼ばれる定数を表しています。

力　それぞれの質量

$$F = G\frac{m_1 m_2}{r^2}$$

万有引力定数　距離

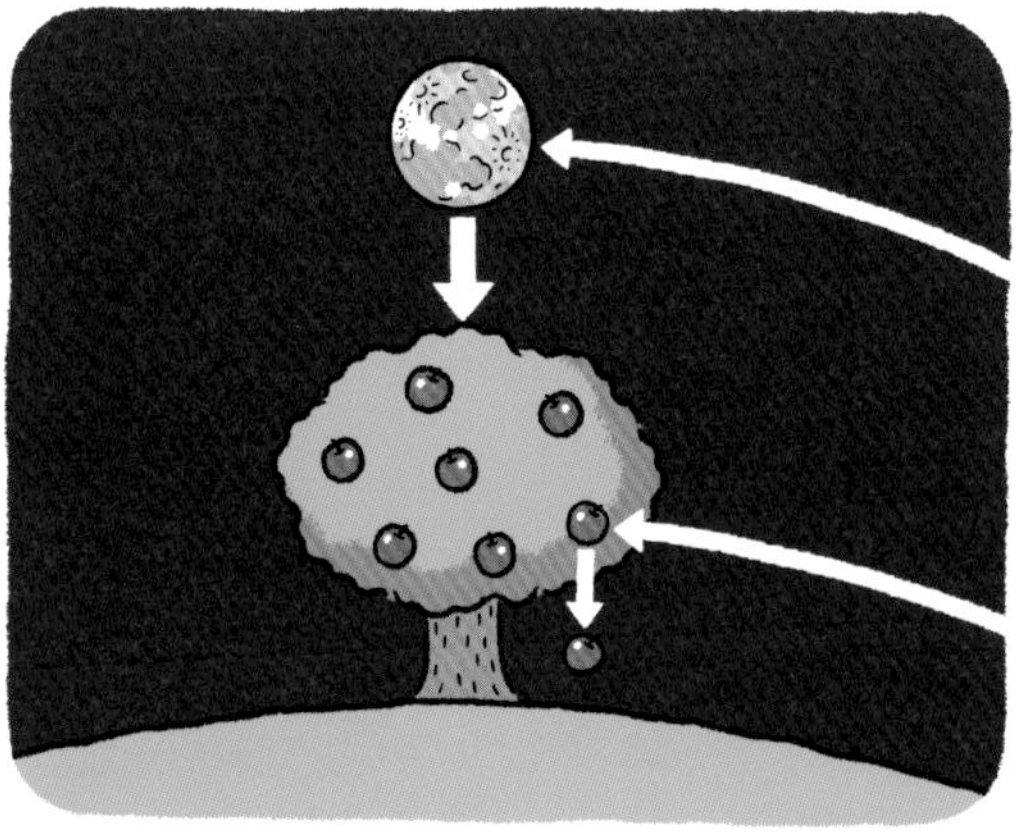

chapter 2 20

物理学の超有名理論「相対性理論」の生まれた背景

難しそうとよくいわれる相対性理論《そうたいせいりろん》は、時間と空間（時空）を対象とする物理学の有名な理論です。ニュートンの力学では、時間と空間は変化しない絶対的なもので、その時空という容器の中で起こるさまざまな物体の運動現象を理解しようとしていました。一方、相対性理論は入れ物である時空も物理法則に従って変化すると考えます。

相対性理論には、ドイツの物理学者アインシュタインが１９０５年に提唱した特殊相対性理論と、１９１５年に提唱した一般相対性理論の２つがあります。

特殊相対性理論は、光速に近い速さで移動する物体の運動を説明できる理論で、ニュートンの力学をより精密にしたものです。一方、一般相対性理論は、時空と重力の理論で、特殊相対性理論を一般化しています。ニュートンの万有引力の法則による重力に代わる、新しい重力の理論といえるでしょう。

相対性理論は、私たちの日常で出会うことのない非常に高いエネルギーや強い重力が関係するような現象を説明するのに必要になります。ここからは相対性理論が示す常識を超えた不思議な世界をぜひ楽しみましょう。

ニュートンの理論と相対性理論の関係

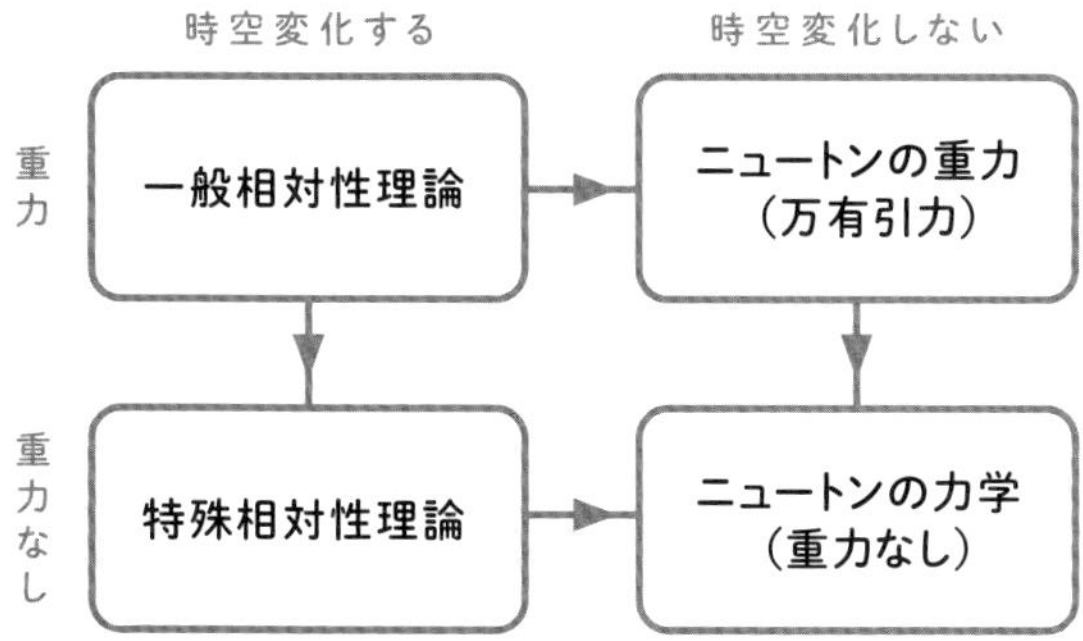

一般相対性理論による時空の歪みのイメージ

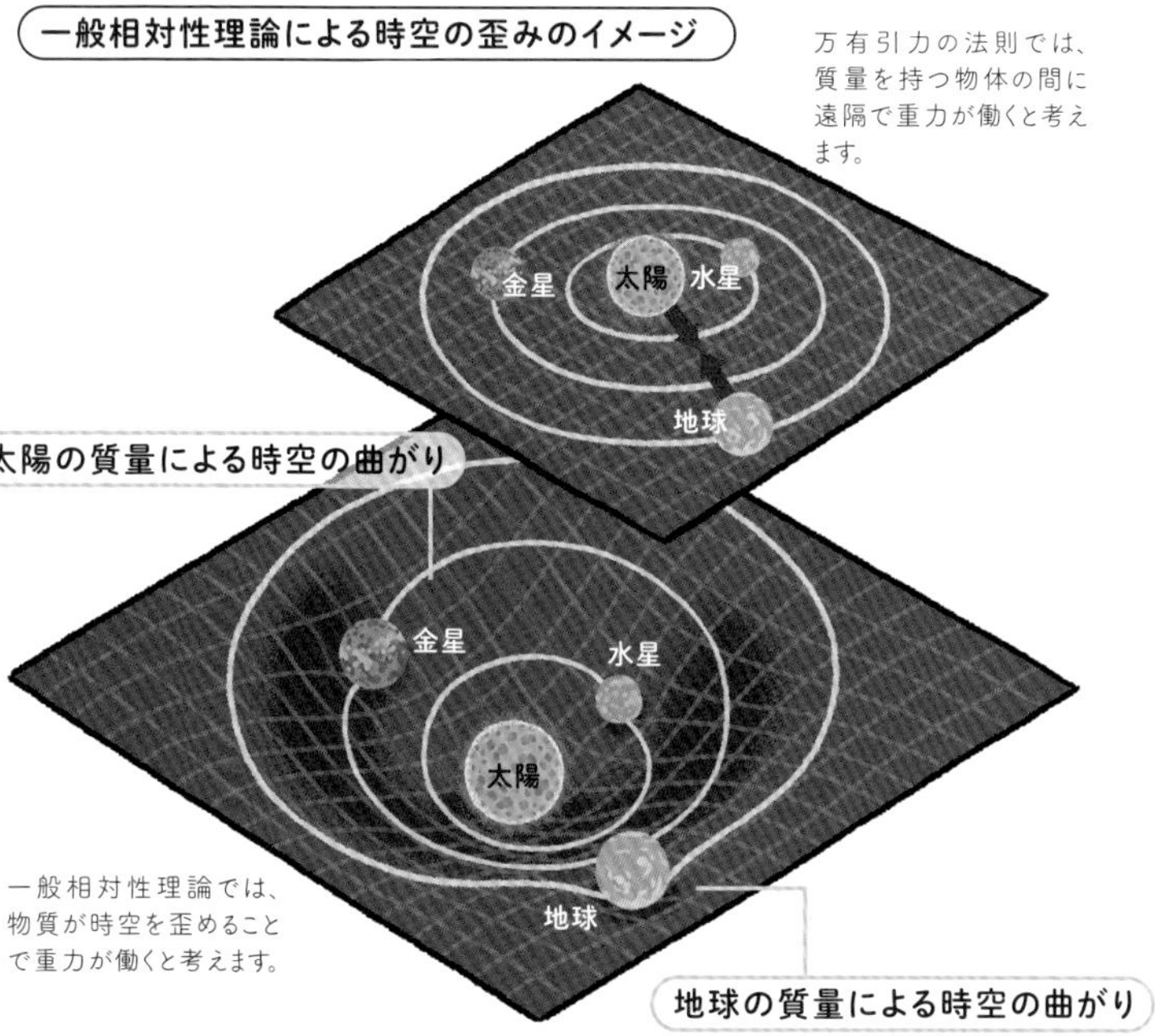

万有引力の法則では、質量を持つ物体の間に遠隔で重力が働くと考えます。

一般相対性理論では、物質が時空を歪めることで重力が働くと考えます。

memo
光速とは光速度の略で、光が伝わる速度のこと。真空中の光の速度は、2.99792458×10^8m/sです。

21

chapter 2

相対性理論では、宇宙は3次元じゃなくて4次元⁉

相対性理論では、宇宙の時空をまとめて4次元の空間として扱います。空間は点の集まりで、各点を指定するには座標とよばれる変数が必要です。この変数の割り振り方を座標系といいます。例えば、棒上の位置は棒の端からの距離を指定すれば決まります。黒板上の位置は黒板の左下から右と上にどれだけ進んだかを指定すれば決まります。

次元とは、この空間の各点を指定するのに必要な変数の数のことをいいます。先ほどの例では棒の上は1次元空間で、黒板の上は2次元空間といえるでしょう。より簡単にいうと、その空間で動くことができる方向の数が次元です。棒の上では一方向にしか動けないので1次元、黒板の上では縦と横の二方向に動けるので2次元となるのです。私たちの宇宙では、上下、左右、前後に動けるので3次元、それに加えて未来過去の時間方向に動けるので1次元を加え、合計4次元の時空とよばれる空間に私たちは住んでいるのです。

どのようなできごとを指定するにも時間と空間がセットで必要です。しかし空間は好きな方向に動けますが、時間は過去から未来の一方向にしか進めないという違いがあります。

座標と次元

1次元
x

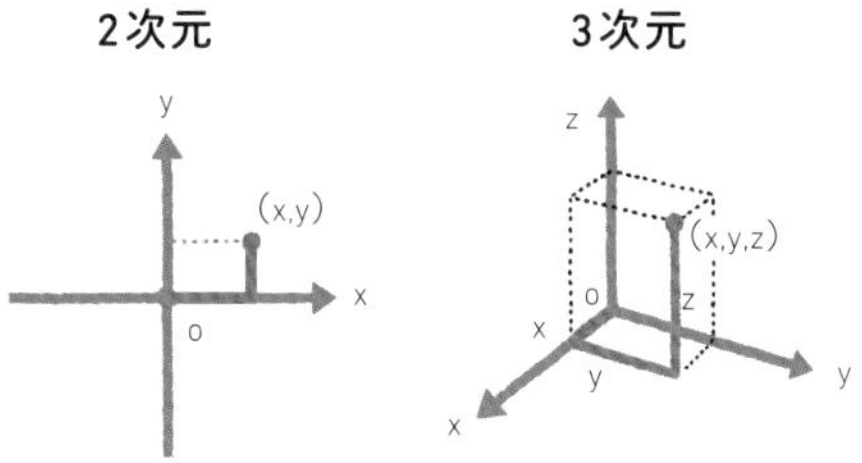
2次元
y
(x,y)
x
o
3次元
z
(x,y,z)
o
z
x
y
y
x

空間の点は座標と呼ばれる数の組みで指定されます。指定するのに必要な最低限の数の個数が次元です。

4次元のイメージ

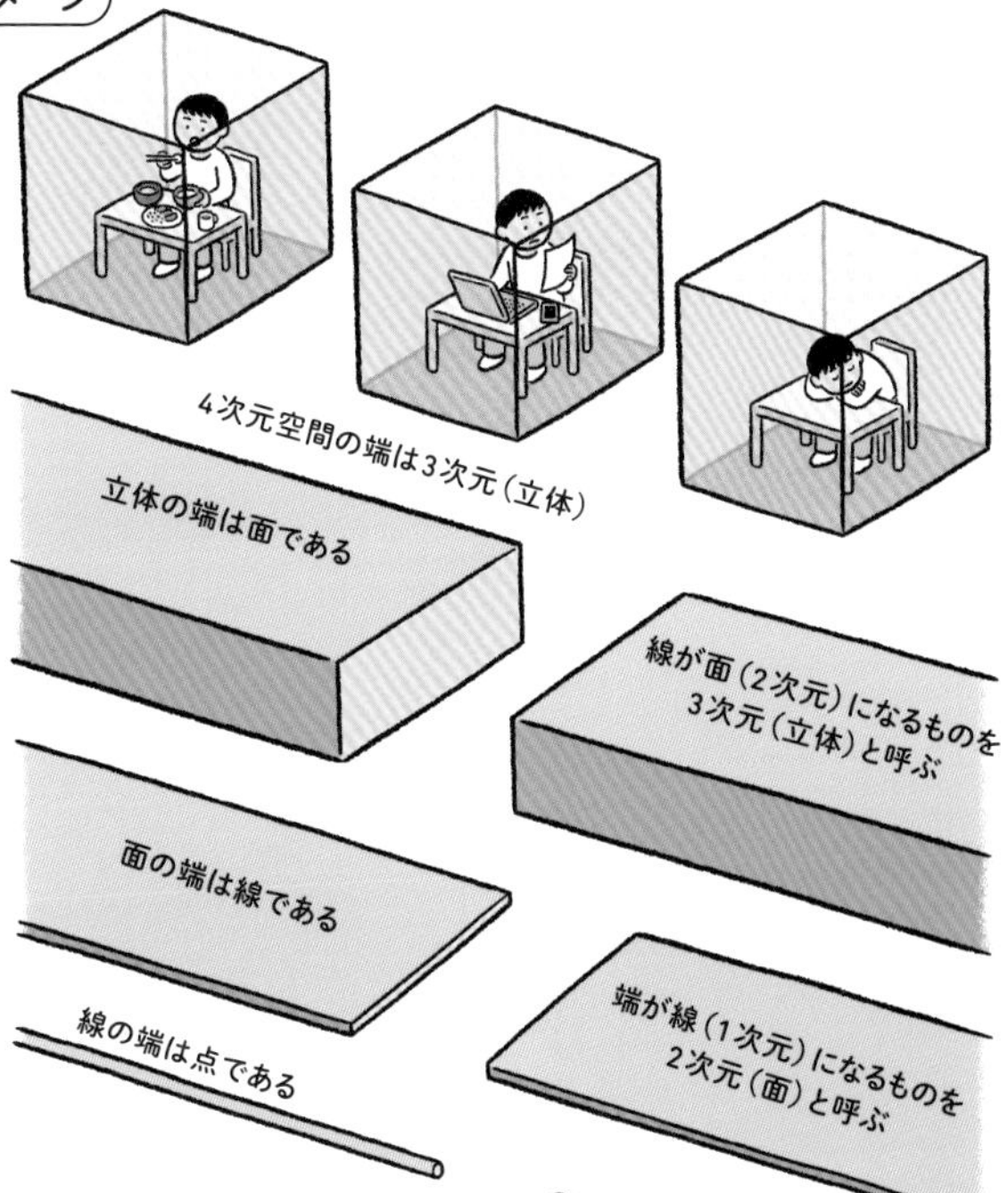
4次元空間の端は3次元(立体)
立体の端は面である
線が面(2次元)になるものを
3次元(立体)と呼ぶ
面の端は線である
線の端は点である
端が線(1次元)になるものを
2次元(面)と呼ぶ

端が点(0次元)に
なるものを1次元(線)と呼ぶ

4次元空間の端は立体になっています。数学的に4次元目は必ずしも時間である必要はありませんが、相対性理論では時間1次元＋空間3次元の4次元空間を扱います。4次元時空の場合は、時間を指定するとそこには3次元空間が広がっています。

memo

時空という空間の各点を事象といいます。

22

chapter 2

「どっちが本当に止まっているか」はわからない

特殊相対性理論は2つの原理（理論を展開する上で前提となる事柄）からできていて、その1つが特殊相対性原理です。

時速1万kmの2つの宇宙船AとBが互いにすれ違ったとします。Aの中にいる人から見ると「私は止まっていてBが時速2万kmで飛んで行った」ように見えます。しかし、Bの中にいる人から見ると、「私は止まっていてAが時速2万kmで飛んで行った」ように見えます。地球上では地面を基準にして、なにが止まっていて動いているかを簡単に判断できますが、なにが止まっていて動いているかは、じつは見る人によって変わる相対的なものなのです。

しかも、このように一定の速度で進んでいる**慣性の法則**が成り立つ宇宙船の中では、物体の運動の法則が同じ形になります。このような慣性の法則が成り立つ座標系を**慣性系**といいます。特殊相対性原理は、すべての慣性系ですべての物理法則が同じ形になるという前提のことなのです。簡単にいうと、「一定の速度で動いている人たちの中でだれが止まっていて、だれが動いているかは見ている人によって変わる」ということなのです。

特殊相対性原理のイメージ

慣性の法則が成り立つ慣性系という立場にある人たちから見れば、「どちらの宇宙船が動いていてどちらの宇宙船が静止しているか」は判断できない相対的なものなのです。

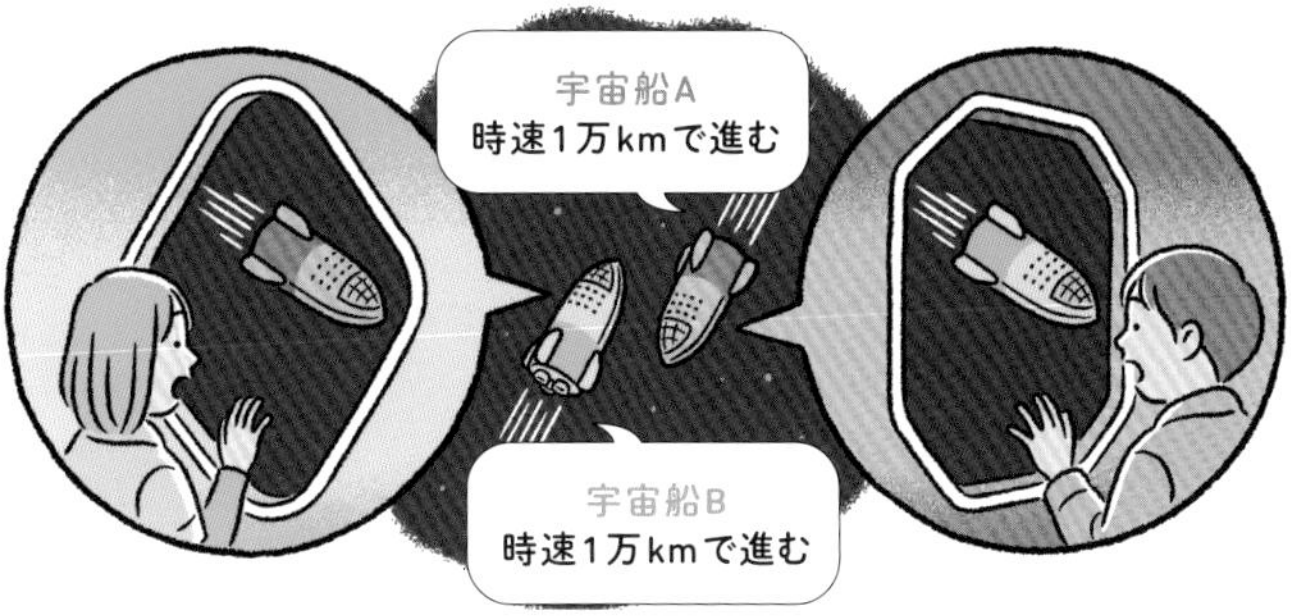

運動と視点

地面に対して止まっているつもりの私たちも、地球は自転をしながら太陽の周りを回っているのでじつは高速で移動しています。さらに、その公転運動の中心となる太陽も天の川銀河の中を回っています。そしてさらに、天の川銀河自体も周囲の銀河と共に運動しています。このように、運動は視点によって変わってしまうもので、絶対的に静止しているものなど存在しないのです。

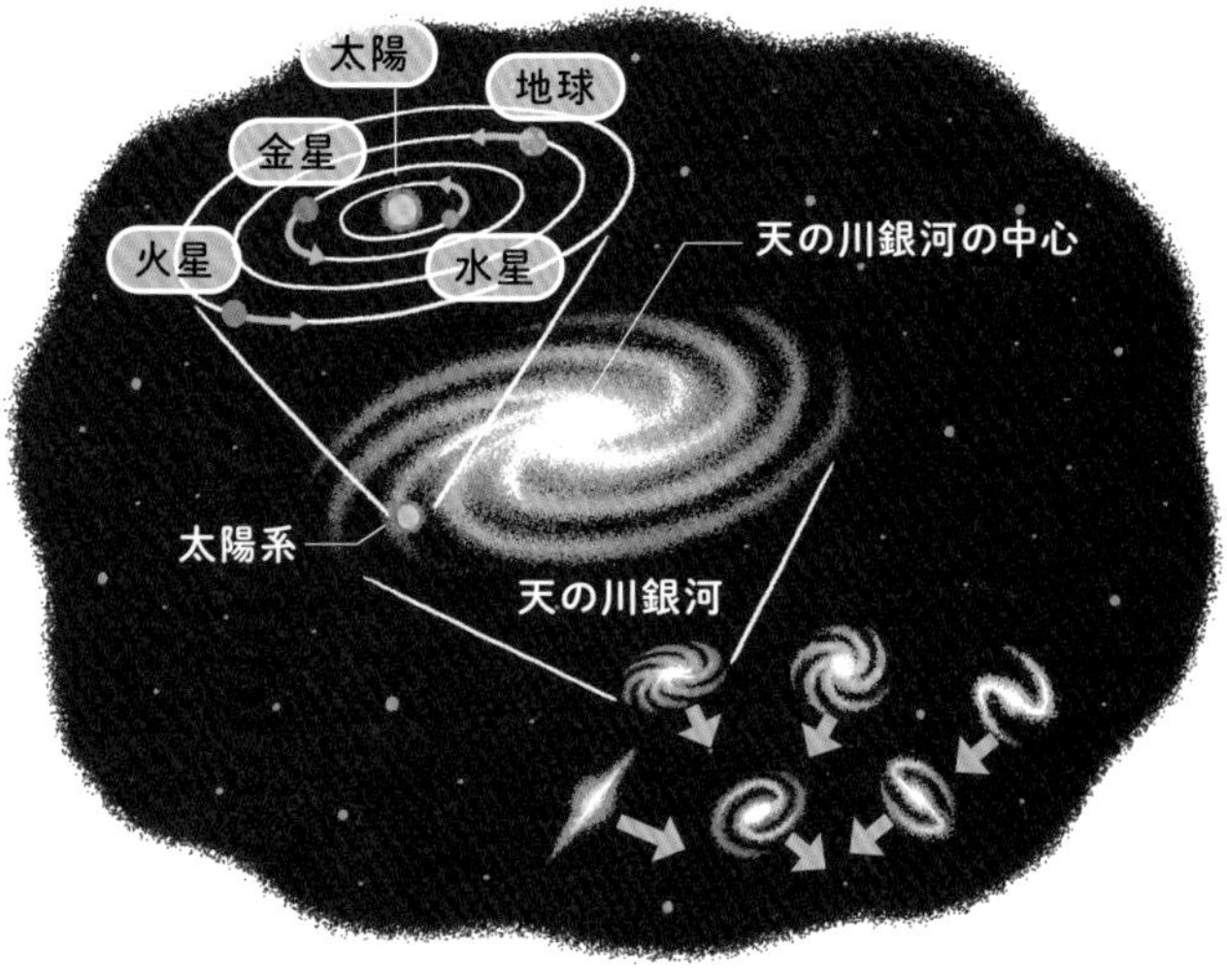

chapter 2

23 光はだれが見ても必ず同じ速さ

特殊相対性理論のもう1つの原理は、**光速度不変の原理**です。

物理学では、時空の各点に分布している量(空間座標の関数である物理量)のことを場といいます。そして、電気力や磁力を及ぼす場のことを**電磁場**といいます。光は電場と磁場が振動しながら空間を伝わる電磁波とよばれる波なのです。

図に描かれた宇宙服を着た人から見て光が真空中を光速の秒速30万kmで進んでいるとします。秒速20万kmで光と同じ方向に移動する宇宙船に乗っている人がその光を見ると、光の速さはどうなるでしょう? 日常的な感覚では、秒速30kmから秒速20kmを引いて秒速10万kmで進む予想をしそうですが、じつは宇宙船に乗っている人から見ても光の速さは秒速30万kmなのです。光の速さに対しては、通常の速度の足し算や引き算が成り立ちません。

光速度不変の原理は、どの**慣性系**(外力を受けない物体が静止、もしくは等速直線運動をするという慣性の法則が成立する座標系のこと)から見ても光速度は変わらないという前提です。光の速さはだれから見ても同じになるのです。

電磁波のイメージ

光は電磁波という波です。電磁波は電場と磁場と呼ばれる物理量が進行方向に対して垂直な方向に振動しています。

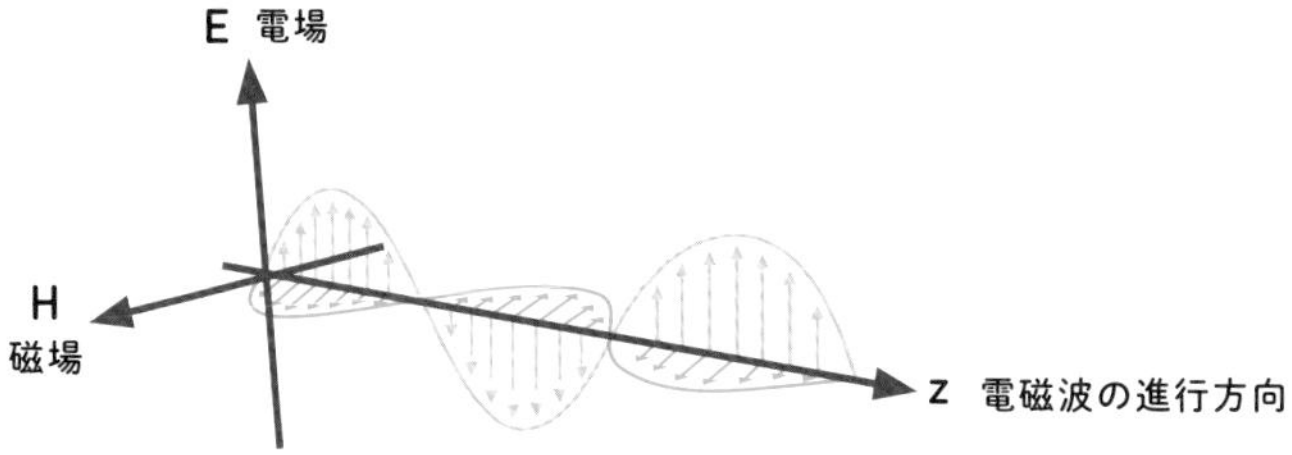

光速度不変の原理のイメージ

光の速度に対しては速度の足し算・引き算が成り立ちません。光速は慣性系の誰から見ても光速なのです。

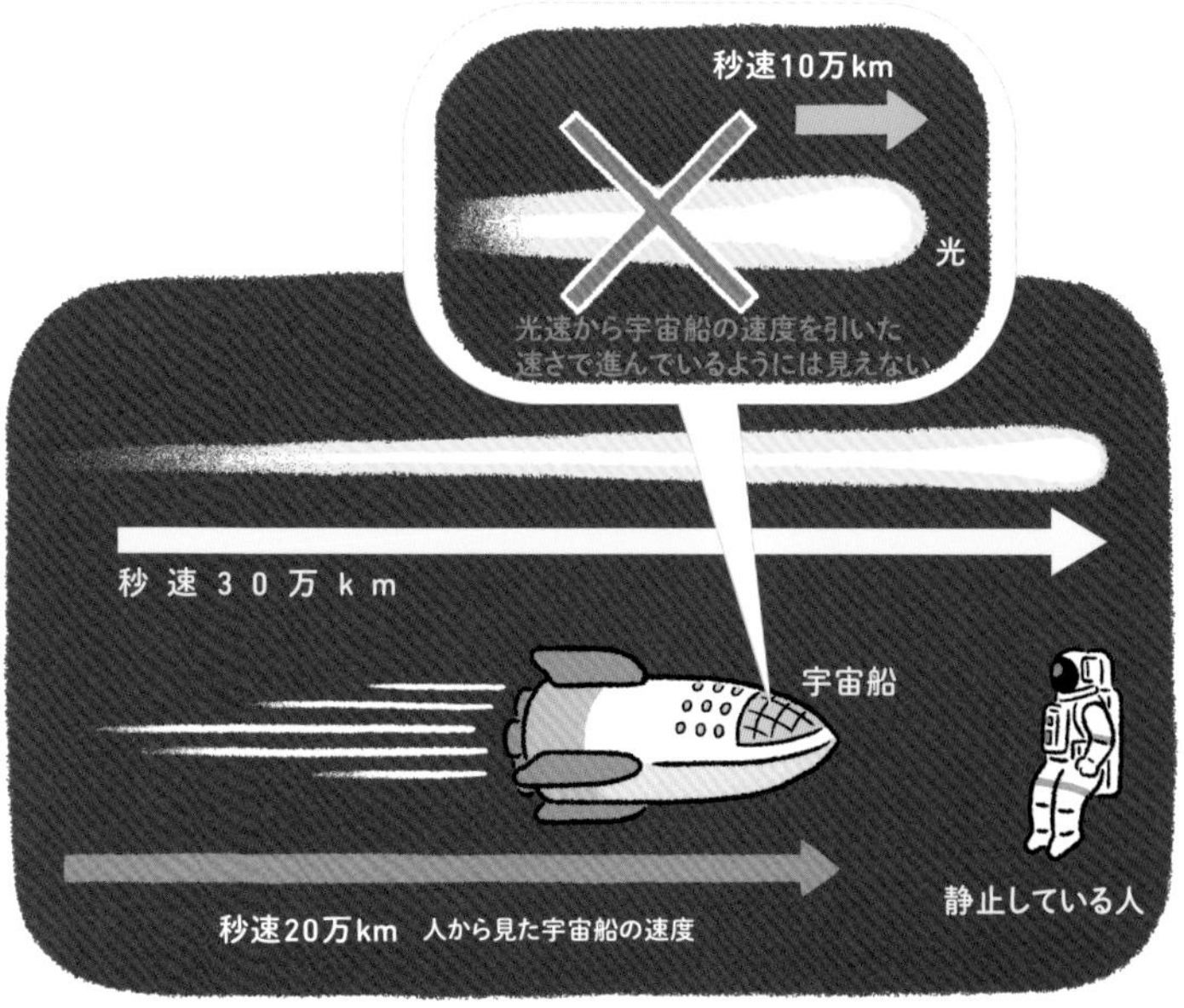

memo

電気力と磁気力を対象とする物理学の分野を電磁気学といいます。

chapter 2

24

4次元の時空を、絵に描いてみると…？

時間と空間の様子を表した図を**時空図**といいます。図の1点が決まると時間と空間が決まるのです。

通常、縦軸に時間を取り、図の上側が未来、図の下側が過去を表します。そして横軸に空間を取り、横方向への移動は空間を移動することに対応しています。実際の時空は4次元ですが、紙の上（2次元）には4次元の図はうまく書けないため、時空図では空間を2次元または1次元に簡略化して書きます。

空間は長さの単位を持ちます。そのため、光速を時間にかけて長さの単位にそろえて書きます。このようにすると、光は時空図では斜め45度の線に沿って進んでいきます。

しかし無限に遠く離れた未来や過去、場所（**無限遠方**）は時空図上でもはるか遠くにあります。そのため時空図を紙などの限られた場所に書いて過去・未来や空間の構造を調べることはできません。そこで、時空の無限遠方を光の進行方向が斜め45度の線のままになるように有限の領域に縮めて表します。これにより「宇宙のどこかで起こった事象が別の事象にどんな影響を及ぼすか」という因果関係を、宇宙全体にわたって理解できるのです。

時空図

縦軸に時間をとり、それと垂直な方向に空間を取っています。4次元は紙の上にうまく書けないので空間は2次元にしています。中心に観測者がいるとすると、時間が一定の面は現在を表していて、その上の空間が未来、その下の空間が過去を表しています。光は時空図上で45度の方向に進むので、あらゆる方向に飛ばした光を集めると円錐になります。これを光円錐と言い、時空の因果律を決めるのに重要な役割を果たします。

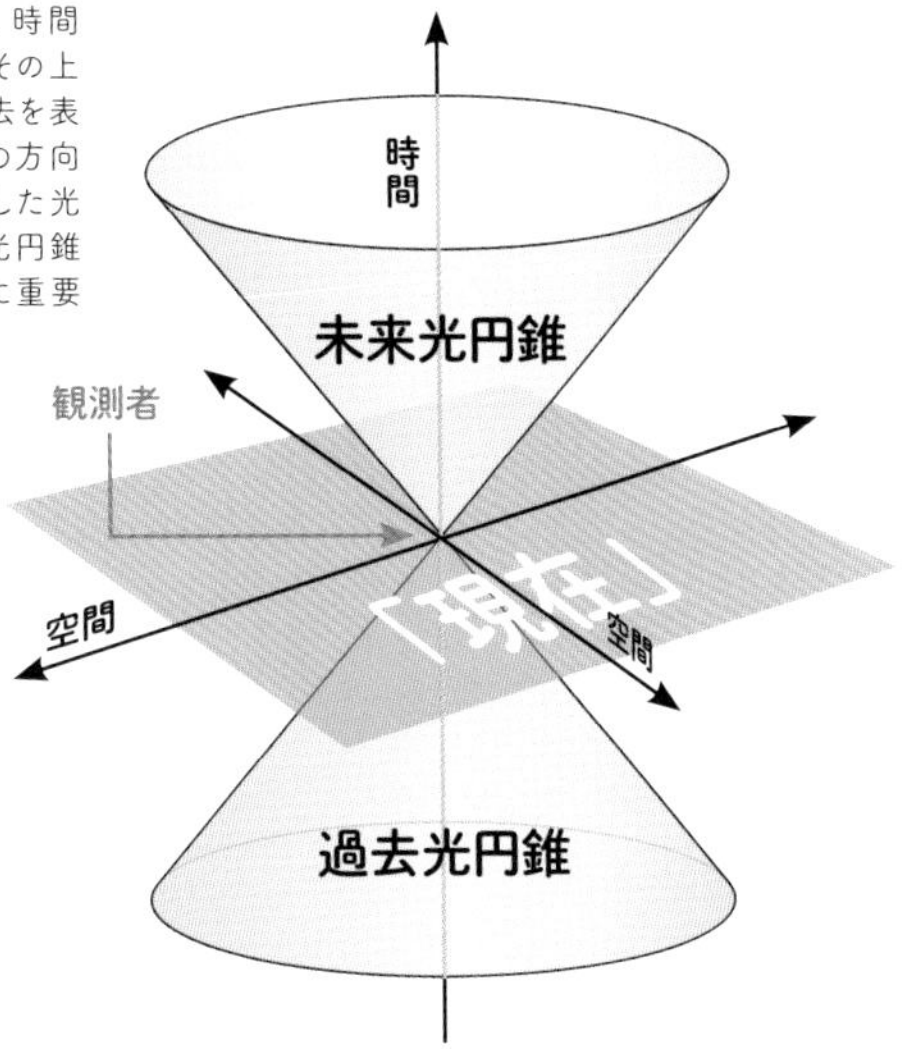

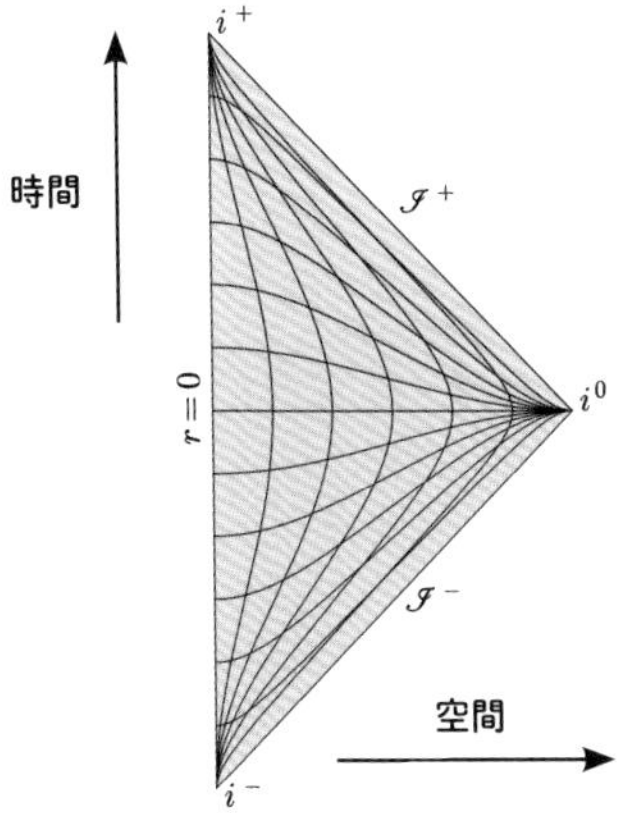

ペンローズ図

ペンローズ図は因果関係を保ったまま時空図を上手に変形させることで有限な領域に無限の時空を書けるようにしたもの。時空図上の曲線には傾きによって時間的、光的、空間的の3種類があります。それに対応して無限に遠い場所にも種類があります。i^+,i^-はそれぞれ未来・過去時間的無限遠、$\mathscr{I}^+$,$\mathscr{I}^-$(スクライと読む)は光的無限遠、i^0は空間的無限遠と呼ばれています。

memo　このような角度を保つ変換（共形変換）によって時空をほかの時空のコンパクトな領域に埋め込むことで得られる図を「ペンローズ図」といいます。

25

chapter 2

「速く動く人やもの」の時間の流れは遅くなる

だれにとっても物理法則の形と光速が同じになるためには、時間や空間の長さが見る人によって変わる必要があります。そのような現象のひとつが**時間の遅れ**です。

例えば、静止している人のそばを宇宙船が高速で通り過ぎる瞬間に、宇宙船の床から天井に向かって光が放たれ、天井で反射して床に返ってくるとします。宇宙船の中の人からは、光が天井で反射して一直線上を折り返して戻って来るように見えます。一方、宇宙船の外の人からは、光は宇宙船の進行方向に移動しながら折り返して戻って来るように見えます。つまり光がより長い距離を移動したように見えるのです。

光速度不変の原理から、どちらの人から見ても光速は変わりません。そのため、宇宙船の外の人の時間は、宇宙船の中の時間に比べて長くなくてはいけません。つまり、静止している人に比べて動いている人の経過時間は短くなり、時間が遅れてゆっくり流れるのです。しかし、宇宙船の中の人はそれを自覚できません。逆に宇宙船の中の人からは、外の人が高速で動いているように見えて、宇宙船の外の時間が遅くなっているように見えます。

時間の遅れのイメージ

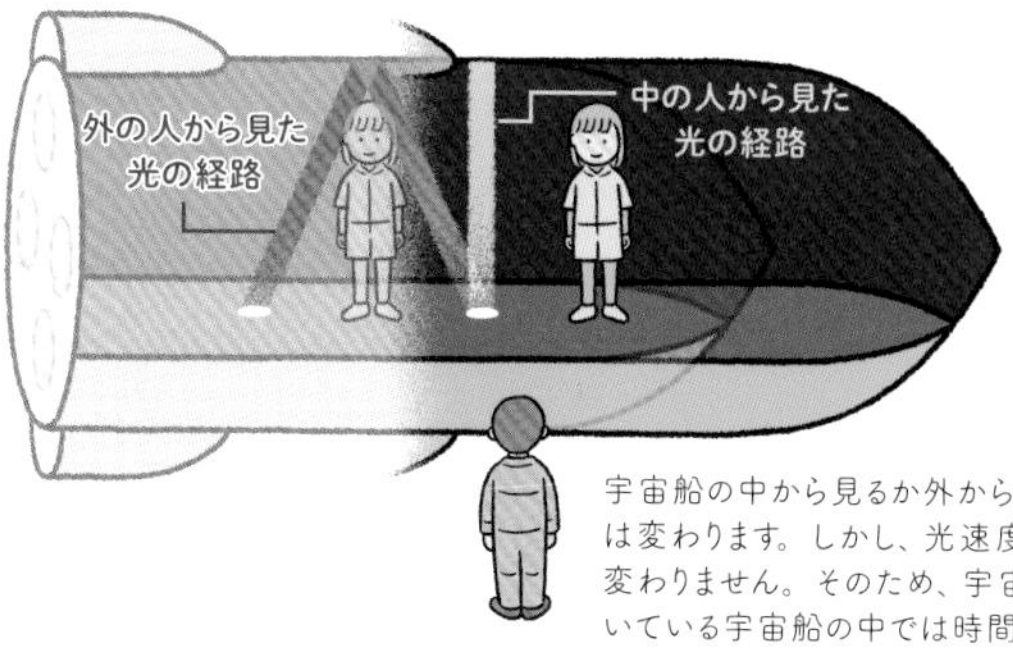

宇宙船の中から見るか外から見るかで光の経路の長さは変わります。しかし、光速度不変の原理から光速は変わりません。そのため、宇宙船の外の人に比べて動いている宇宙船の中では時間がゆっくり進むのです。

時間の遅れと時空図

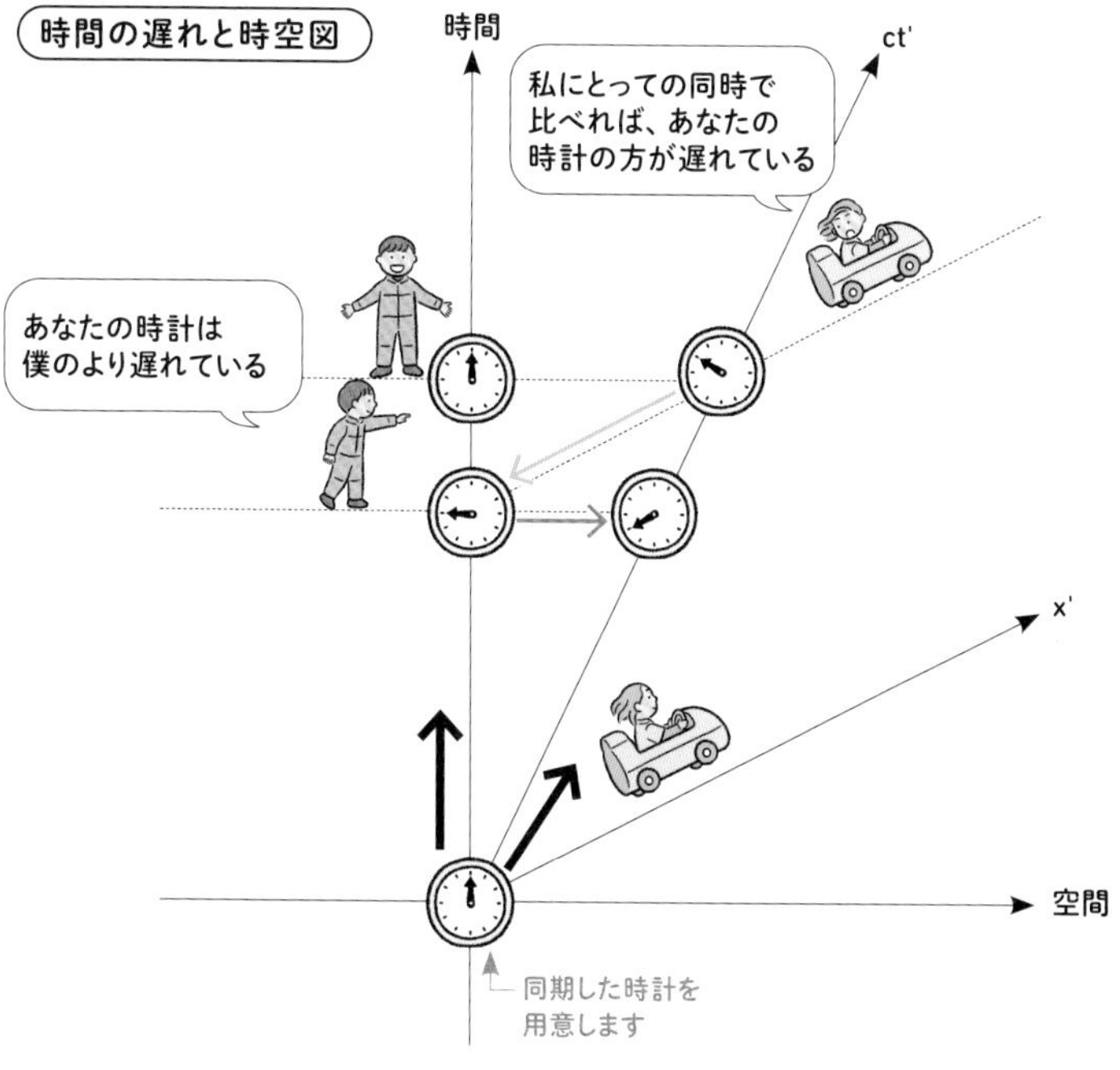

時間の遅れを時空図上で見てみましょう。運動は相対的なので、片方から見ればもう片方は動いていて、お互いが相手の時計が遅れていると感じるのです。同時と考える時点が見る人によって変わるためにこのようなことが起こります。

memo

特殊相対性理論は、時間の進み方は見る人によって変わる“お互い様”の相対的なものであることを教えています。

26

chapter 2

物はすごく速く動くと縮んで見える!?

見る人によって時間や空間の長さが変化する現象のもう1つの例が**長さの収縮**です。

ある場所に止まっている時計の横を、宇宙船が高速で通過したとします（図A）。時計の隣（宇宙船の外）で止まっている人から見て、宇宙船の先端と後端がその地点を通過する時間を記録します。すると、宇宙船の速度に通過時間をかけることで宇宙船の長さがわかります。

一方で、宇宙船の中の人から見ると（図B）、外の時計が動いているように見えます。外の動いている時計は宇宙船内の時計に比べて遅れるので、外の時計が宇宙船の先端から後端まで動くまでにかかった宇宙船内での経過時間は長くなります。

同じように、元の宇宙船と同じ時計の速度にこの時間をかけると宇宙船の長さがわかりますが、経過時間が長くなった分だけ宇宙船の長さは長くなります。逆に言い換えると、動いている物体は止まっていたときよりも進行方向に短く見えるのです。動いている物体を見ると止まっていたときよりも進行方向に短く見える現象は**ローレンツ収縮**といいます。

長さの収縮

〈図A〉

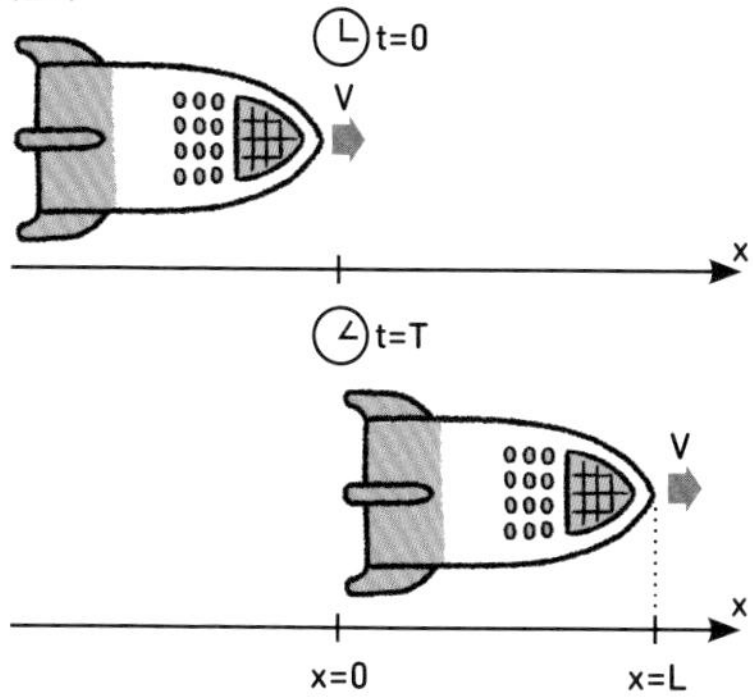

外の人から見ると、静止した時計の経過時間に宇宙船の速度をかければ宇宙船の長さが求まります。

〈図B〉

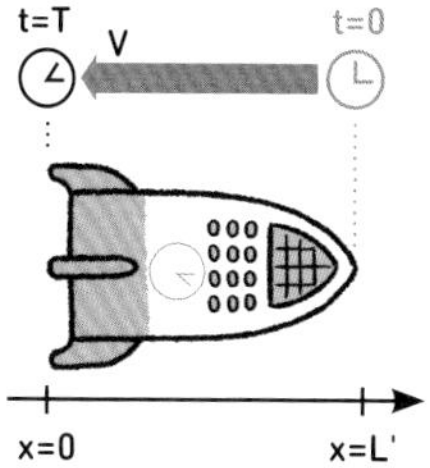

宇宙船の中の人からは外側の時計が後ろに動いているように見えるため、この時計の進み具合は宇宙船内の時計に比べて時間の遅れにより遅くなっています。その結果、止まっている宇宙船の長さも動いているときより長くなっています。

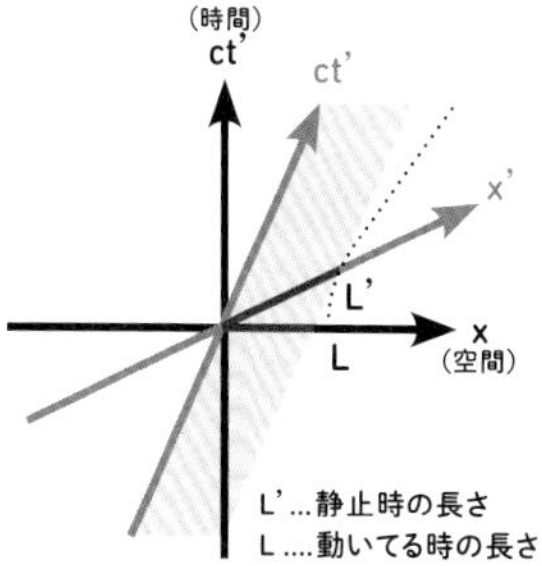

長さの収縮と時空図

長さの収縮を時空図上で見てみましょう。ここでも、静止している人と動いている人で物体の両端の同時が異なることでこのようなことが起こります。動いている物体の長さLの方が静止している物体の長さL'よりも短くなります。

長さの収縮のイメージ

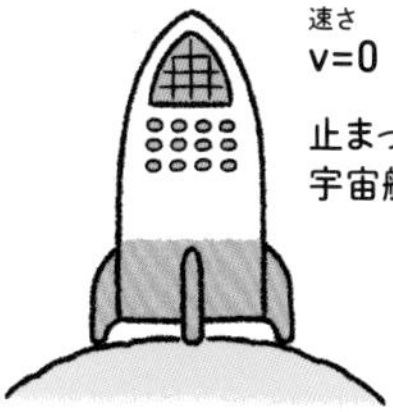

速さ
v=0

止まっている
宇宙船

速さ
v=0.95c

宇宙船が光速の95%の速さで進んでいれば、宇宙船の長さは1/3ほどになってしまいます。

chapter 2

27 酸素のない宇宙空間で太陽が燃焼できるワケ

「宇宙空間には酸素はないのになぜ太陽は燃えているんですか？」と聞かれることがありますが、じつは太陽は燃えていません！　太陽は酸素と結びついているのではなく、核融合《かくゆうごう》によって輝いているのです。

特殊相対性理論からは、エネルギーと質量が同じであるという関係が導かれています。つまり、物体は動いていなくても質量があるだけで膨大なエネルギーを持っていることになります。そのため、太陽のような恒星《こうせい》の内部の高温環境では（熱）核融合反応とよばれる現象が起きます。原子には原子核の陽子と中性子の数、原子核のエネルギーの状態の違いによって核種《かくしゅ》とよばれる種類があります。核融合は軽い核種同士が融合して重い核種が生まれる核反応のことです。

太陽のような主系列星《しゅけいれっせい》とよばれる星では、4つの水素原子から2個の陽子と2個の中性子を持つヘリウム4が核融合により作られます。核融合では陽子の数が変わるため、原子の種類が変わります。作られた核種の質量は元となった原子の質量の合計よりも小さくなり、小さくなった分の質量に相当するエネルギーが光として放出されるのです。

太陽での核融合反応

核融合とは軽い原子同士が融合して重い原子が生まれる核反応のことです。核反応とは入射した粒子が標的となる原子核と衝突することで生じる現象のことです。太陽では、4つの水素の原子核が融合して1つのヘリウムの原子核が合成される核融合反応が起きています。反応で失われた質量が光のエネルギーとして放出されます（太陽の輝き）。

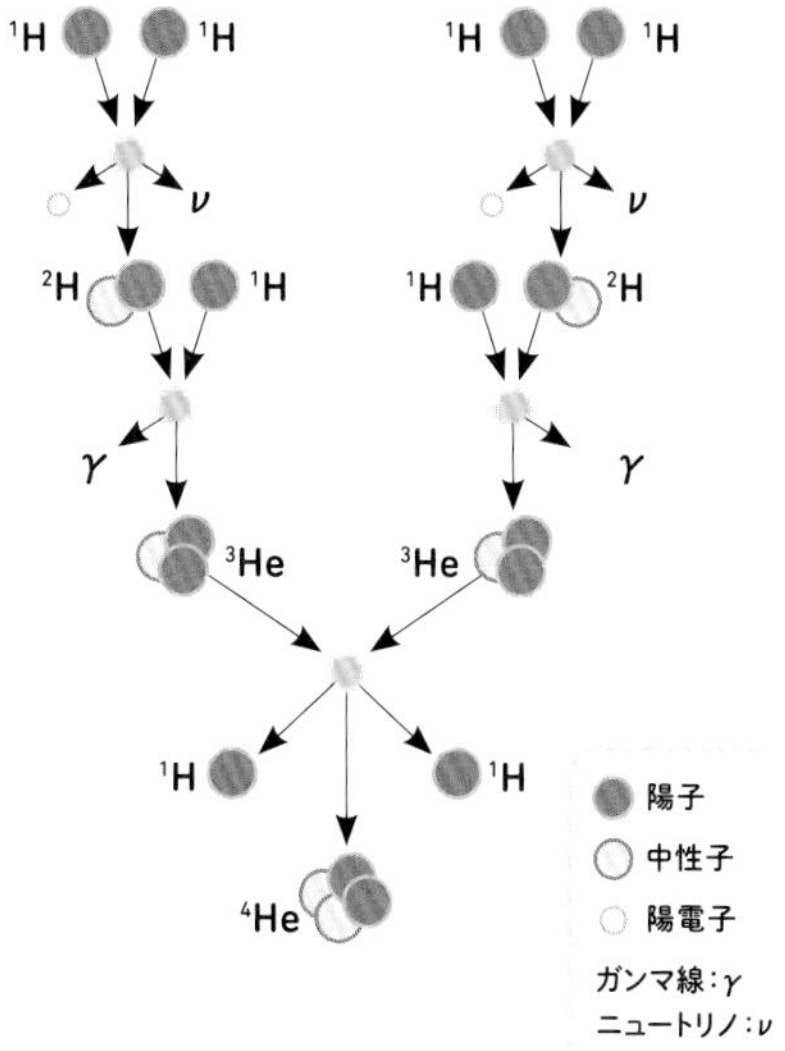

核融合と星の輪廻

水素やヘリウムは宇宙のビッグバンによって、それ以外の元素は星の内部の核融合反応によって作られます。星の質量によって核融合反応の経過が異なり、そこで作られた元素は星が一生を終えるときに超新星爆発などによって宇宙空間に放出されます。それらが再び星間ガスとして集まり、新たな星のもとになります。星はこのように生まれ変わりを繰り返すのです。

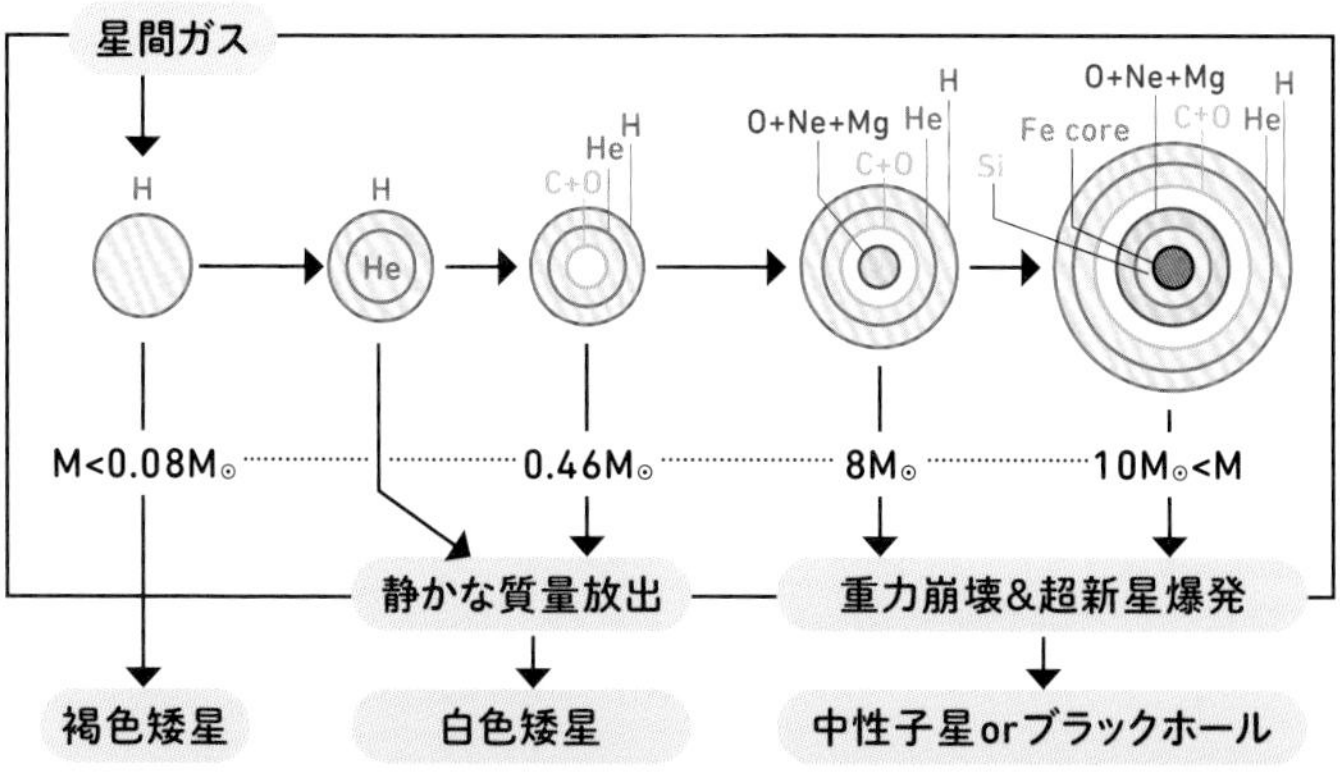

memo
地上では物が酸素と結びつく化学反応を「燃える」と表現しますが、天文学では恒星内部の核融合反応を燃焼（＝燃える）といいます。

28
chapter 2

重力はある1点では消せるが、完全に消すことはできない

アインシュタインは特殊相対性理論に重力の効果を含めて一般相対性理論を作りました。その出発点となるのが「落下する箱の中では重力が消える」というアイデアです。

地球からの重力を受けて加速しながら落下している箱の中で、同じく重力を受けて落下する物体を見たとします。重力による落下は物体の種類によらず同じように落下運動をします。これを弱い等価原理といい、物体には重力が働いていないように見えます。これをニュートンの力学では、「落下している箱の中で見ると、物体には重力と釣り合う慣性力という見かけの力が働くからだ」としました。一方アインシュタインは、慣性力と重力は区別できない同じものだと考えました。落下する箱の中を考えれば重力が消せるのです。

しかし実際の重力は地球の中心に向かって働き、地球に近いところで強くなります。そのため、箱の中の一点で重力を消せても、大きさを持つ箱の中全体では消すことができません。箱の中に配置した重力を感じていないはずの複数の物体が、近づいたり遠ざかったりします。アインシュタインは、これを「時空が曲がるため」と考えたのです。

等価原理のイメージ

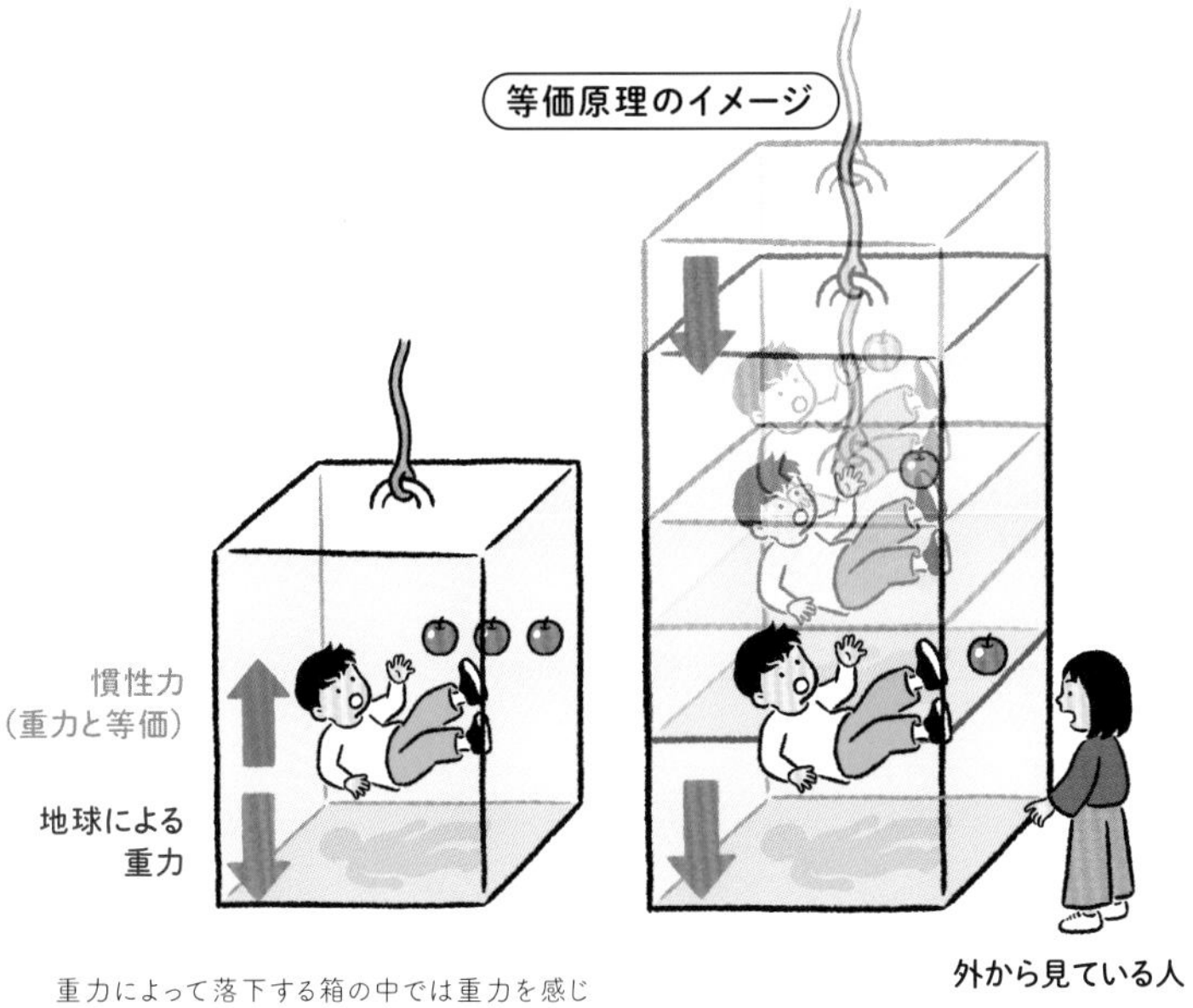

重力によって落下する箱の中では重力を感じません。ニュートンの力学では慣性力と呼ばれる見かけの力が重力と釣り合っていると考えますが、一般相対性理論では慣性力は重力と区別できない等価なものだと考えます。

重力は物体の種類に依らず同じように物体を落下運動させます。これを弱い等価原理と言います。

潮汐力と等価原理

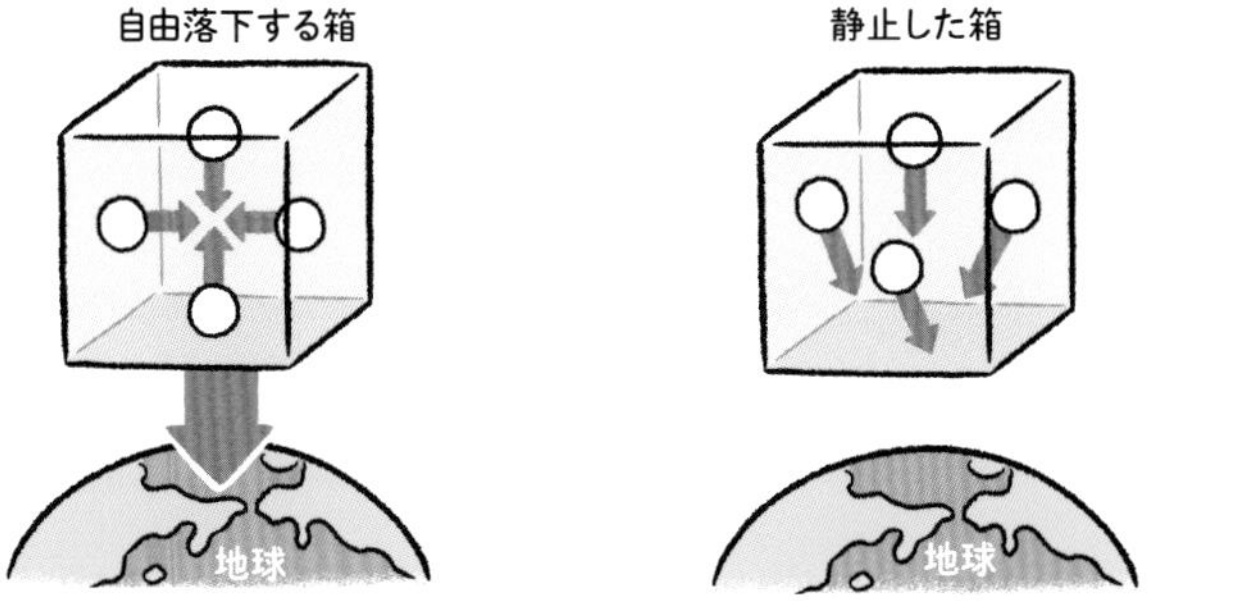

物体と一緒に落下する箱の場合、大きさのある箱の中においては、すべての場所で重力を消すことはできません。重力の違いの分だけ力のずれが残ってしまいます。このような力を潮汐力《ちょうせきりょく》と言います。

重力によって落下する物体からすると自分自身は重力を感じていないはずなのに、お互いが引き合うのは時空が歪んでいるためです。時空の歪みを表す曲率が潮汐力の正体なのです。

29

chapter 2

重力は光を曲げることができる

弱い等価原理のために落下する小さな箱の中は、重力のない慣性系と同じ環境とみなせます。これは物体の運動のみを考えた場合ですが、さらに考えを広げて「宇宙のいつでもどこでも重力以外のすべての物理法則は自由落下している人から見たら同じ」としました。これを**強い等価原理**といいます。

前述した箱のように重力を打ち消した領域では特殊相対性理論が成り立ち、すべての物理法則が重力の影響のない慣性系と同じとなります。そのため、落下している箱の中でも光は直進します。すると、箱の外から見ている人は光の進路が曲げられたように見えます。これは光が重力によって引きつけられたのではなく、重力を生む質量が周囲の空間をゆがませることによって曲げられたのです。

同じく、恒星や銀河などから発せられた光が進路の途中にある天体の重力によって曲げられたり、その影響で複数の経路を通った光が観測される現象を**重力レンズ**といいます。重力レンズは光の曲がり具合などで「強い重力レンズ」「弱い重力レンズ」、曲がりが確認できない「マイクロレンズ」の3種類にわかれます。

アインシュタインの等価原理と強い等価原理

弱い等価原理を重力以外のすべての物理法則に対して拡張したものがアインシュタインの等価原理です。さらに、宇宙のいつでもどこでも重力を含むすべての物理法則に対して拡張したものが強い等価原理です。

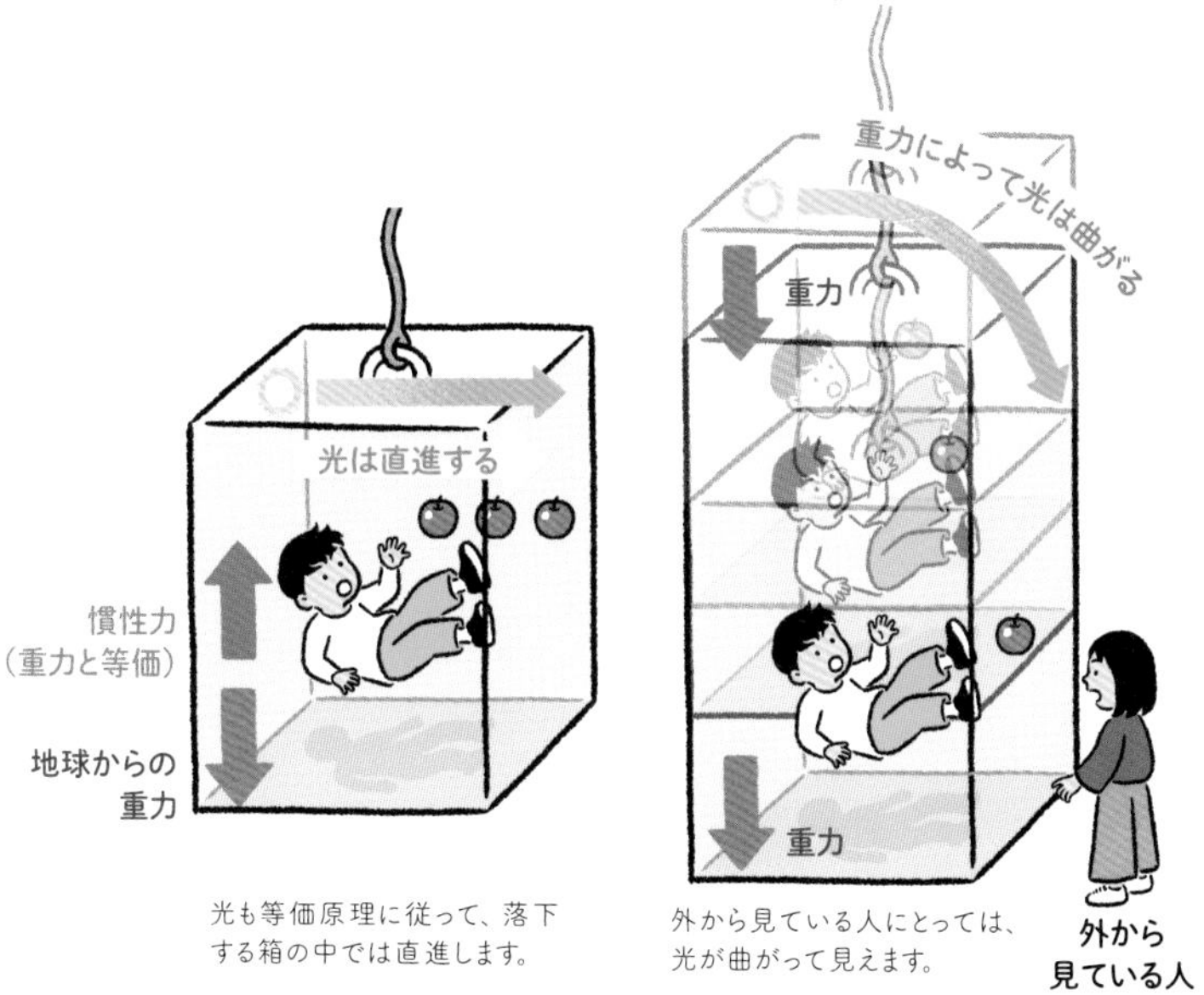
重力によって光は曲がる
重力
光は直進する
慣性力
(重力と等価)
地球からの
重力
重力
外から
見ている人

光も等価原理に従って、落下する箱の中では直進します。

外から見ている人にとっては、光が曲がって見えます。

重力レンズ

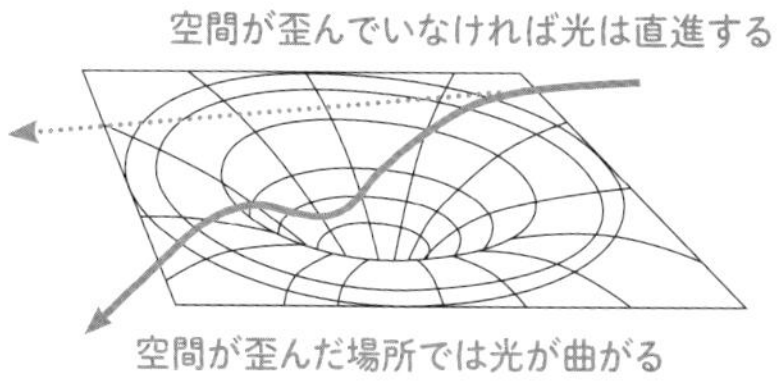
空間が歪んでいなければ光は直進する
空間が歪んだ場所では光が曲がる

光が曲がるのは光に質量があるからではなく、時空が歪んでいることで進路が曲げられるためです。

重力レンズは実際に望遠鏡によって観測されています。写真はジェイムズウェッブ宇宙望遠鏡によって撮影された銀河団SMACS 0723です。銀河の姿が重力レンズによって歪められているのが分かります。

memo

強い重力レンズでは、光の増加やゆがみが大きかったり、複数の像が現れたりします。弱い重力レンズでは複数の像がなく、ゆがみも少ないです。

30

chapter 2

重力の正体は時空のゆがみ

一般相対性理論は強い等価原理と**一《いっ》般《ぱん》共《きょう》変《へん》性《せい》原《げん》理《り》**で構築されています。

特殊相対性理論が表す時空は、**ミンコフスキー時空**とよばれる、曲がっていない平坦な時空です。特殊相対性理論では2つの**慣性系**（一定の速度で運動している人）の間では物理法則が同じ形になるという特殊相対性原理を採用しました。

一般共変性原理では加速しているような人も含めて、だれから見ても物理法則が同じ形になります。これによって、等価原理を使い重力を打ち消した箱の中で成立する特殊相対性理論における物理法則がどんな運動をしている人にも同じ形で成り立ちます。結果、**重力**によって時空が曲がることになります。

時空の2点の間隔は計量とよばれる量で測られます。計量は時空の距離を測る定規の役割をし、特殊相対性理論では曲がっていない平らな時空の定規になるのです。

一般相対性理論では、**アインシュタイン方程式**とよばれる基礎方程式が時空（重力）と物質の進化を決めます。この方程式から、ブラックホール、宇宙の進化、**重力波**などさまざまな重力現象が導かれることになります。

一般共変性原理のイメージ

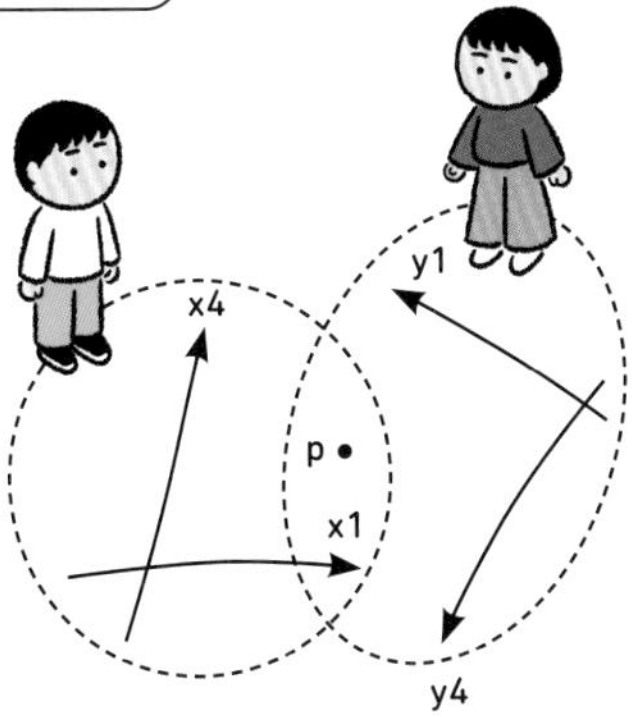

観測者は時空を張る座標系そのものです。どのような観測者から見ても、すなわちどのような座標系で見ても、物理法則が同じ形で成立しているという原理が一般共変性原理です。一般相対性理論では（擬）リーマン幾何学と呼ばれる多様体という考え方を利用した数学が使われています。

アインシュタイン方程式

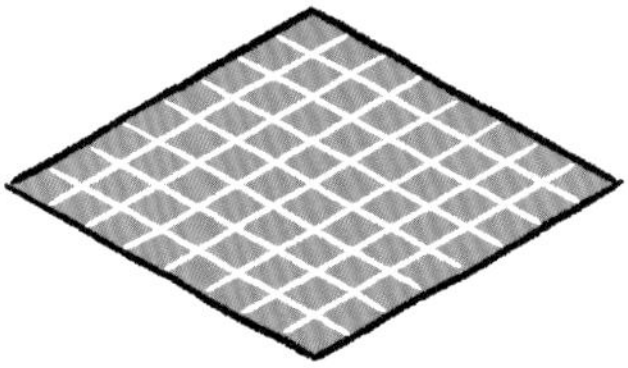

曲がっていない平坦な時空をミンコフスキー時空といいます。これは特殊相対性理論で扱っている時空です。

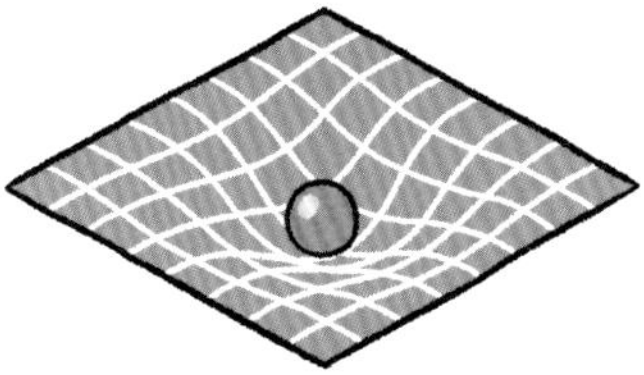

質量がある物体は時空を歪めます。これが一般相対性理論における重力の正体です。

（時空のゆがみ）曲率　万有引力定数　円周率

$$G_{\mu\nu} = \frac{8\pi G}{c^4} T_{\mu\nu}$$

光速　物質

一般相対性理論における基礎的な方程式がアインシュタイン方程式です。左辺は時空の歪み（重力）を、右辺は物質を表します。時空の歪み（重力）が物質の運動や進化に影響を与え、逆に物質が時空の歪みである重力を決定しているのです。

31

chapter 2

重力の強いところでは時間の流れが遅くなる

特殊相対性理論では、速く動く人の時間の流れは遅くなります。さらに一般相対性理論では、重力の強いところでも時間の流れが遅くなります。

　大きな質量を持つ星の重力によって曲げられる光を十分遠くにいる人から見てみるとします。重力によって曲げられている空間を光が進むので、星に近いほど光が進む距離は短くなっています。つまり、十分遠くから見ている人にとっては、光速は重力が働いている場所によって変化し、星から遠いところに比べて近いところでは遅くなるのです。

　一方、光と一緒に落下する人は重力を感じないので、目の前の光は秒速30万㎞の同じ速さで進んでいるように見えます。光が進んだ距離は光速に時間をかけることでもとめられるので、星から遠いところで光と一緒に落下している人に比べて、近いところで光と一緒に落下している人から見ると、光速は変化せずに時間の進みが遅くなっていると感じます。

　このように、重力が強い場所ほど時間の流れが遅くなるのです。質量のある物体が作る重力は、時間も空間もゆがませてしまうのです。

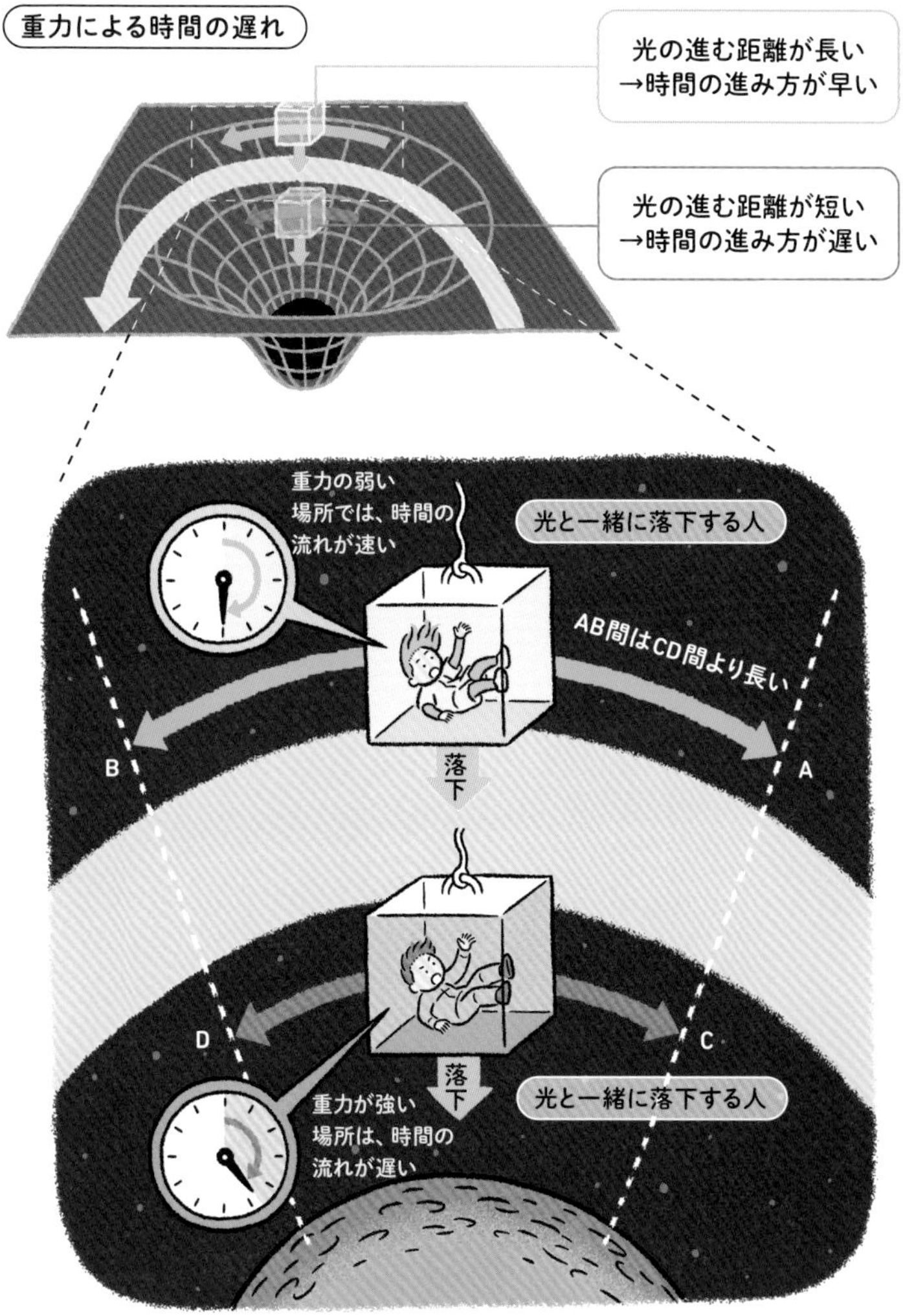

重力の強い場所では弱い場所に比べて時間の流れが遅くなります。

32

chapter 2

時空のゆがみは波になる？「重力波」の正体とは

一般相対性理論には、時空のゆがみが波のように伝わる重力波とよばれる現象があります。１９１６年に、アインシュタインが重力波の存在を初めて予言しました。質量を持つ物体が運動したときに、時空のゆがみが波となって周囲に光速で広がっていく現象が重力波です。

重力波は波の形で大きく４つに分けられます。ブラックホールや中性子星などのコンパクトな星同士の合体からは、チャープ波が作られます。チャープ波とは振動数と振幅が大きくなっていく波です。また、星が死ぬときに起きる超新星爆発などからは、瞬間的なバースト波が作られます。さらに、中性子星の回転などからは、周波数が一定の、長い連続波が作られます。そして、宇宙初期の急膨張であるインフレーションなどからは、ランダムに重なり合った背景重力波が作られます。

従来の天文学では、宇宙からの光を光学望遠鏡で見ることで宇宙や天体の姿を明らかにしてきました。ところが、ブラックホール同士の合体からは光は放射されません。重力波を観測することで、光では見ることができない宇宙の姿を見ることが可能になりました。

重力波のイメージ

コンパクトな星の連星から重力波が時空のゆがみとして放射されている様子のイメージ。二つの星が重力によって連なった天体を連星といいます。コンパクトな星（中性子星やブラックホール）の連星はお互いの周りを回りながら重力波を放出して近づいていき、やがて合体します。これをコンパクト連星合体といいます。ブラックホールが合体するときは特にブラックホール連星合体といいます。

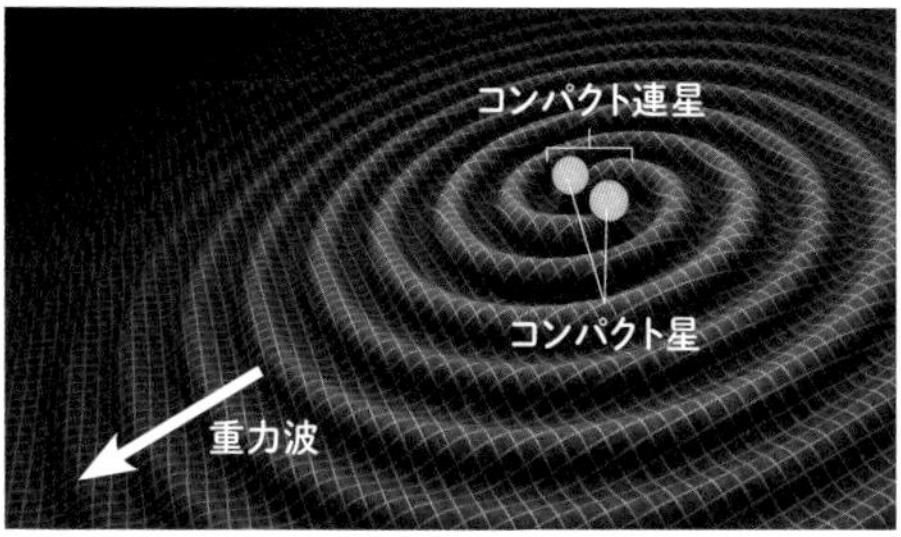

重力波の波源

重力波は波の形によって大きく4つに分けられます。チャープ波は連星合体から生じます。瞬間的なバースト波の代表的な波源は超新星爆発です。連続波の代表的な波源は中性子星の回転です。ランダムな背景重力波にはこのような重力波がたくさん重なった天文学的由来の波源と、宇宙初期のインフレーションなどから生成された宇宙論的な波源があります。現在、実際に観測されているのは、チャープ波だけです。

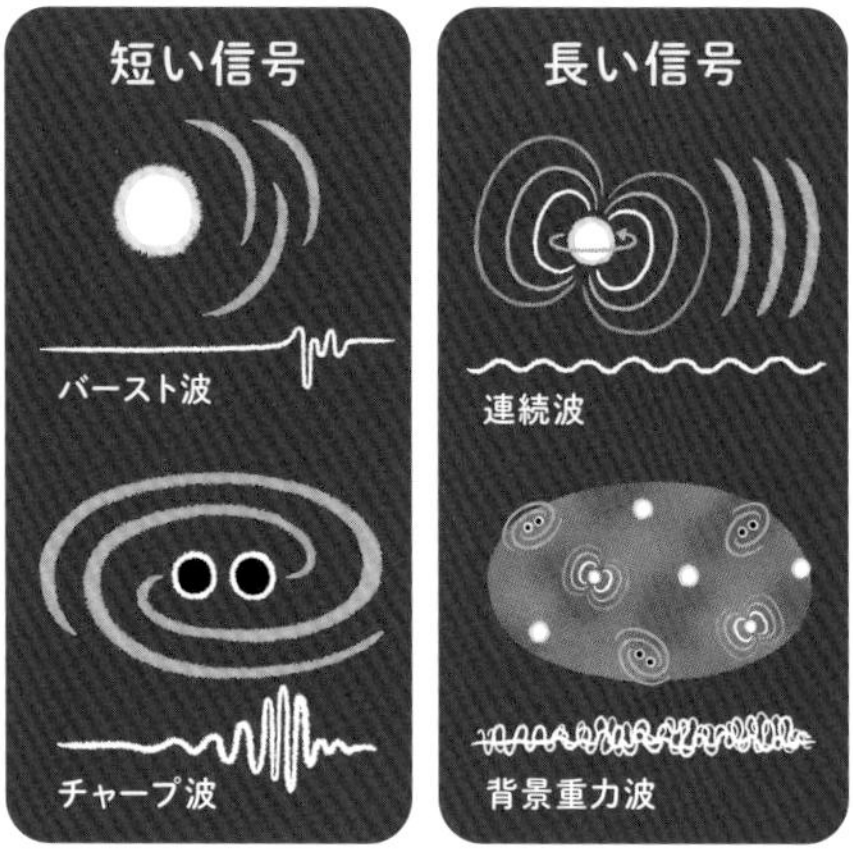

33
chapter 2

重力波がとらえられるようになるまで100年かかった！

宇宙や天体で激しい現象が起こると、比較的大きな重力波が放出されます。それでも重力波の効果は非常に小さく、その存在を確かめるのは難しいことでした。計量は時空の距離を決める定規のような役割をしていて、これが波のように振動すると、物と物の間の距離も波のように変化します。重力波は太陽と地球の間の距離（約１億５０００万km）を水素原子１個分（0.1nm）しか変化させません。この物体の距離の変化をレーザーの光を使って精密に測ることで初めて、重力波を検出できるようになりました。

２０１５年９月、２つのブラックホール同士が合体するときに生じた重力波が初めて確認されました。重力波の存在がアインシュタインによって予言されてから、なんと約１００年近くかかったことになります。

ちなみに光の色が違うように、重力波にも重力波を作る波源によって周波数が異なります。さまざまな周波数を持つ重力波をとらえるために、アメリカのＬＩＧＯ、欧州のＶｉｒｇｏ、日本のＫＡＧＲＡなどの現代地上望遠鏡だけでなく、宇宙空間に打ち上げる望遠鏡など、多くの計画が進行しています。

重力波検出の原理

重力波はレーザーの光を使って鏡の間の距離を測ることで検出します。この光は半透明の鏡で2つに分かれ鏡で反射し、再び半透明の鏡で重なります。光は波なので重力波によって鏡の位置が変わると重なり具合で変化し、光の明るさも変化します。この電気信号を重力波信号に変換することで検出します。

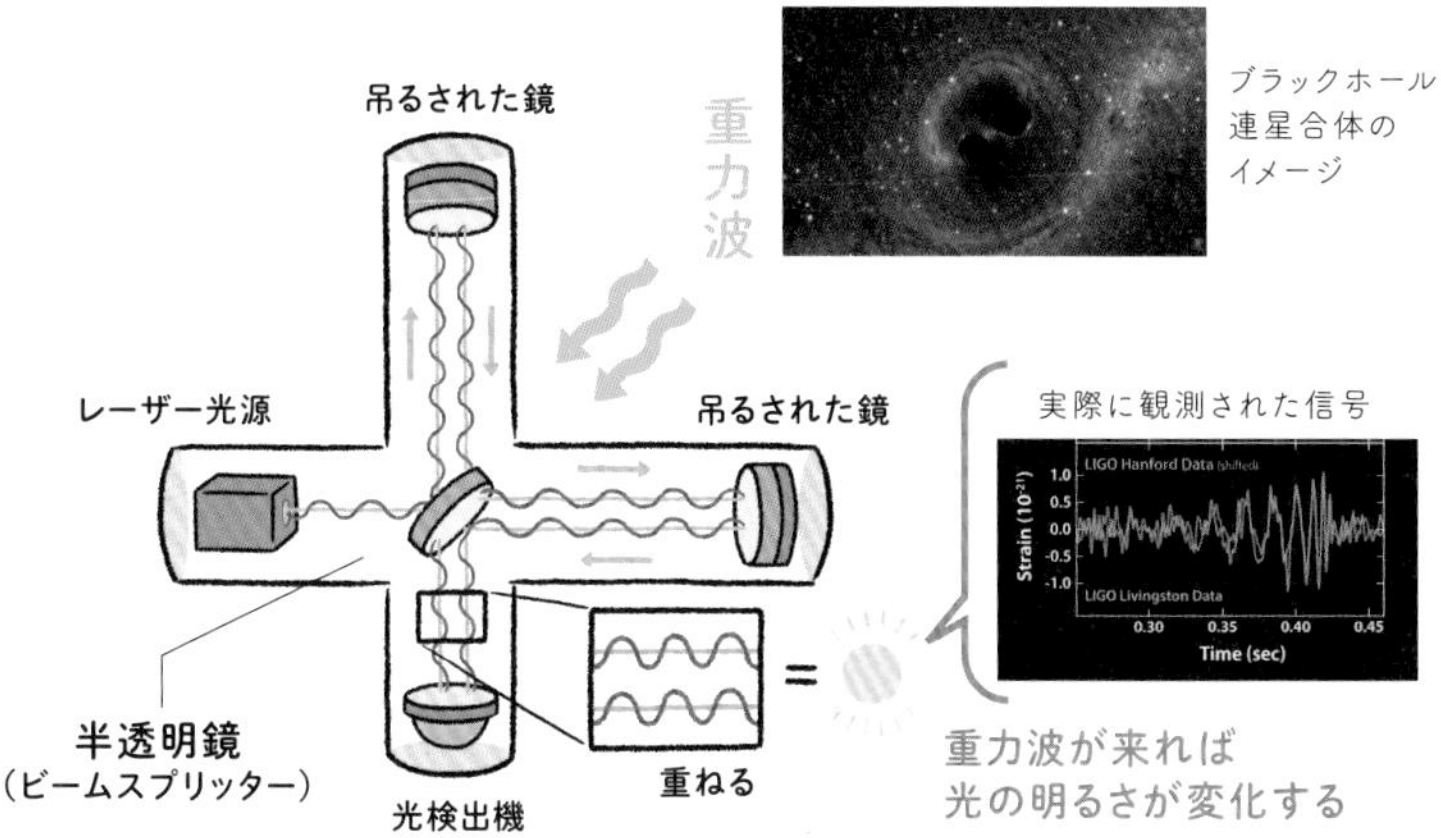

重力波の周波数

電磁波である光が周波数によって異なる色を持つように、重力波も波なので周波数の違いがあります。重力波の周波数は重力波を生じる現象の典型的な時間スケールで決まります。ゆっくりした現象からは波長の長い、ゆったりとした重力波が作られます。どの周波数の重力波も光速で伝わります。

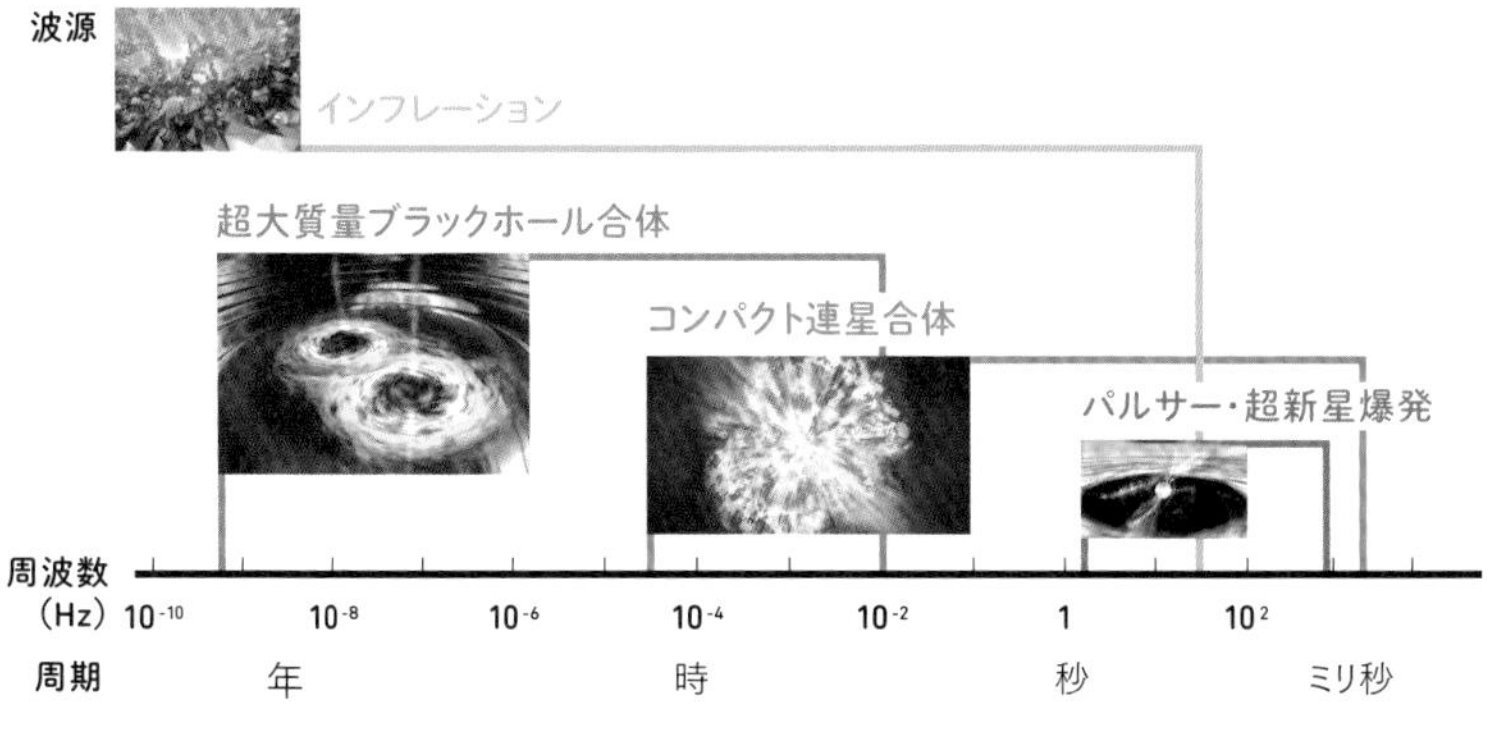

34 真っ黒なブラックホールが観測された理由とは

一般相対性理論は「強い重力のためにどんな物質や光も脱出できない領域の存在」を予言しました。このような領域は、１９６７年にアメリカの物理学者ホイーラーによって**ブラックホール**と名づけられました。

星の横を通った光は重力による時空のゆがみによって曲げられますが、ブラックホールの中に入った光は二度と出られません。このブラックホールの内側と外側の境界を**事象の地平面**といいます。

もっと正確には、無限に遠くの人から光で見ることができない時空の領域をブラックホールといい、その境界を事象の地平面といいます。さらにブラックホールの表面では、強力な重力のために十分遠くから見ると時間の流れが止まっているように見えます。

ブラックホールは光を出さず真っ黒なため、光を集めて観測することはできません。しかし、ブラックホールの周囲を取り囲む**降着円《こうちゃくえん》盤《ばん》**という物質が高温になると、Ｘ線などの光を放出します。１９７０年代にＸ線を強く出す「はくちょう座Ｘ－１」とよばれる天体が観測されたことで、ブラックホールの存在が間接的に確認されました。

ブラックホールが作り出す時空の歪み

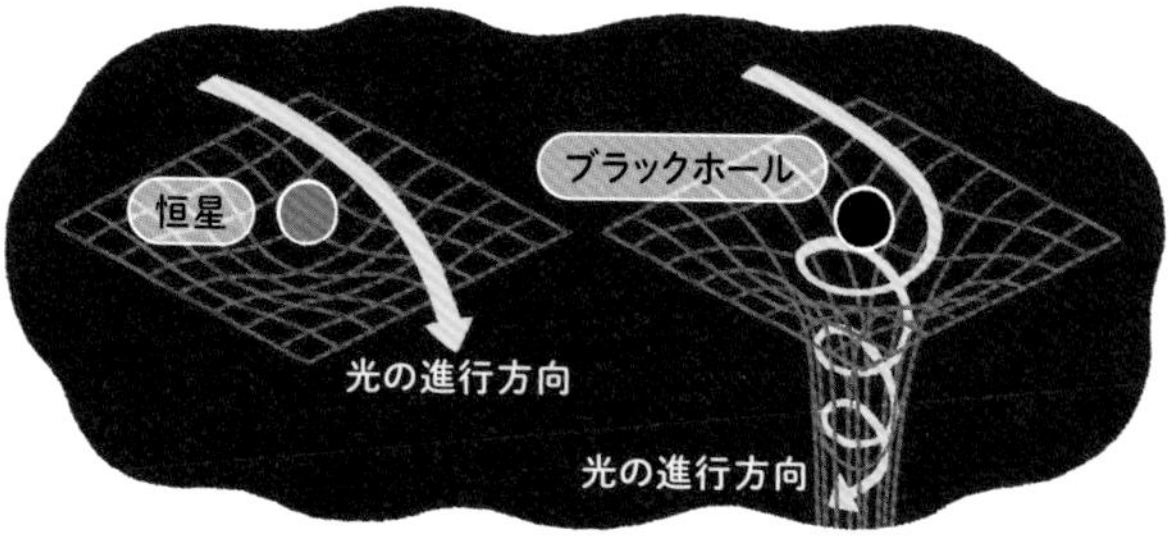

恒星が作る時空のゆがみが光の進路を曲げる様子。

ブラックホールが作り出す強力な時空のゆがみによって一度ブラックホールの中に入った光は外に出ることができなくなります。

ブラックホールの時空図

シュバルツシルトブラックホール（P86参照）の時空図（ペンローズ図）です。縦方向が時間を、横方向が空間の広がりを表しています。ブラックホールの内部と外部の境界が事象の地平面です。エネルギーの密度が無限大になる時空の特異点はブラックホールの中心にあります。

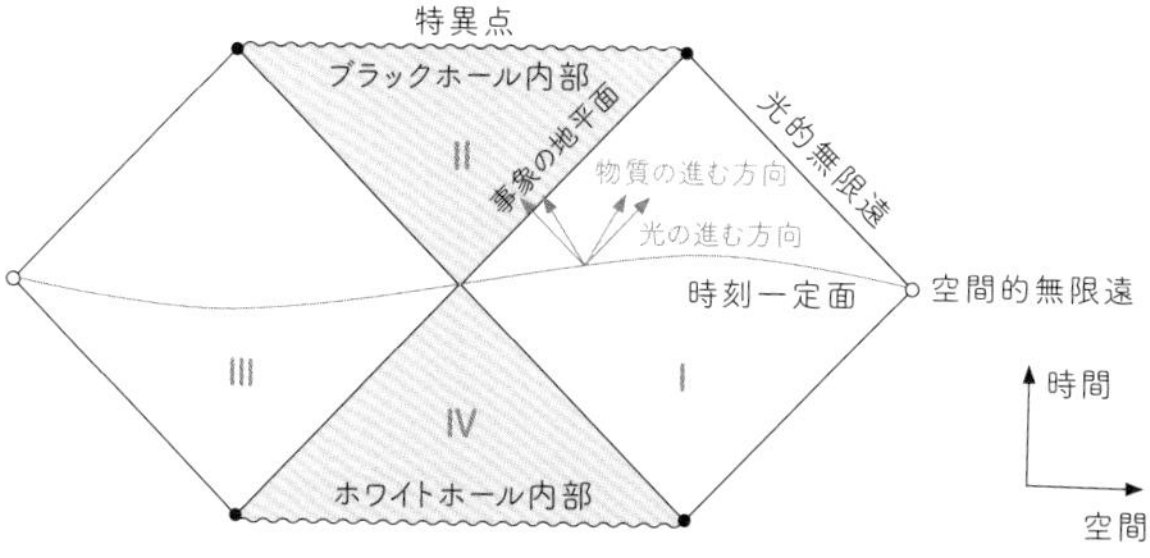

ブラックホールのイメージ図

ブラックホール自体は光を出しません。ブラックホールの周りに降着している物質を観測することで間接的にブラックホールの存在を知ることができます。

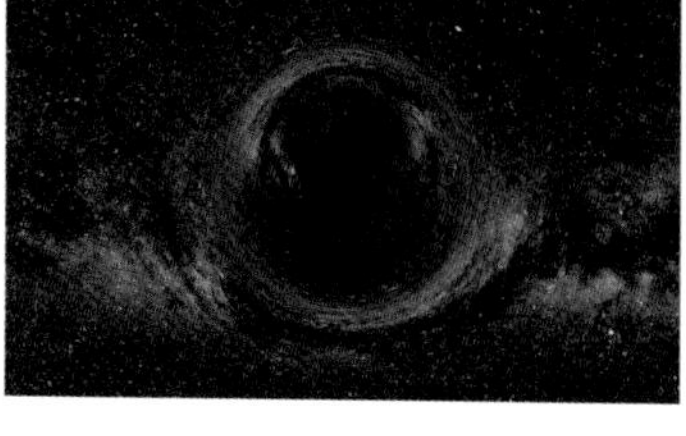

memo

X線の観測から「はくちょう座X-1がブラックホールかもしれない」と指摘をしたのは、日本人の小田稔です。

35

chapter 2

ブラックホールには「毛」が3本生えている

ブラックホールにはどんな種類があるのでしょう。その答えはアインシュタイン方程式を特定の条件下で解くことで求められます。**ブラックホール唯一性定理**とは、アインシュタイン方程式が解として与えるブラックホール解に対する定理のこと。これに基づくと一般相対性理論におけるブラックホールで観測可能な量は質量、電荷、角運動量の3つということになります。ちなみに角運動量とは回転している勢いを表す量です。

この3つ以外のあらゆる情報はブラックホールの事象の地平面内に落ちると消失し、外部から観測できません。これは「無毛定理」とも呼ばれています。通常の物体が持つさまざまな性質をふさふさの毛にたとえて、ブラックホールには質量、電荷、角運動量しかないため、3本の毛しかないと表しています。

なお、電荷を持たず回転していないブラックホールは**シュバルツシルトブラックホール**、回転だけしているものは**カーブラックホール**、電荷のみを持つものは**ライスナー・ノルドシュトルム・ブラックホール**、そして電荷を持ち回転もしているブラックホールは**カー＝ニューマンブラックホール**とよばれています。

ブラックホールの毛

ブラックホールには質量と電荷、スピン（角運動量）の3つの性質しかありません。これをブラックホール唯一性定理といいます。ブラックホールに吸い込まれてしまうと物体のほかのさまざまな特徴は失われてしまうのです。

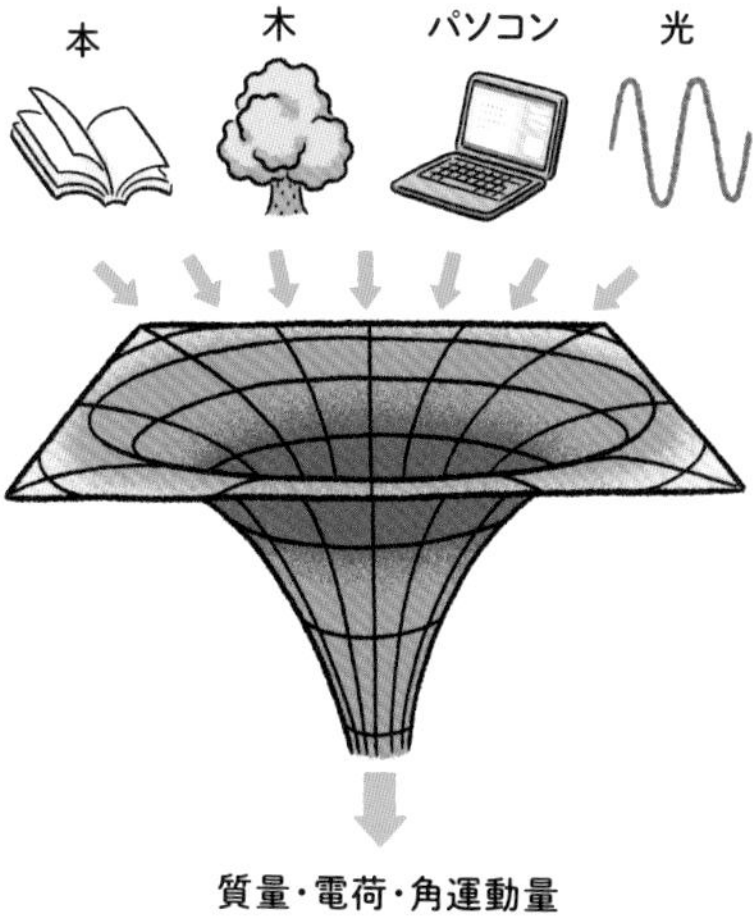

ブラックホールの種類

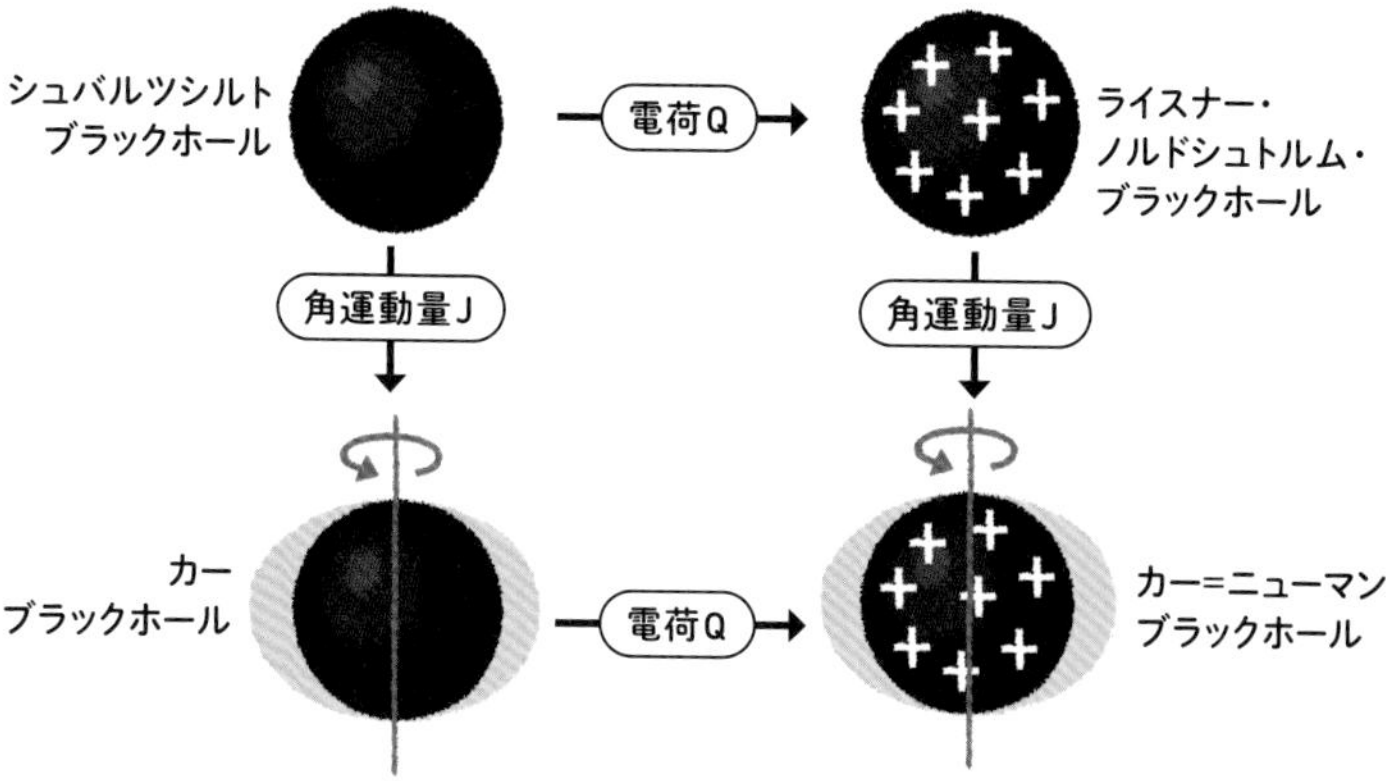

ブラックホールは性質によって呼び方が変わります。アインシュタイン方程式を特定の条件で解くことでこれらのブラックホールの解が求められます。

36

chapter 2

天体は自分の重力でつぶれることがある

天体自身の重力は自己重力とよばれ、この自己重力のために収縮する現象を重力収縮または重力崩壊といいます。銀河が形成される過程、分子星雲の中で原始星が誕生する過程、星の進化の最終段階で超新星爆発が起こる過程などは、すべてこの重力収縮です。

星の進化の最終段階では、核融合反応によるエネルギーの発生が小さくなったり、なくなったりして反発力が小さくなったときに重力収縮が起こります。その段階で恒星が支えられる星の質量には限界があります。このような自己重力を支えられない場合に、天体は事象の地平面（ブラックホールの内側と外側の境界）の中につぶされてブラックホールになります。重力収縮する表面の人から見ると、有限の時間で表面は事象の地平面を決める半径の中に入りブラックホールが誕生します。

さらに、有限の時間が経つと星の表面の面積はゼロに、エネルギーの密度が無限大になり時空の特異点となります。時空の特異点ができるのは星の表面が事象の地平面中に崩壊した後であり、外から見ている人には時空の特異点が見えないようになっています。

星の進化

重力による収縮は宇宙の進化のいろいろな場面で現れます。星の進化でも重力収縮は、原始星の誕生時や、重い星の進化の最終段階における超新星爆発時などで起こります。星の質量は星の進化に大きく影響し、星が一生を終え放出された元素は星の間のガスとなり、またそこから星が誕生するのです。

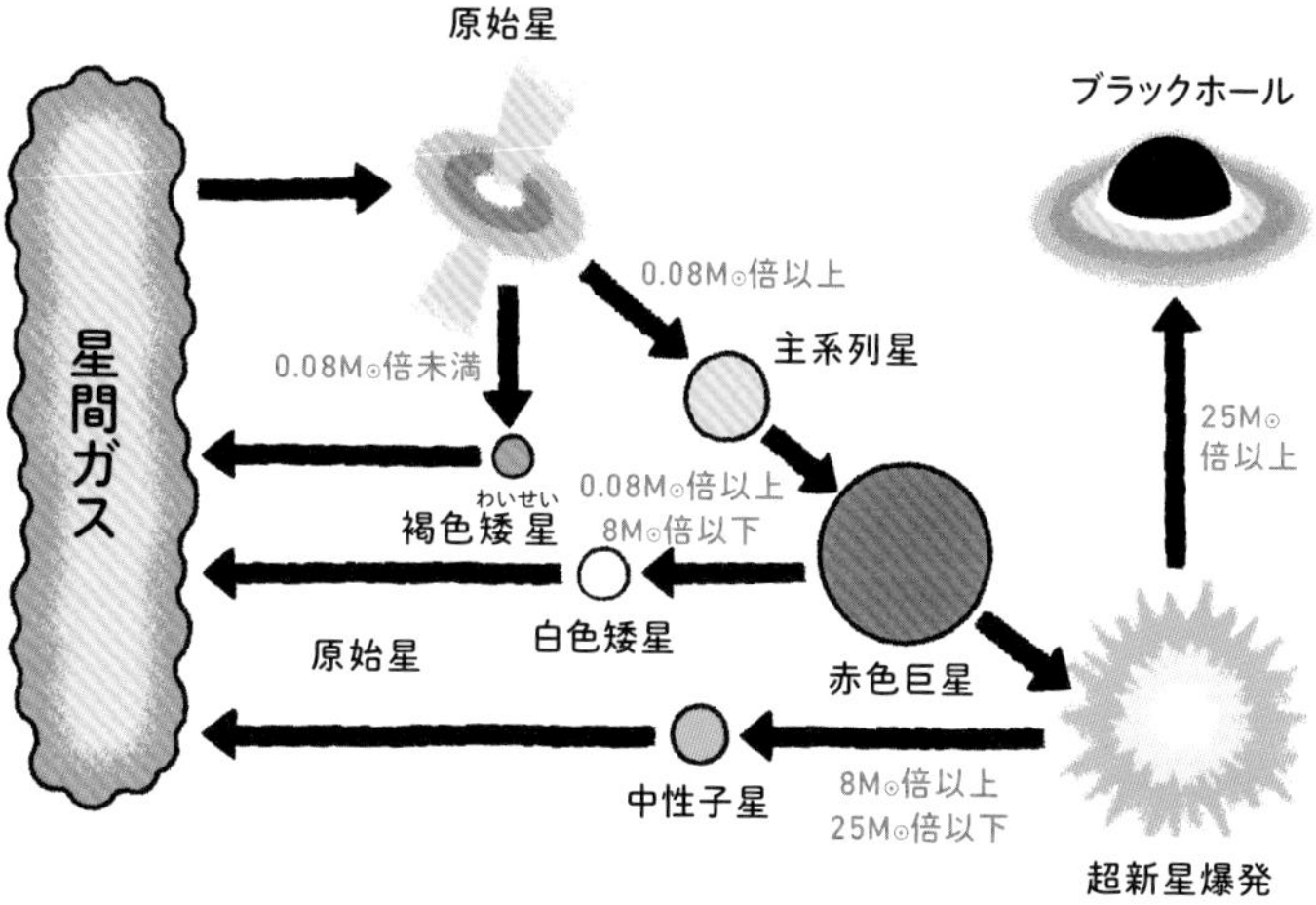

重力崩壊と時空図

重力崩壊を時空図で表しています。星などの崩壊する物質は重力崩壊により収縮していき、やがて事象の地平面の中に押し込まれてブラックホールになります。その際、中心に特異点と呼ばれる物理法則が成り立たない点が発生しますが、事象の地平面の中に隠されているので外からは見えません。

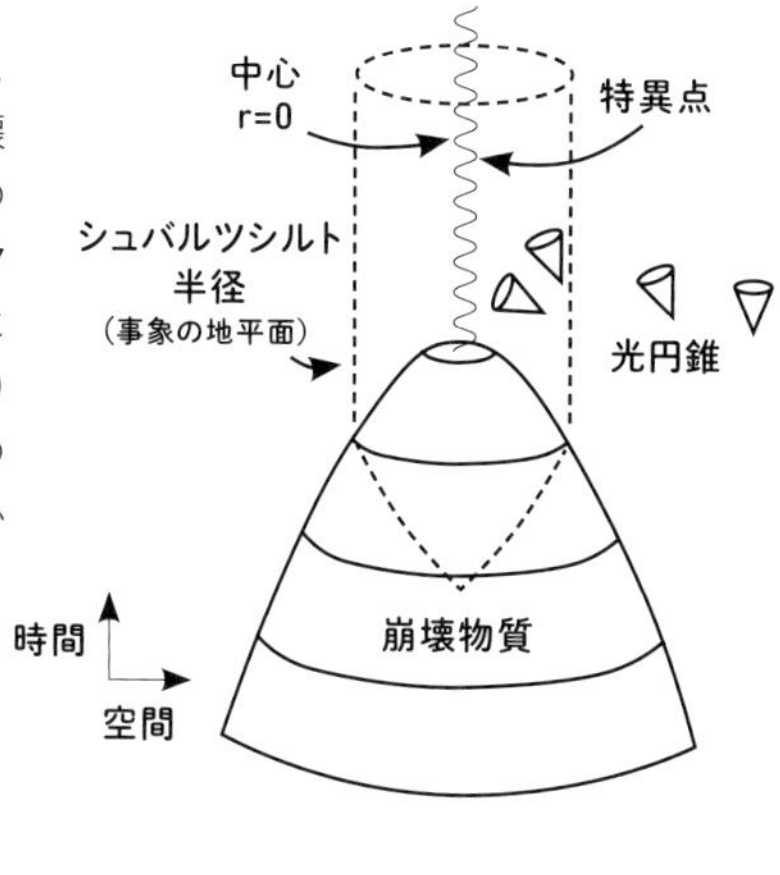

37

chapter 2

ブラックホールに落ちたらどうなってしまうのか

ブラックホールに落ちると、人はどうなってしまうのでしょうか。シュバルツシルトブラックホールを例に考えてみましょう。

　ブラックホールに落ちる人を遠方から見ると、事象の地平面に近づくほど速度が遅くなり、落ちる人は事象の地平面で止まっているように見えます。ところが、ブラックホールに落ちる人には時間的な異常は起こらず、有限の時間で内部に入り込むことができます。しかし、ブラックホールの質量が太陽と同程度の場合、事象の地平面の中心からの位置を決める**シュバルツシルト半径**は小さくなります。すると、つま先に加わる重力が頭に加わる重力に比べて大きいため、体は**潮汐力**《ちょうせきりょく》によって細長く引き伸ばされてしまいます。一方、質量が大きい超大質量ブラックホールではシュバルツシルト半径も大きいため、ほぼ影響しません。そのため原理的には人が生きたまま事象の地平面を通過することが可能です。

　ただ、ブラックホールの中心には特異点という重力場が無限大になる点があります。人がブラックホール内に入れたとしても、最終的には特異点にたどりつき、どこまでも小さく押しつぶされてしまうと考えられています。

ブラックホールに吸い込まれると

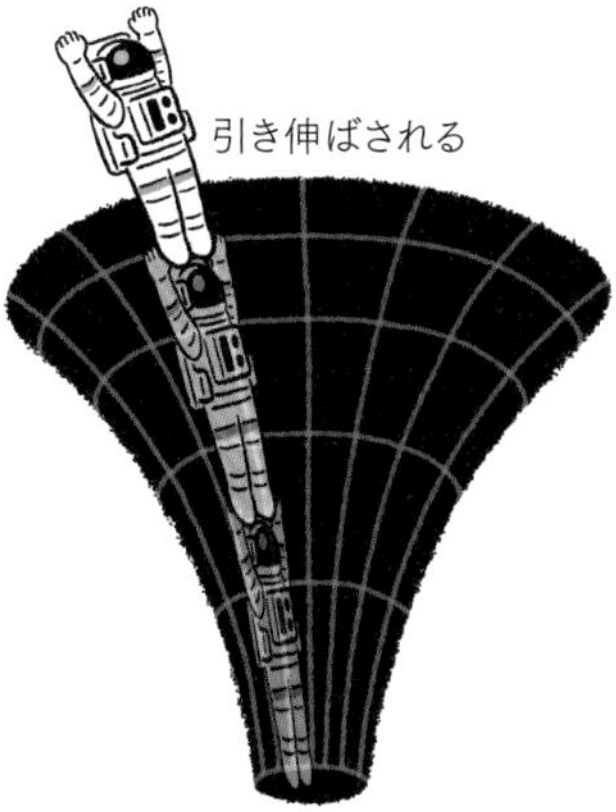

ブラックホールに吸い込まれる人からすれば、有限の時間内でブラックホールの事象の地平面にたどり着き、その内側に入ることができます。

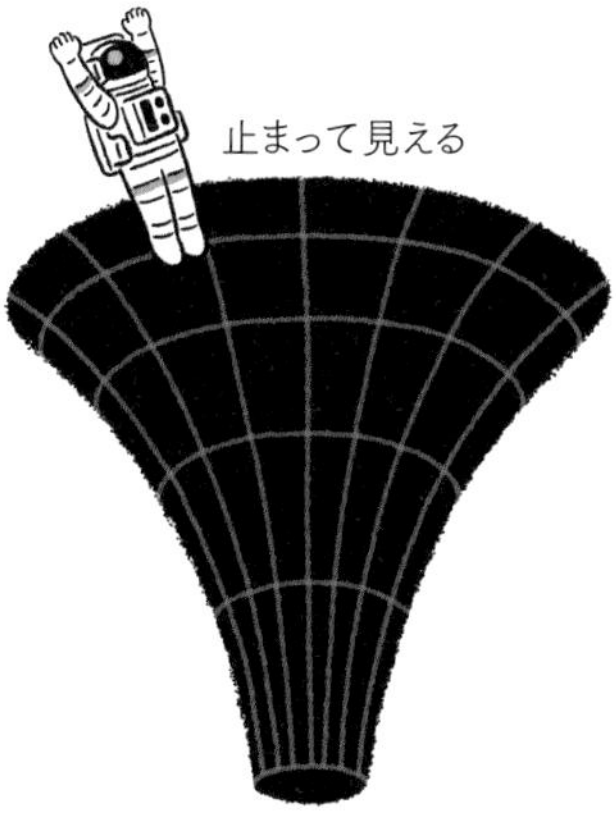

ブラックホールに落ちる人を遠く離れて見ている人にとっては、重力による時間の遅れによってブラックホール表面では時間が止まってしまっているため、止まっているように見えます。

ブラックホールと潮汐力

太陽質量程度の比較的小さなブラックホールでは半径が小さいため、ブラックホールの近くでは脚と頭に加わる重力に大きな差が生じます。この潮汐力によって、ブラックホールに落ちている人は引き伸ばされてしまいます。

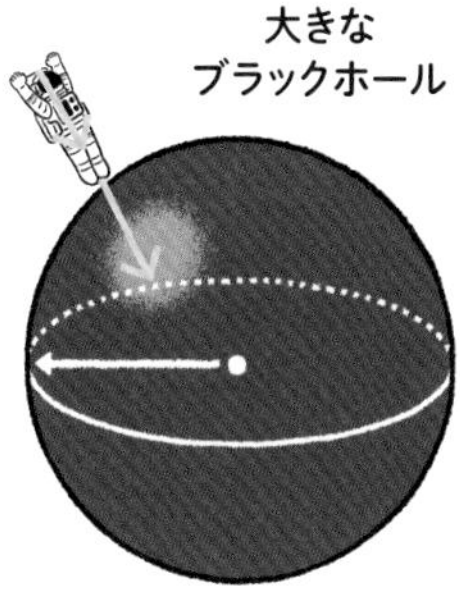

一方で、銀河の中心にあるような超大質量のブラックホールでは半径も大きいために潮汐力の効果も小さく、引き伸ばされることはありません。

chapter 2
38

ブラックホールに現れる、明るく輝く円盤の正体

ブラックホールは、周囲の物質からの影響でさまざまな構造を持ちます。

ブラックホールと恒星がお互いの周りを回る連星系では、ブラックホールは強力な重力によって恒星の外層のガスをはぎ取り引き寄せます。ガスはすぐには飲み込まれずに高速で回転しながら落下していきます。このように、重い天体の重力に引き寄せられて周囲から物質が落下していく現象を**降着**といいます。そして、降着したガスが天体の周りに作る円盤状の構造を**降着円盤**といいます。ブラックホール自体は光を出しませんが、ガスがブラックホールの降着円盤に吸い込まれていくときには強いX線という光が放射されます。

また、ブラックホールが物質を吸い込むときにその一部を両極方向に光速に近い速さで噴き出す現象を**ジェット**といいます。ジェットが作られる仕組みはまだよくわかっていませんが、ブラックホール周辺の強力な磁場によって加速されていると考えられています。

降着円盤やジェットから放たれた光はブラックホールの強力な重力によって曲げられるために暗い影の周りに明るく輝く輪（光子球）があるように見えます。

ブラックホールの周りの構造

ブラックホールは重力によって物質を引き寄せて周りにまとい、降着円盤、光子球、高速ジェットなどのさまざまな構造を持ちます。ブラックホール自体は光りませんが、ブラックホールの周りのこれらの物質に由来する光は望遠鏡で観測することができます。

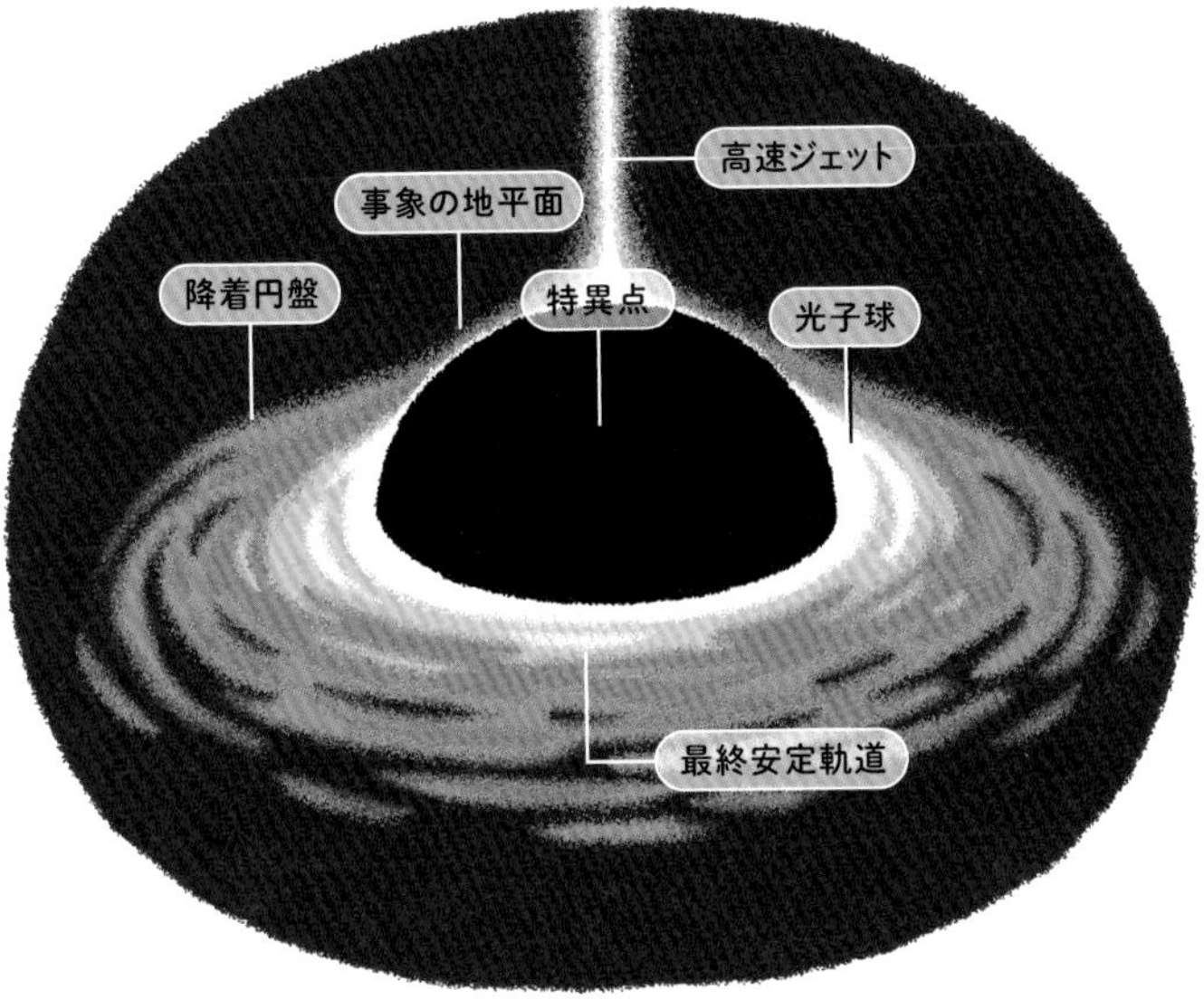

ブラックホールの写真

イベント・ホライズン・テレスコープが撮影した、おとめ座にある楕円銀河M87の中心にある超大質量ブラックホール（2019年4月撮影）。明るく見える物体は光リングと呼ばれ、ブラックホールの重力によって進路を大きく曲げられた光がブラックホールの周囲に巻きつけられたものです。ブラックホールがあると考えられる中心の暗い部分はブラックホールシャドウとよばれています。

memo　ブラックホールの降着円盤の内側の縁は、ブラックホールの周囲を安定して周回することができる最も内側の領域で「最終安定軌道」といいます。

39

chapter 2

ほとんどの銀河の中心にある超巨大なブラックホール！

ブラックホールは、質量によっても分類されます。太陽の数10倍程度の質量の恒星質量ブラックホール、太陽の１００万倍以上の質量の超大質量ブラックホール、その中間の太陽の数１０００倍から数10万倍の質量の中間質量ブラックホールです。

私たちのいる銀河系を含め、ほとんどの銀河の中心には超大質量ブラックホールが存在すると考えられています。しかし、それらがどのように作られたのかは、わかっていません。

ブラックホールの成長の速さには限界があるとされています。しかし、これまでに見つかったもっとも遠い超大質量ブラックホールは地球から約１３０億光年のところにあります。ここから考えられるのは、宇宙誕生後10億年程度までの間に超大質量のブラックホールを作る必要があるということです。そのため、宇宙で最初に誕生した星・初代星が重力崩壊することでできたブラックホールを種とする説や、超大質量星の重力崩壊によってできたブラックホールを種とする説、星団内部で多数の星と合体した大質量星が重力崩壊することでできたブラックホールを種とする説などが考えられています。

超大質量ブラックホールのイメージ

超大質量ブラックホールによる強い重力のため、その側を通る天体からの光は進路が曲がります。そのため、周囲の天体の像はこの重力レンズの効果によってゆがんだり複数になったりします。

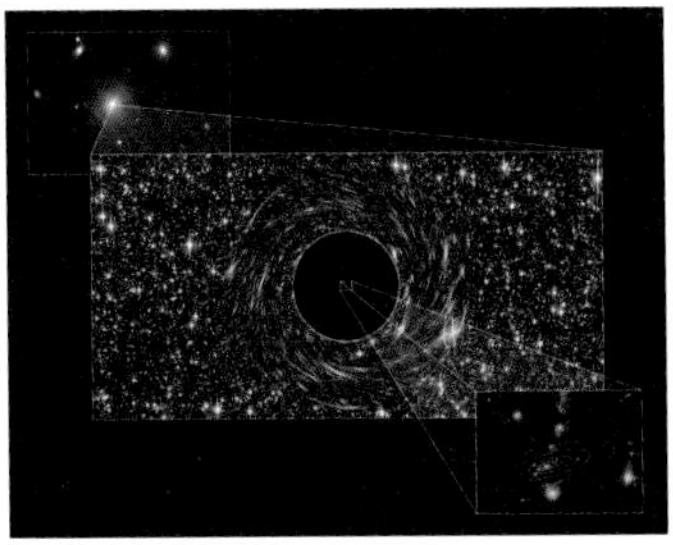

超大質量ブラックホールの形成シナリオ

超大質量ブラックホールがどう形成されたのかははっきりとわかっていませんが、宇宙の初期にはすでに超大質量のブラックホールが作られていたことが観測されています。宇宙が誕生してから早くに超大質量のブラックホールが作られたことを説明するために、初代星の重力崩壊や、超大質量星の重力崩壊、星団内部での多数の星の合体、などのシナリオが研究されています。

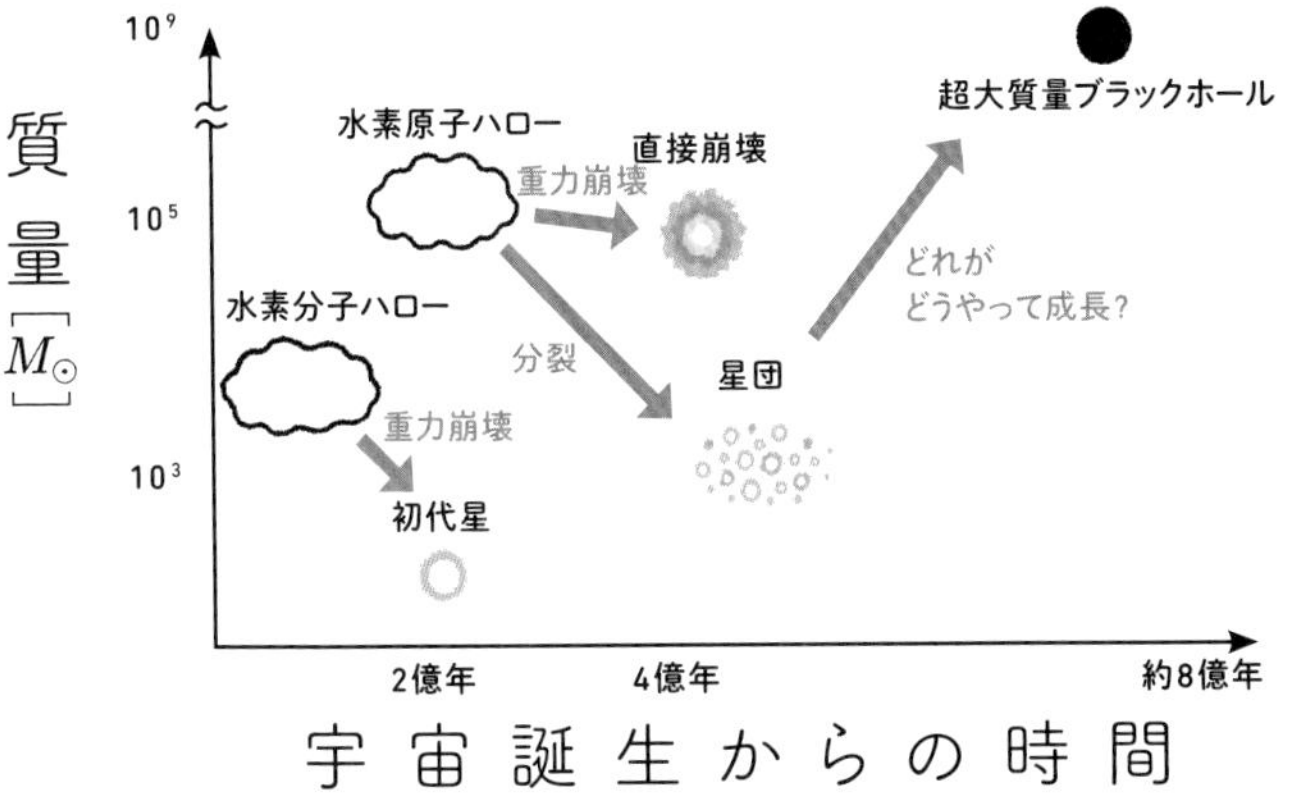

memo

ブラックホールは周囲のガスを吸い込んだり、ブラックホール同士が合体したりすることで質量を増やして成長します。

chapter 2

40 「一般相対性理論」は、今後修正される？

一般相対性理論は、さまざまな実験や観測を通して基本的な重力理論として広く受け入れられています。しかし、宇宙には多くの謎が残されています。それらの謎は一般相対性理論を修正することで解決できる可能性があります。また、宇宙の始まりのような重力と量子論の両方が効果的な領域を議論するには、重力と量子論を調和させた**量子重力理論**を構築する必要があります。そのために、一般相対性理論は超短距離で修正される必要があると考えられています。さらに、一般相対性理論を実験や観測によって検証するためにも、一般相対性理論からのズレを調べるための拡張された理論が必要になります。

このように、宇宙の謎の解明、量子重力理論の構築、一般相対性理論の検証を目指して、一般相対性理論を拡張したさまざまな**重力理論（拡張重力理論）**が提案されています。

詳細は省きますが、重力理論は、例えば「新しい場を加える」「高次元を考える」「高階の微分を含む」「一般共変性原理を破る」「異なる幾何学を扱う」などといった、一般相対性理論の仮説を壊すことで作られるのです。

拡張された重力理論

一般相対性理論を拡張した重力理論を拡張重力理論(修正重力理論)と言います。一般相対性理論を構築する上で使用した仮定を修正することでさまざまな重力理論に拡張されます。なお、ここで紹介しているものはすべて理論の名前です。

新しい場
時空の各点に分布している物理量のことを場といいます。スカラー場、ベクトル場、テンソル場などの新しい場を加えることで一般相対性理論が拡張されます。
Horndeski
Beyond Horndeski
Chern- Simons
Generalized Proca
Einstein Aether
Scalar
Massive gravity
Vector
Tensor
TeVeS
bigravity
高い微分の階数
幾何学の変更
Horava Lifshitz
Einstein-Cartan
f(R)
一般相対性理論
Metric Affine
Conformal gravity
Teleparallel
Non-Commutativity
Einstein-Dilaton Gauss-Bonnet
Kaluza Klein
Gauss-Bonnet
Lovelock
高次元
一般相対性理論では2階微分までの微分を扱っています。微分とは物理量が時間や空間方向にどれほど急に変化するかを求める数学的な操作です。2階とは微分操作が2回施されていることです。より回数の多い(高階)の微分を考えることで一般相対性理論が拡張されます。
一般相対性理論では4次元の時空を扱います。5次元以上の次元を考えることで一般相対性理論が拡張されます。
一般相対性理論では擬リーマン幾何学と呼ばれる幾何学が使われています。幾何学とは図形や空間の性質を研究する数学の分野です。異なる幾何学を考えることで一般相対性理論が拡張されます。

COLUMN

数学が苦手な人の楽しみ方

物理などの自然科学を学ぶ上で、恐らく多くの人を困らせるのが「数式」でしょう。子どもから大人まで「宇宙や物理に興味はあるけれども数学が苦手で…」という相談をよく受けます。私は「最初からすべて理解しようとせずに絵を見るように楽しめばいい」と思っています。

例えば、美術館で絵画を見るときに時代背景や技法などその絵に関するさまざまなことをすべて理解してから絵を楽しもうとする人は少ないでしょう。そんなことをしていたら美術館にある全部の絵を見終わる前に閉館の時間になってしまいます。きれいな絵を見て「なんか好きだな、この絵」と感じるように、物理に現れる数式もまずは「この辺が時空で、あの辺が物質を表しているのか。なんかすごいね」とわかる範囲で楽しめばいいのです。

数式に気を取られて、数多くの研究者が一生をかけて見つけ出してきた驚くべき自然の法則の数々をスルーしてしまうのはもったいないことです。難しいことは時間と興味があるときに後でゆっくり学べばいいのです。数学などの学問も芸術やスポーツのようにだれもが気軽に楽しめるものであってほしいと願っています。

CHAPTER
3

宇宙の謎を少しずつ解明しよう

そもそも宇宙はいつ、どうやって生まれたのか？
宇宙はどんな形なのか？　宇宙はどれだけ大きいの？
ダークマターってなに？
など考え始めると眠れなくなりますね。
あまりに壮大すぎて理解が追いつかない、
そんな宇宙の謎に迫ります。

41

chapter 3

宇宙の進化と歴史 一瞬でものすごく膨張した！

宇宙はどのようにして始まったのか、と考えたことのある人も多いと思います。

一般相対性理論によって、時空は物質とともに変化することがわかりました。一般相対性理論を宇宙全体に適用することで、宇宙空間全体や物質の進化を考えられるようになったのです。このように、宇宙の誕生と進化、未来の姿に迫る分野の研究を**宇宙論**といいます。

ビレンキン仮説では、この宇宙は今から約138億年前に、時間も空間も存在しない「無」から誕生したと考えられています。そして、宇宙誕生直後の10^{-36}秒後から10^{-34}秒後までという、まさに一瞬にも満たない間に大きさが10^{43}倍に急激に膨張したと考えられています。この宇宙初期の急激な膨張を**インフレーション**といいます。そして、インフレーションを引き起こしたエネルギーはやがて素粒子や光に姿を変えました。こうして誕生した超高温・超高密度の宇宙初期の状態がいわゆる**ビッグバン**です。

その後、宇宙がゆるやかに膨張を続けながら冷えていく過程で、原子が作られ、星が誕生し、銀河が形成され、現在の宇宙の姿になったと考えられています。

宇宙の歴史の図

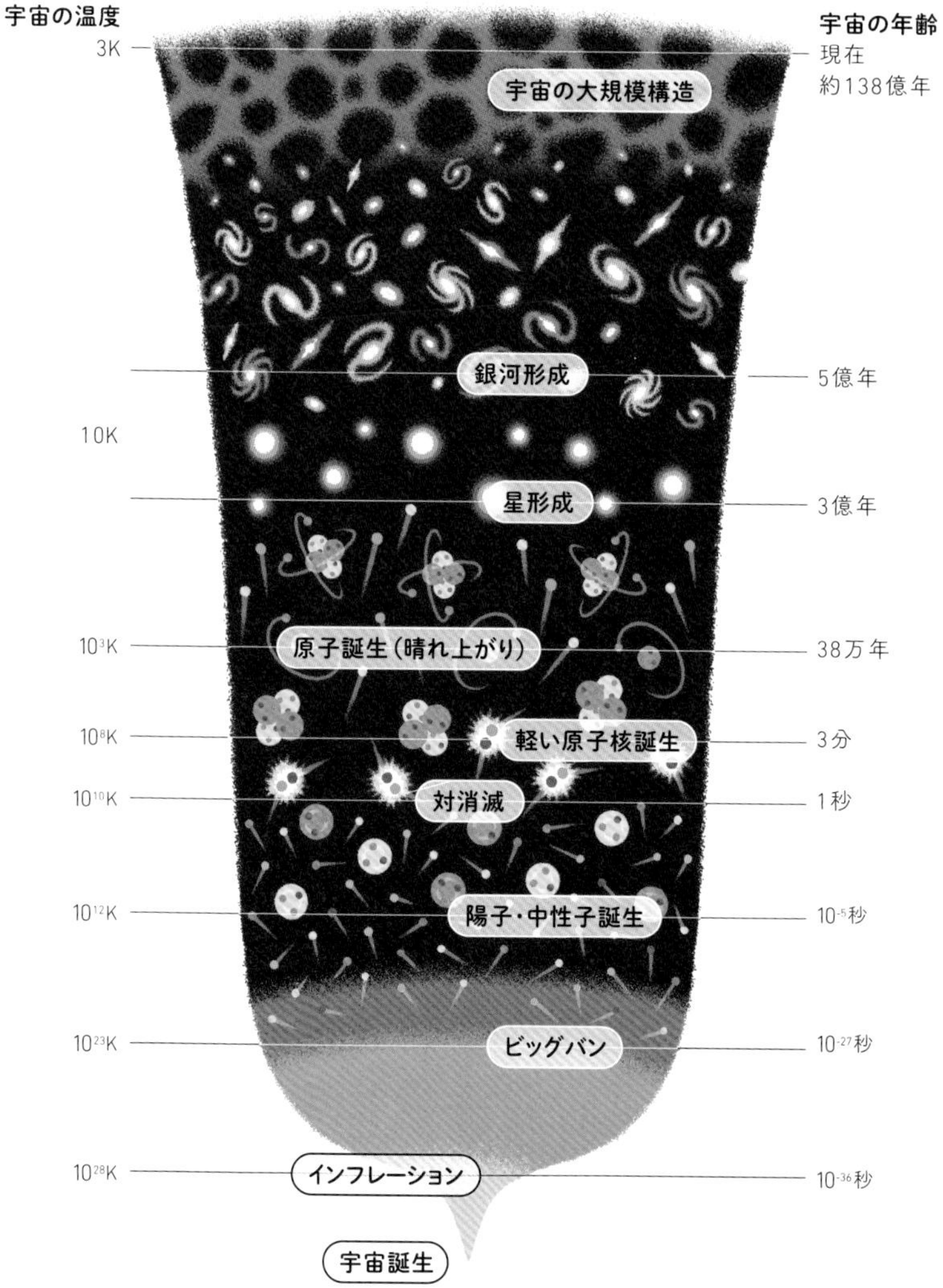

無から始まったとされる宇宙は急膨張を経て灼熱のビッグバン宇宙になり、温度が下がるにつれてクォークから陽子・中性子、そしてヘリウムの原子核が作られました。このとき粒子とその反粒子は対消滅により消滅し、わずかに残った粒子が現在の宇宙を支配していると推測されています。その後、これらが重力によって集まることで星と銀河が形成され、宇宙の大規模構造に至ります。

42

chapter 3

宇宙はどこからどっちを見てもだいたい同じ

現在の宇宙の成り立ちも、一般相対性理論によって考えることができます。

一般相対性理論のうち、宇宙のモデルを構築する出発点となるのが宇宙原理です。宇宙原理とは「この宇宙には特別な場所や方向は存在しない」という仮定で、専門用語だと「大きなスケールで見れば、宇宙は空間的に一様かつ等方」と言い換えられます。空間的に一様とは「宇宙の性質は空間的な場所によって違いがないこと」、空間的に等方とは「宇宙の性質は空間的な方向によって違いがないこと」を指し、まとめて一様等方性《いちようとうほうせい》といったりします。要するに、宇宙は広い範囲で見ればどこに行ってもどっちを向いても同じ感じになっているはず、ということです。

一様等方性をもとにした宇宙モデルを、一様等方宇宙モデルといいます。一様等方宇宙モデルを表す時空の計量をフリードマン・ルメートル・ロバートソン・ウォーカー計量といい、これにはスケール因子とよばれるある時刻における宇宙の大きさを相対的に表す量が現れています。このスケール因子が時間によってどのように変化するかを見ることで宇宙全体の進化を議論できるのです。

一様等方な宇宙

宇宙は大きなスケールで見れば一様等方になっています。もちろん、短いスケールで見れば天体などの影響で性質は変わり得ます。

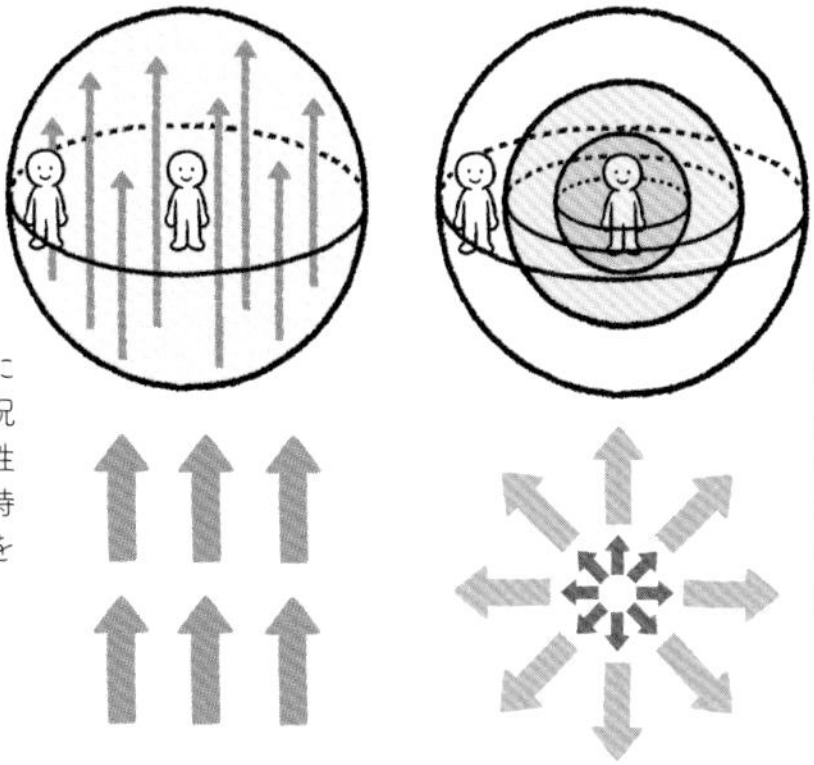

一様とは宇宙のどこに行っても物理的な状況は変わらないという性質です。宇宙には特別な場所がないことを意味しています。

等方とは宇宙のどの方向を向いても物理的な状況は変わらないという性質です。宇宙には特別な方向がないことを意味しています。

一様等方宇宙モデル

$$ds^2 = -c^2 dt^2 + a(t)^2 \left[\frac{dr^2}{1 - kr^2} + r^2 (d\theta^2 + \sin\theta^2 d\phi^2) \right]$$

- ds^2：時空の微小距離（固有距離）
- c^2：光速
- dt^2：時間差
- $a(t)$：スケール因子
- k：曲率
- $[\ ]$内：空間の微小距離

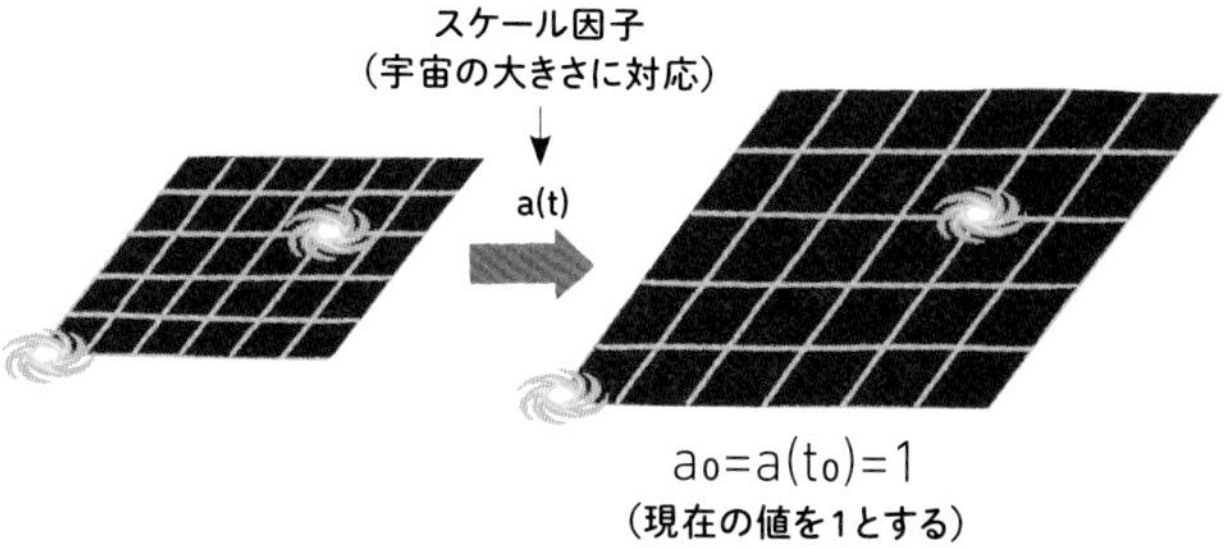

フリードマン・ルメートル・ロバートソン・ウォーカー時空は頭文字を取ってFLRW時空ともいわれます。宇宙のどこかを中心に宇宙が膨張するのではなく、風船を膨らませたときの表面のように宇宙膨張は一様に空間の目盛りを広げていきます。

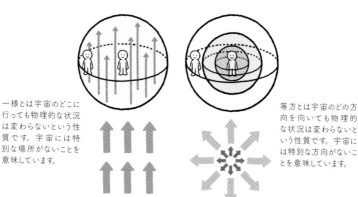

43

chapter 3

宇宙の進化を表すのに方程式が使われる

宇宙の進化を知るにも、アインシュタイン方程式を解く必要があります。そのために、左辺の宇宙の時空モデルと右辺の物質分布を定めなければなりません。

　時空のモデルにフリードマン・ルメートル・ロバートソン・ウォーカー計量を、物質分布に完全流体という粘性と熱伝導が無視できる流体を仮定してアインシュタイン方程式を書き下すと、**フリードマン方程式**とよばれる宇宙の進化を表す方程式が得られます。これは標準ビッグバン宇宙モデルにおける宇宙膨張を表す方程式になっています。

宇宙モデルを決定する変数を**宇宙論パラメータ**と言います。フリードマン方程式には、宇宙の大きさを表す**スケール因子**、宇宙の曲がり具合を表す**曲率**《きょくりつ》、宇宙の物質の密度や圧力、**宇宙定数**が宇宙論パラメータとして含まれています。

　宇宙論パラメータを定めれば、宇宙の進化はフリードマン方程式によっておのずと決定されます。したがって、宇宙論パラメータといわれる量を観測的に決めることは、宇宙論の中でも重要なテーマのひとつになっているのです。

フリードマン方程式

一様等方宇宙でのアインシュタイン方程式がフリードマン方程式です。一様等方宇宙の進化を表しています。

宇宙膨張の速度　曲率　宇宙定数　物質の密度

$$\left(\frac{\dot{a}}{a}\right)^2+\frac{kc^2}{a^2}-\frac{\Lambda c^2}{3}=\frac{8\pi G}{3}\rho$$

宇宙膨張の加速度　物質の圧力

$$2\frac{\ddot{a}}{a}+\left(\frac{\dot{a}}{a}\right)^2+\frac{kc^2}{a^2}-\Lambda c^2=-\frac{8\pi G}{c^2}P$$

曲率と宇宙定数とスケール因子

スケール因子の変化は曲率や宇宙定数などの値によって変化します。この図は曲率や宇宙定数の値に対してスケール因子がどう進化するかを示しています。宇宙の進化を知るためには、宇宙論パラメータといわれる量を観測的に測定することが重要です。

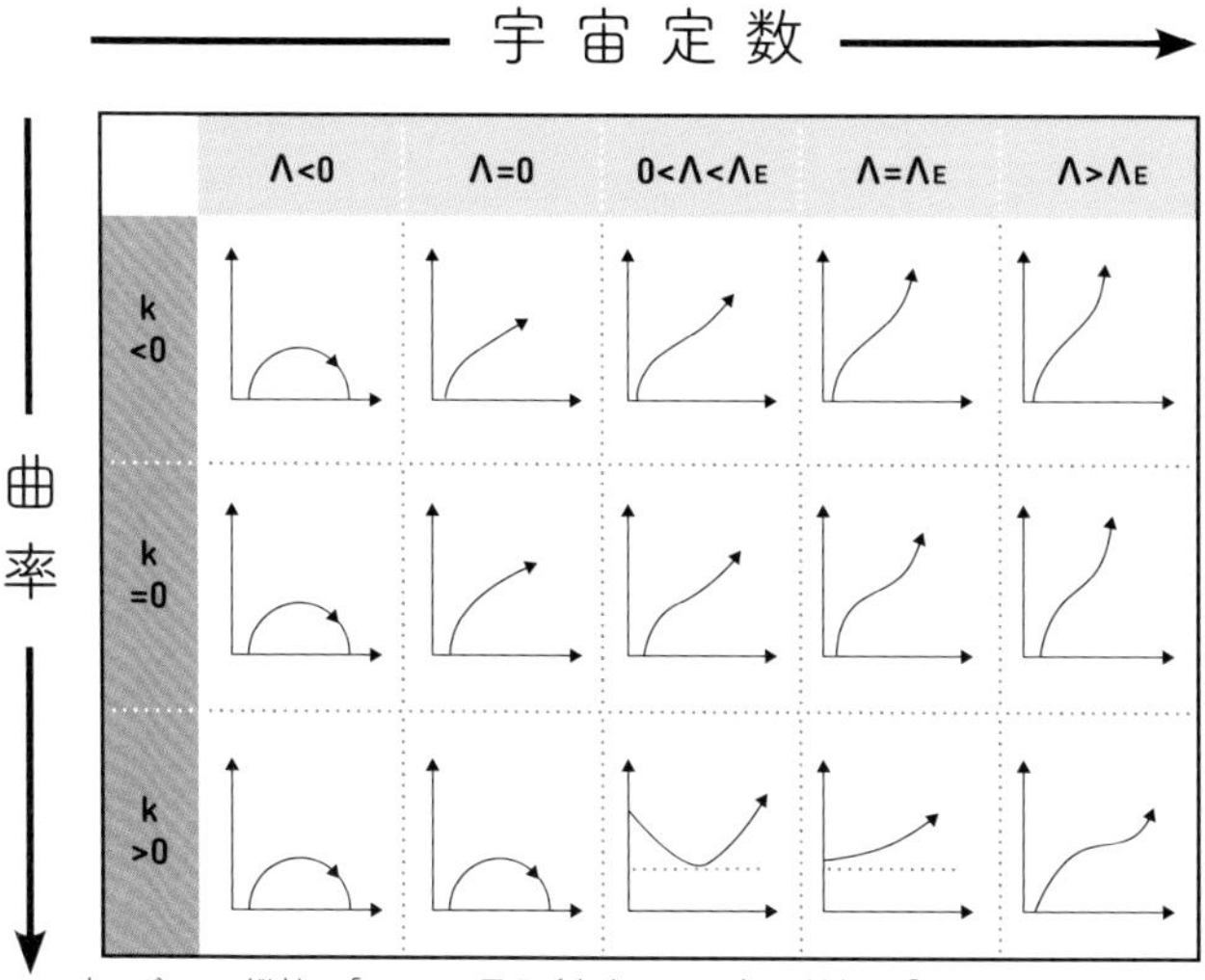

中のグラフの縦軸は「スケール因子（宇宙の大きさ）」、横軸は「時間」を表しています

44

chapter 3

宇宙の形は「時空の曲がり具合」で決まる！

宇宙の形は、時空の曲率で決まります。曲率はベクトルとよばれる矢印のような量の平行移動で特徴づけられます。

平坦な空間では閉じた曲線に沿って矢印を平行に移動させて元の位置に戻って来れば当然元の矢印と一致します。しかし、例えば球面のような曲がった空間では、一周して戻って来ると元の矢印から向きが変わってしまいます。したがって、平行に移動した量と元の量の不一致具合が、空間がどれだけ曲がっているかを表す曲率の正体になります。

一様等方宇宙モデルに現れた曲率も空間の曲がり具合を表しています。曲率1は球面空間、0は平坦な空間、-1は**双曲《そうきょく》空間**（原点から遠ざかるにつれて空間が広がる性質を持つ）を表します。球面空間は**閉じた宇宙**ともいい、私たちが球面と聞いて想像する3次元空間の中の2次元の球面を4次元空間に拡張した3次元の球面を表しています。平坦な空間は**平坦な宇宙**ともいい、私たちが慣れ親しんだ3次元空間を表しています。双曲空間は**開いた宇宙**ともいい、平坦な時空に比べて半径が大きくなればなるほど急速に円周が大きくなるような3次元の空間を表しています。

平行移動と時空のゆがみ（曲率）

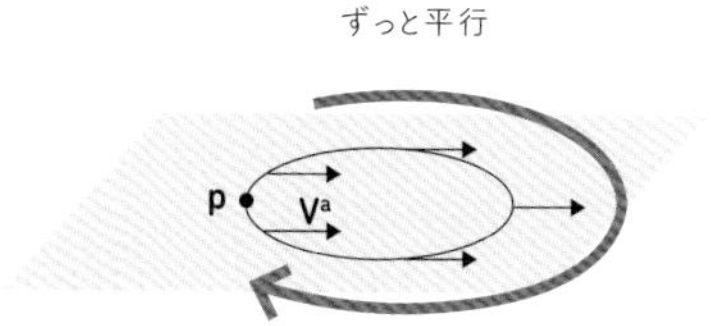

平坦な空間では矢印（ベクトル）の平行移動は経路によって変化しません。

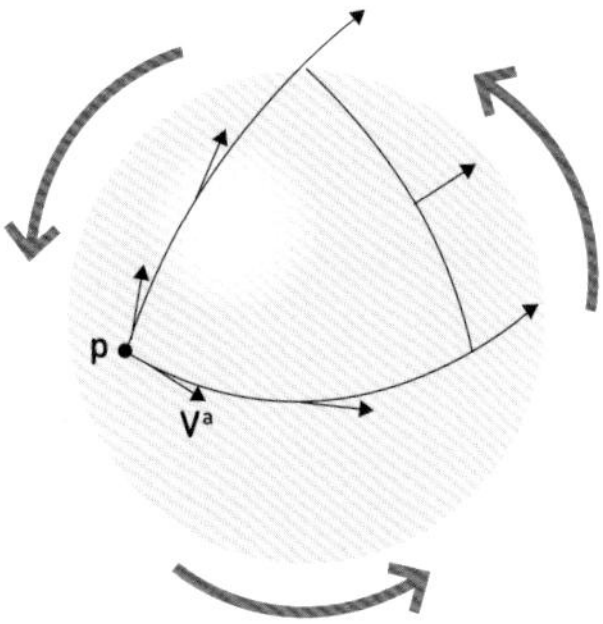

曲がった空間では、平行ではない矢印（ベクトル）を平行移動させて元に戻ると平行でなくなっているということが起こります。言い換えると、平行移動によって空間の曲がり具合である曲率が特徴づけられます。

曲率と宇宙の形

開いた宇宙

$\alpha + \beta + \gamma < 180^\circ$

曲率が-1の宇宙は開いた宇宙といい、平行な直線は次第に離れていきます。そして、円周は直径に円周率をかけたものより長くなり、三角形の内角の和は180°より小さくなります。

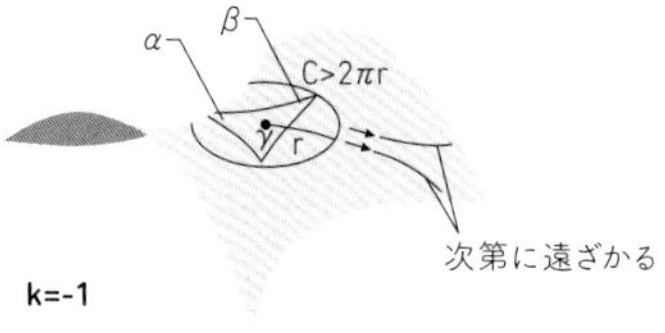

平坦な宇宙

$\alpha + \beta + \gamma = 180^\circ$

曲率がゼロの宇宙は平坦な宇宙といいます。平行な直線はどこまで行っても平行なままです。そして円周は直径に円周率をかけたものになり、三角形の内角の和は180°です。

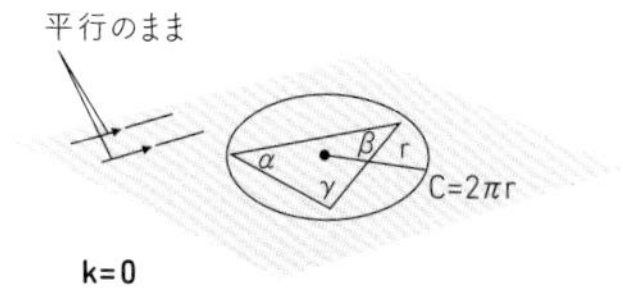

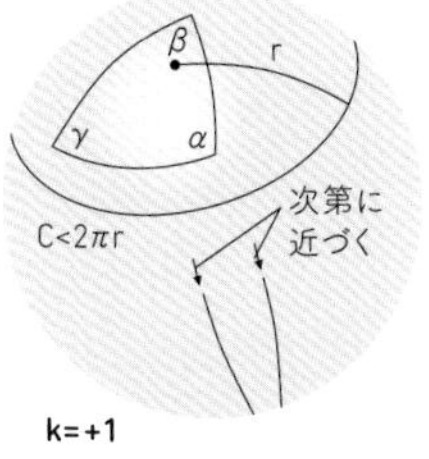

閉じた宇宙

$\alpha + \beta + \gamma > 180^\circ$

曲率が1の宇宙は閉じた宇宙といい、平行な直線は次第に近づいていきます。そして円周は直径に円周率をかけたものよりも短くなり、三角形の内角の和は180°より大きくなります。

memo

平坦な普通の3次元空間は「ユークリッド空間」と呼ばれます。中学校、高校の数学で学ぶ幾何学はこのユークリッド空間です。

45
chapter 3

アインシュタインは当初「宇宙は膨張しない」と考えていた

1916年にアインシュタインが発表した方程式は、そのままでは宇宙が膨張あるいは収縮することがわかりました。しかし彼は「宇宙は時間が経っても変化しない静的なもの」と考えていたため、後に重力に反発する仮想的な力として**宇宙項**《うちゅうこう》を加えることで静的な宇宙を実現しようとしました。ところが、実際の宇宙が膨張していることがわかると宇宙項の存在は絶対ではなくなりました。

その後、宇宙の膨張が加速していることが発見されると、そのメカニズムを説明するために宇宙項は再び注目されます。宇宙項は真空が持つエネルギーとみなすことができ、真空のエネルギー密度が正なら圧力は負になり**斥力**《せきりょく》として働きます。通常の物体に働く重力は宇宙を収縮させようとするため、宇宙の**加速膨張**は通常の物体だけでは説明できません。しかし、負の圧力を持つ宇宙項は宇宙を膨張させようとする力として働くため、宇宙の加速膨張を説明できる可能性を秘めています。

ところが宇宙項の起源を真空のエネルギーと考えると、宇宙定数の大きさは観測値より120桁も大きくなってしまいます。これを「宇宙項問題」といいます。

宇宙項の効果

重力は引力なので宇宙を収縮させ、宇宙項は負の圧力として宇宙を膨張させる、互いに反発しあう力（斥力）として働きます。アインシュタインは宇宙の大きさが変化しないようにアインシュタイン方程式に宇宙項を加えました。

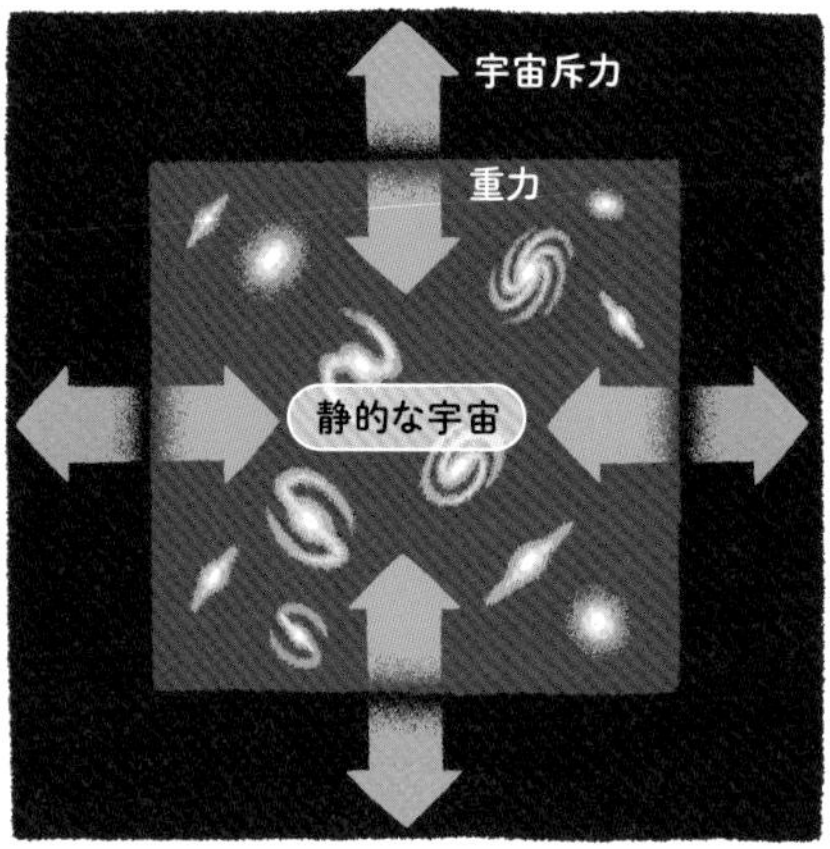

アインシュタイン方程式と宇宙項

アインシュタイン方程式の計量に比例する項が宇宙項です。その比例定数が宇宙定数です。宇宙項は移項して物質側に含めることで宇宙を膨張させる未知のエネルギー成分とみなすことができます。

アインシュタイン方程式

$$G_{\mu\nu} = \frac{8\pi G}{c^4} T_{\mu\nu}$$

宇宙項なし

宇宙定数

$$G_{\mu\nu} + \Lambda g_{\mu\nu} = \frac{8\pi G}{c^4} T_{\mu\nu}$$

宇宙項

移項

未知のエネルギーとみなせる

$$G_{\mu\nu} = \frac{8\pi G}{c^4} (T_{\mu\nu} - \rho_{\mathrm{DE}} g_{\mu\nu})$$

chapter 3

46 宇宙はどこから見ても膨張し続けている

移動する救急車のサイレンの音は近づくと高く聞こえたり、遠ざかると低く聞こえたりしますよね。光も音と同じように波の一種で、波を発生させる源が移動することで波の波長が変化します。サイレンの音が違って聞こえるのはそのためです。これをドップラー効果といいます。

1929年にアメリカの天文学者ハッブルは、銀河の**スペクトル**（光を周波数ごとに分解してそれぞれの光の強さを表したもの）が光の波長が伸びる赤色の方向にズレていることに気づきました。この現象や波長の伸ばされ具合を表す量を赤方偏移といいます。そして、赤方偏移は銀河が遠ざかるために生じる**ドップラー効果**だと考えられました。さらに、遠くの銀河ほど赤方偏移が大きいことから、銀河の距離がその後退速度に比例するという**ハッブル＝ルメートルの法則**を発見しました。その比例係数を**ハッブル定数**といいます。

銀河系が宇宙の特別な位置になく、どこから見ても、どちらを見ても銀河は同じように遠ざかっているとすれば、宇宙はどこから見ても膨張しているといえます。これが宇宙が**一様等方膨張**していることの証拠なのです。

赤方偏移

銀河からの光はドップラー効果により波長が伸ばされています。これを赤方偏移といい、銀河がその距離に比例する速度で後退していることを示しています。

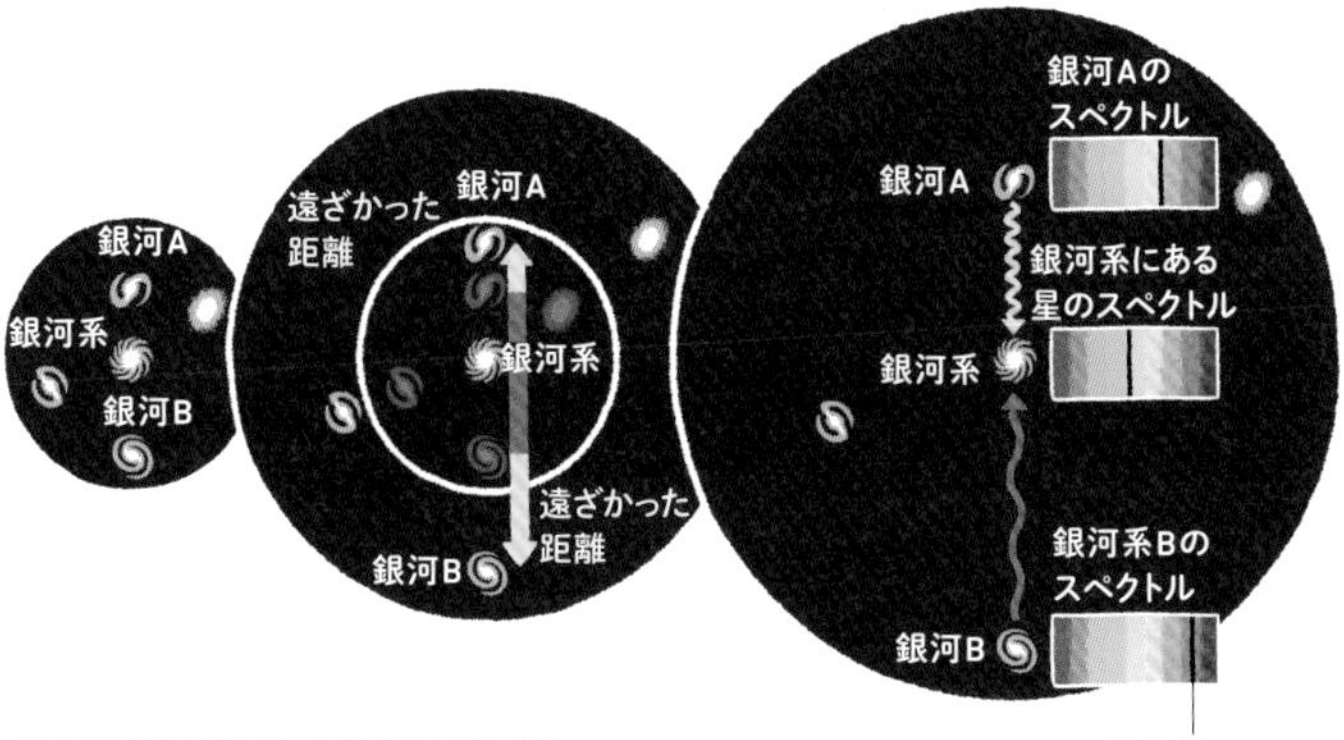

ハッブル・ルメートルの法則

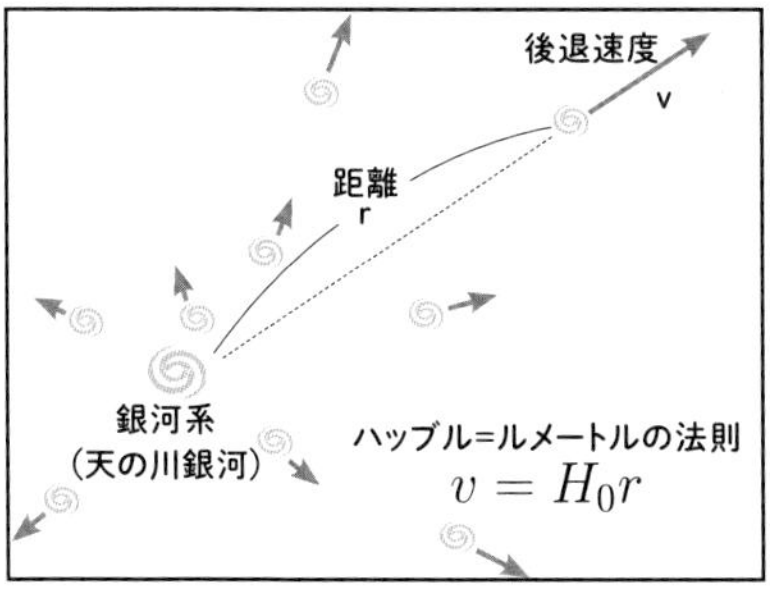

銀河からの光はドップラー効果によって波長が伸ばされています。これを赤方偏移といい、銀河がその距離に比例する速度で後退していることを示しています。

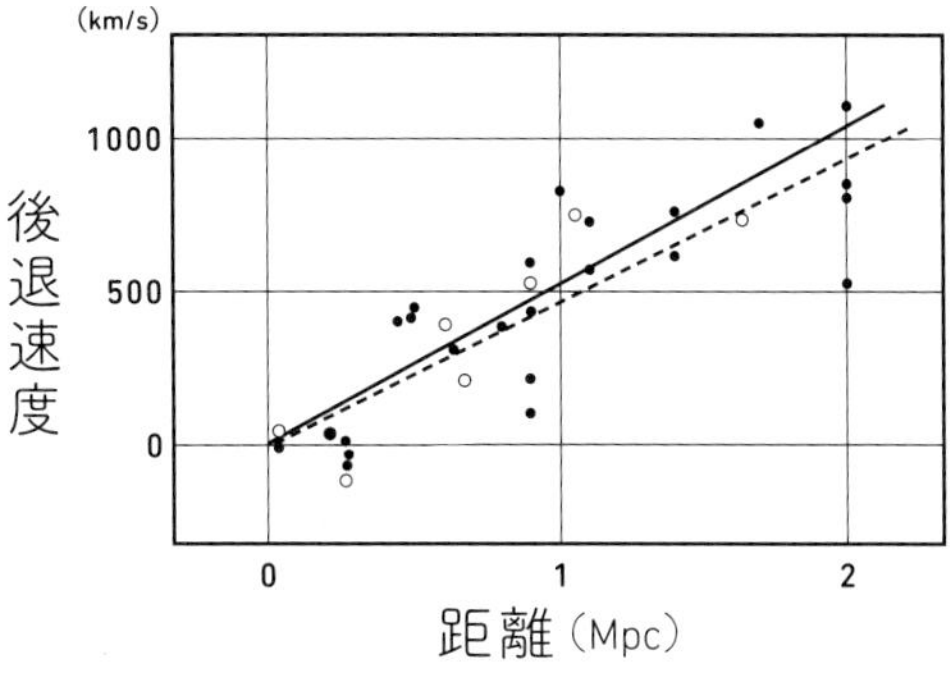

47

chapter 3

太陽系のほとんどは水素とヘリウムで構成されている

宇宙が膨張しているとすると、膨張を過去にさかのぼれば過去の宇宙は今よりもはるかに小さく、超高温・超高密度だったと考えられます。宇宙誕生直後のこの超高温・超高密度の状態をビッグバンといいます。宇宙誕生直後に起こった急膨張（インフレーション）によって、その急膨張を引き起こしたエネルギーが解放されることで、宇宙は光と素粒子と熱に満たされました。それによって10^{23}Kもの超高温のビッグバンになったと考えられています。

誕生から100万分の1秒後の温度が数兆Kの宇宙はクォークや電子で満ちていました。誕生後10万分の1秒後には温度は1兆Kほどに下がりクォークが結合して、陽子や中性子ができました。そして、宇宙誕生3分後頃には、陽子と中性子からヘリウムの原子核が作られたと考えられています。

ところで、自然界には水素からウランまで92種類の元素が存在しますが、太陽系全体の約92・4％が水素、約7・5％がヘリウムで、ほとんど水素とヘリウムしかありません。これは、ビッグバンが水素とヘリウム元素を宇宙初期に合成したためです。

ビッグバンのイメージ

「宇宙は定常で不変」と考えていた天文学者ホイルがラジオで「宇宙はビッグバン（大きなバーンという爆発）から始まったといっている人たちがいる」とからかいました。しかし、ビッグバンを主張する研究者たちはこれを気に入り、正式な名前となったという説があります。

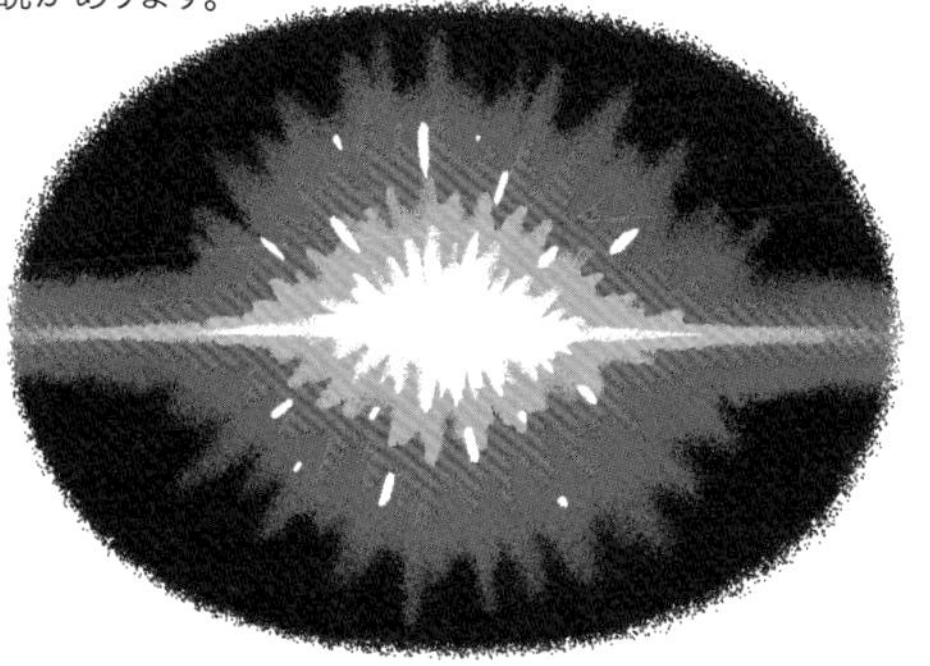

ビッグバン元素合成

宇宙誕生から100万分の1秒後、宇宙はクォークや電子で満たされていました。

宇宙誕生から10万分の1秒後、宇宙膨張によって温度が1兆Kほどに下がるとクォークが結合して陽子や中性子ができました。

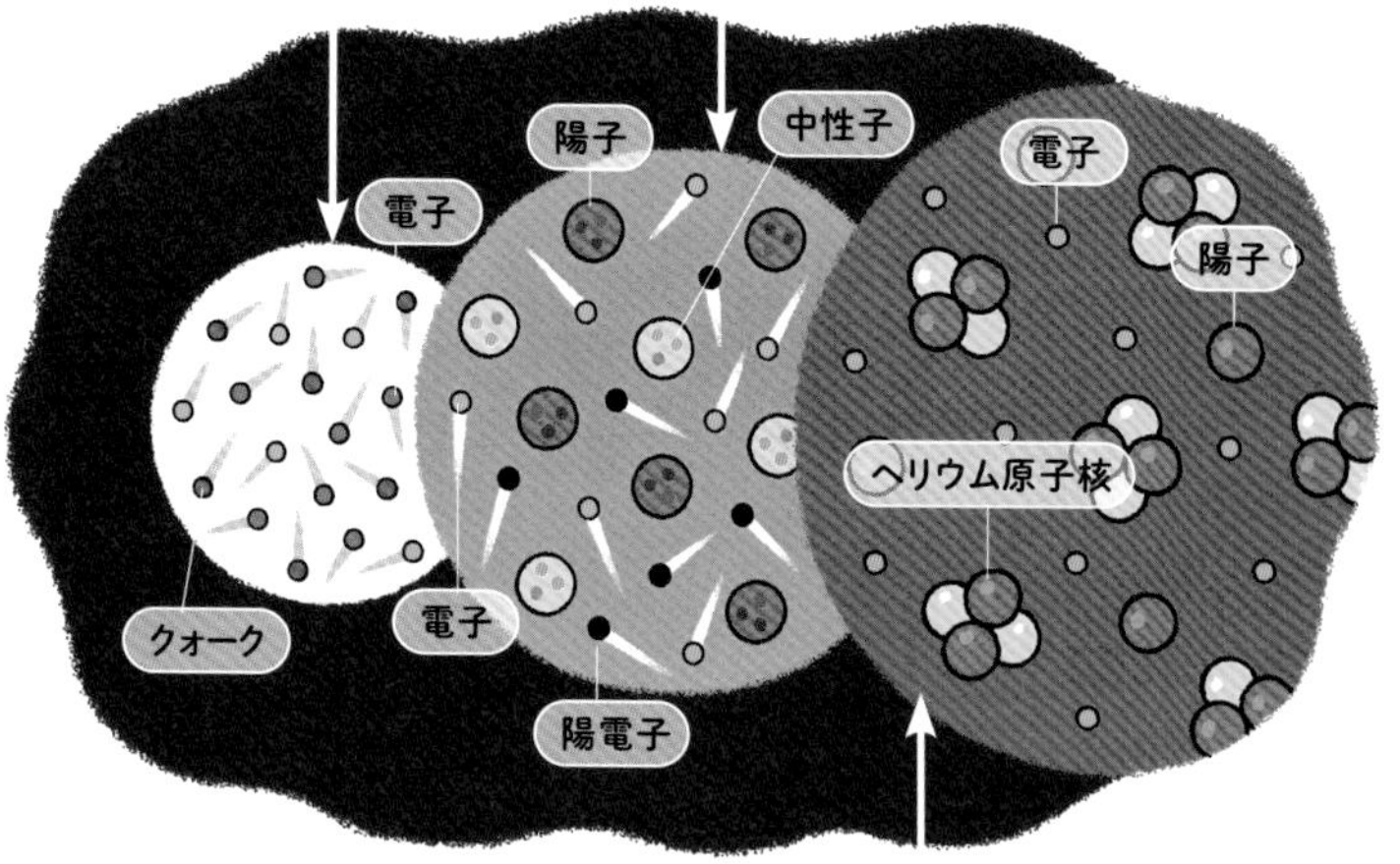

宇宙誕生から3分後、さらに温度が下がると陽子と中性子が結合してヘリウムの原子核が作られました。陽子はそのまま水素の原子核になりました。

48

chapter 3

宇宙には目に見えない光が充満している

夜空から星などの天体をすべて取り除くと、真っ暗な背景だけが残ります。しかし、じつはその背景は目では見えない光（電波）で輝いています。そして電波には、宇宙の起源や構造などに関する情報が詰まっています。

１９６５年に物理学者ペンジアスとウィルソンは、天体観測のために通信機器のアンテナの雑音を取り除く研究をしていました。そのとき偶然、宇宙全体から届く電波の光を発見しました。この電波のような宇宙全体にある一様な放射を**宇宙背景《はいけい》放射《ほうしゃ》**といいます。

すべての物体はその温度で決まる特有の光を放出し、これを**熱放射**といいます。物体を構成している原子や分子は熱的に振動していて、陽子や電子などの荷電粒子で構成されている物体もミクロに見れば必ず電気的な偏りがあります。そのため、熱振動によって電荷の振動が生じ、光が放射されるのです。

すべての光を吸収する仮想的な物体を**黒体《こくたい》**といい、黒体からの熱放射を**黒体放射**といいます。発見された電波の宇宙背景放射は３Ｋの黒体放射と一致しました。この電波の宇宙背景放射は**宇宙マイクロ波背景放射**と呼ばれ、ビッグバンの残した光だといえます。

黒体放射

これは黒体放射のスペクトルを図示したものです。黒体放射のスペクトルはその温度だけで決まります。図を見ると宇宙マイクロ波背景放射のスペクトルは3Kの黒体放射のスペクトルと一致していることがわかります。

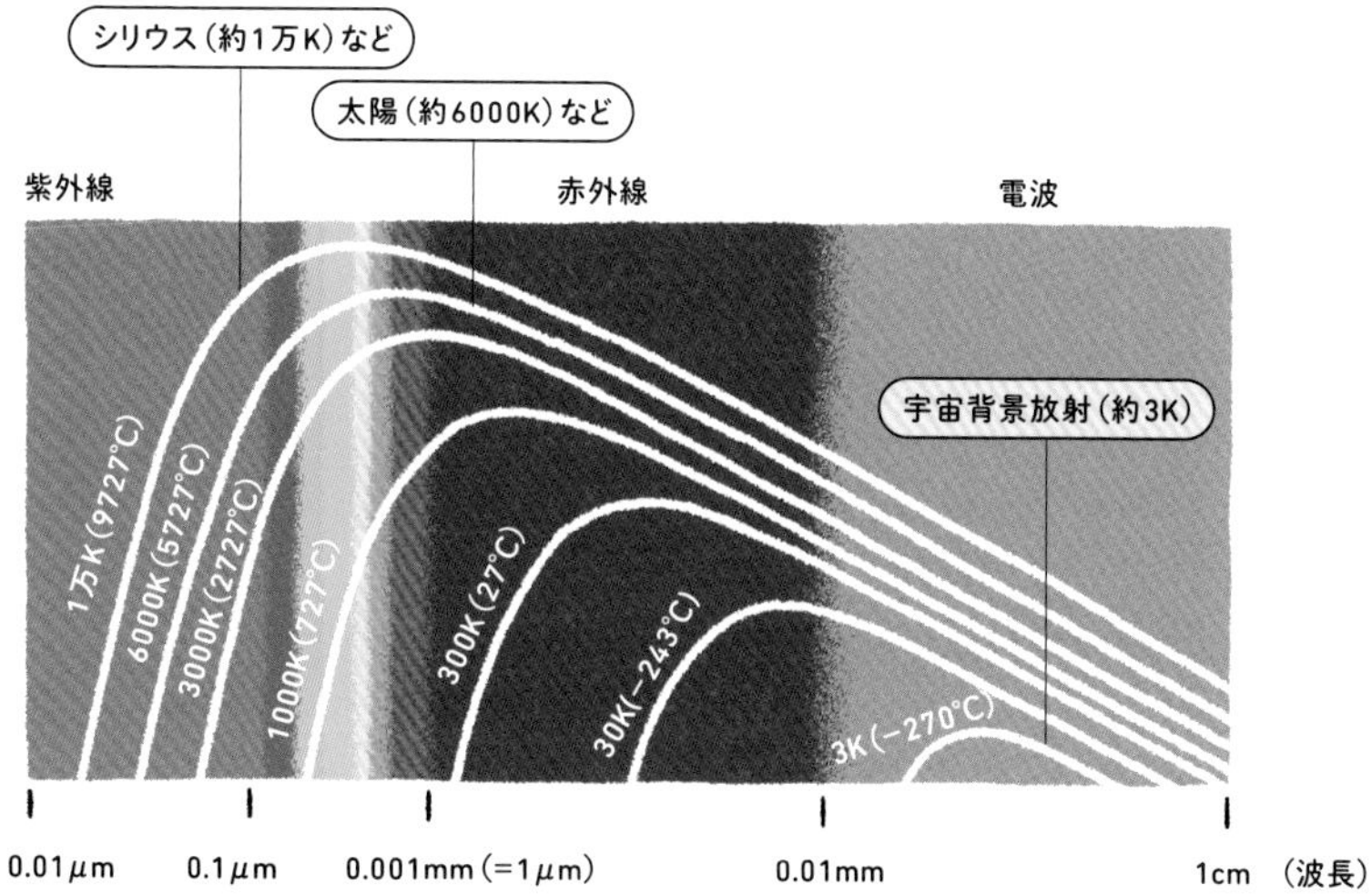

宇宙マイクロ波背景放射の発見

物理学者・ペンジアスとウィルソンが宇宙背景放射を最初に観測したときのホーンアンテナ。15mほどの大きさだった。

宇宙マイクロ波背景放射

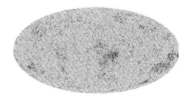

宇宙マイクロ波背景放射のスペクトルは3Kの黒体放射とよく一致し、宇宙の一様等方を示しています。しかし、完全に一様等方だと宇宙の構造は生まれません。じつは温度に揺らぎがあり、この非一様等方性が宇宙の構造を作ったと考えられています。この図は全天の温度の分布図で宇宙初期のゆらぎを示しています。

49
chapter 3

宇宙は3Kに冷やされ、大きさが約1000倍になった

宇宙の全方向から届く電波の正体は、約138億年前のビッグバンが残した光です。宇宙初期の高温・高密度のビッグバン宇宙では、光は物質と平衡状態にある黒体放射でした。その後、宇宙が膨張し、宇宙誕生後から約38万年後には宇宙の温度は約3000Kに下がります。すると、原子核と電子が結びつき原子が作られます。

光は原子や電子などの電荷を持った粒子に散乱されるので直進することができませんでしたが、電気的に中性の原子が作られていくことで平衡状態が崩れ、光が直進できるようになります。霧がかかってなにも見えない状態から霧が晴れて周囲が見える状態になることにたとえて、これを**宇宙の晴れ上がり**といいます。

宇宙の膨張による赤方偏移によって、このときの黒体放射の波長が引き伸ばされたものが、3Kの黒体と一致する宇宙マイクロ波背景放射です。3000Kから3Kへ温度が約1000分の1に下がったことは、宇宙の大きさが約1000倍になったことを意味しています。宇宙マイクロ波背景放射の観測はビッグバン理論の大きな証拠となっています。

宇宙の晴れ上がり

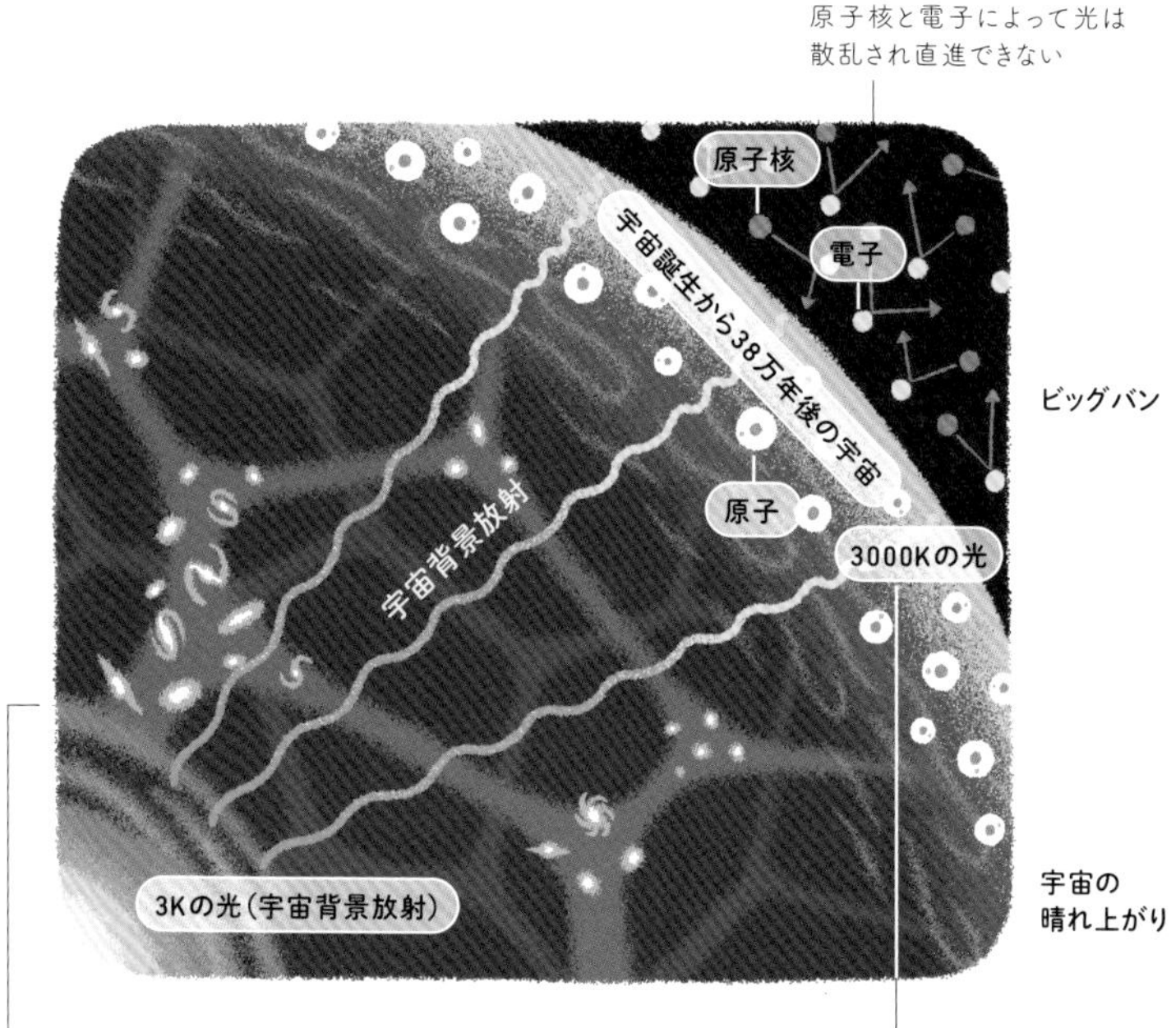

宇宙膨張によって宇宙がおよそ1000倍の大きさになることで、3000Kの黒体放射だった宇宙背景放射の波長は伸ばされ、温度が1000分の1の3Kの黒体放射になりました。これが現在観測されている3Kの宇宙マイクロ波背景放射です。

宇宙誕生から約38万年後には、宇宙膨張によって宇宙の温度は約3000Kまで下がります。すると、原子核と電子が結びついて電気的に中性な原子になり、光は直進できるように。これを宇宙の晴れ上がりといいます。

50

chapter 3

正体不明の物質・ダークマターの存在を探る！

私たち人間の知っている物質は、宇宙全体のわずか5％ほどだとされています。宇宙のエネルギー密度の約5％がバリオンとよばれる通常の物質を構成する粒子ですが、それ以外の27％はダークマターとよばれる正体不明の物質で占められているのです。ダークマターは暗黒物質ともいいます。

渦巻銀河の中心部分は星が集中しており、明るく輝いています。物質も銀河の中心に集中していると考えると、内側の方が重力が強くなるため回転速度は速くなるはずです。しかし、渦巻銀河の回転速度は内側と外側であまり変わらないことが観測されています。これは、銀河の中心以外にも光を出さない正体不明の物質ダークマターが大量に存在していることを示唆しています。

また、銀河団（銀河のまとまり）を構成している銀河はさまざまな方向に運動しています。しかし、すべての銀河からの重力だけではこれらの運動をつなぎとめて銀河団の形を保つことができないことがわかっています。これもまた、銀河団内の銀河は大量の目に見えない正体不明の物質ダークマターによって結びつけられていると考えられるのです。

宇宙のエネルギー密度の割合

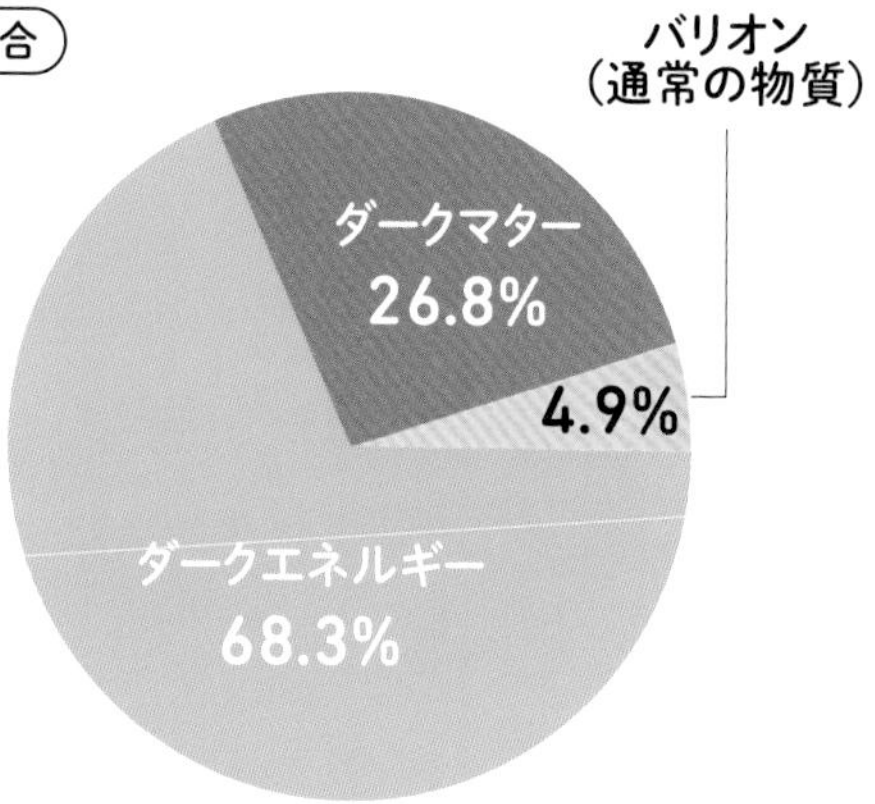

私たちが知っている通常の物質を構成するバリオンと呼ばれる粒子は全体のわずか5%ほどです。26.8%の正体不明の物質がダークマター（暗黒物質）と呼ばれています。

銀河のダークマター

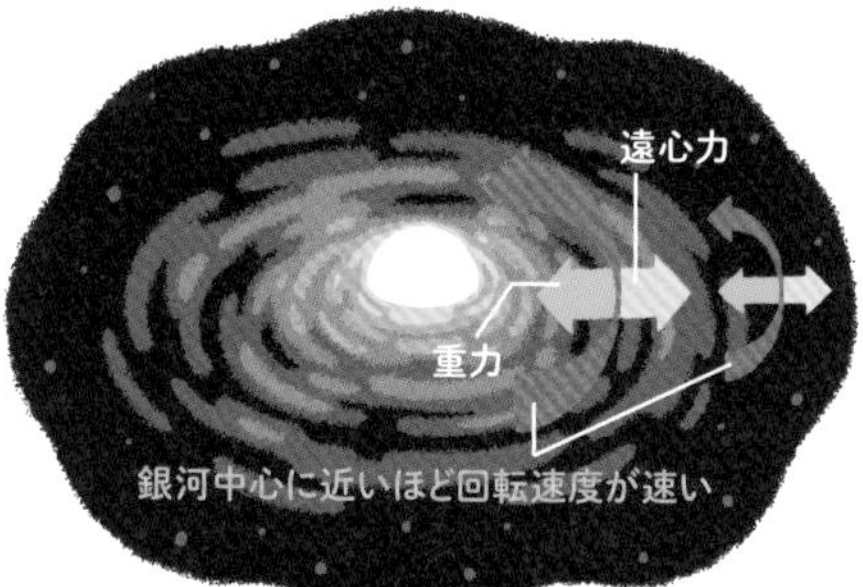

物質が銀河の中心に集中しているなら、銀河周りの物質の回転速度は中心に近いほど速くなるはず。しかし、回転速度は内側でも外側でもあまり変わらないことが観測されています。これは銀河中心以外にも光を出さない正体不明の物質が大量にあることを意味しています。

銀河団のダークマター

銀河団内の銀河からの重力だけでは運動する銀河を繋ぎ止めておくことができません。これは銀河団の中にも光を出さない正体不明の物質が大量にあることを意味しています。

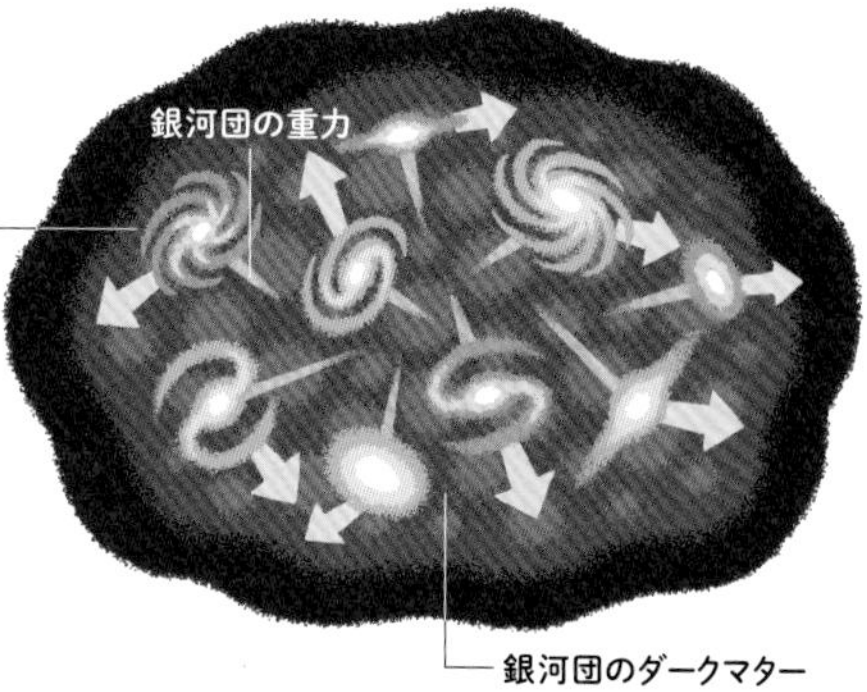

memo　ダークマターの正体はまだわかっていませんが、ダークマターの候補を探す観測や実験によって少しずつ条件が絞り込まれています。

51

chapter 3

宇宙の膨張を加速する謎のエネルギーとは

宇宙の膨張の速度が速くなることを**加速膨張**、遅くなることを**減速膨張**といいます。

宇宙には2つの加速膨張があったとされています。1つは宇宙初期の急激な加速膨張であるインフレーションです。もう1つが現在に至るまでの宇宙の加速膨張で、これを**後期加速膨張**ともいいます。

現在の宇宙は膨張を続けていますが、そのスピードは物質の重力による引力によって減速されると考えられます。しかし、現在の宇宙の膨張速度は逆にどんどん速くなっています。

宇宙背景放射の観測やIa型超新星による距離と後退速度の測定によって、宇宙の膨張の様子が調べられてきました。その結果、ビッグバンから90億年後頃までは膨張速度は減速していたのに、それ以降から加速していることがわかったのです。

つまり、宇宙には重力に逆らって宇宙膨張を加速させる正体不明のエネルギー（**ダークエネルギー**）が存在すると考えられます。宇宙膨張が減速から加速に転じたのは、ダークエネルギーは物質と違って宇宙が膨張しても密度が変わらないか、ほとんど変わらないという性質を持つためだと考えられています。

減速膨張と加速膨張

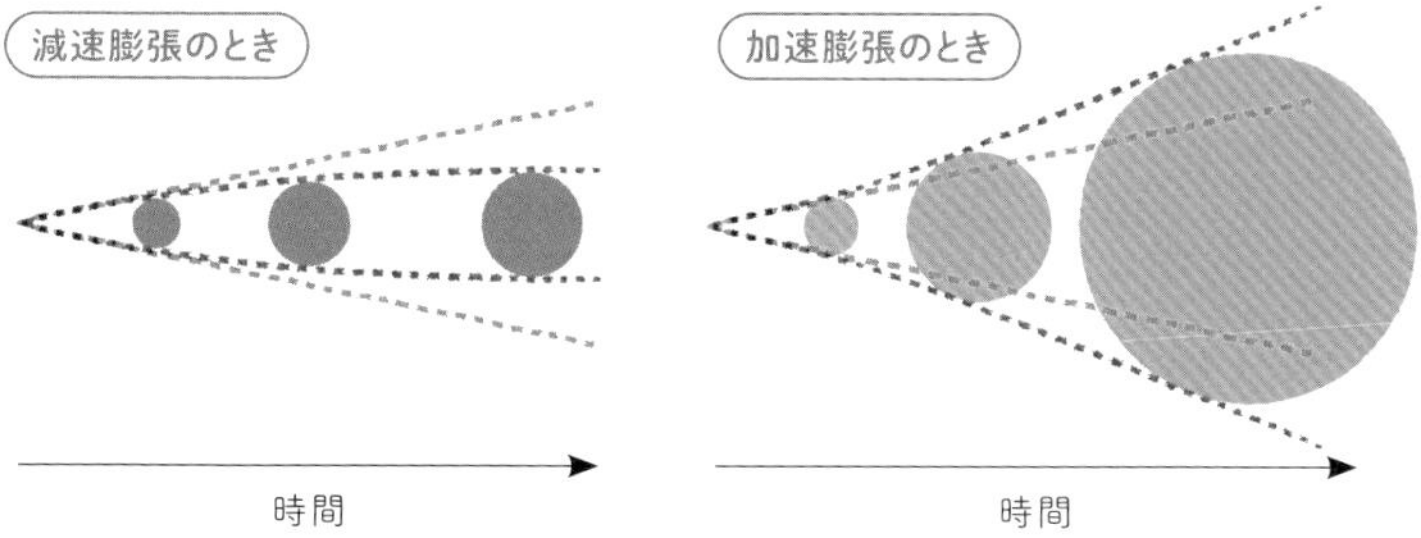

宇宙の膨張する速度が次第に減速する膨張を減速膨張といいます。

宇宙の膨張する速度が次第に加速する膨張を加速膨張といいます。

宇宙膨張の歴史

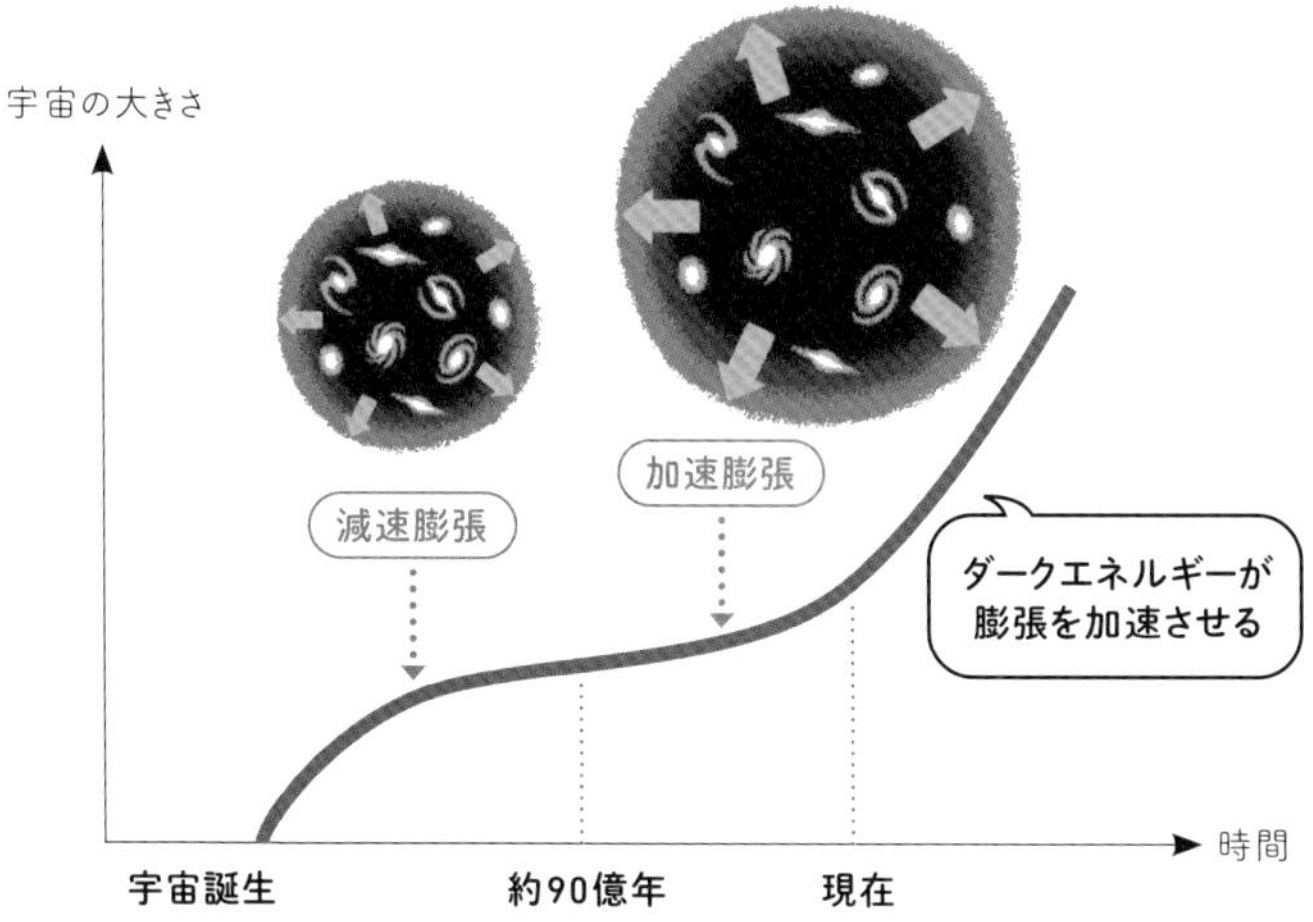

宇宙の膨張の歴史を表している図です。横軸が時間で縦軸が宇宙の大きさです。

memo

ダークエネルギーは宇宙項と同一視することができます。(P104)

52
chapter 3

遠い未来、宇宙はどんどん縮んで1点になってしまう!?

宇宙の未来を大きく決定づけるのは、ダークエネルギーだとされています。ダークエネルギーの密度が今と変わらなければ、宇宙は現在のような膨張を続けるでしょう。しかし、もし宇宙の膨張が進み、星や銀河の形成の燃料となる物質が分散すると、天体の活動が停止してしまいます。すると**エントロピー**という無秩序さの程度が極限まで上昇し、温度もエネルギーも低下するので、新しい反応が起きなくなります。このように冷たく真っ暗な空間がただ広がる宇宙の最後を**ビッグフリーズ**、または**熱《ねっ》的《てき》死《し》**といいます。

一方で、もしダークエネルギーの密度が増加すれば、宇宙膨張は激しく加速します。ダークエネルギーによる反発的な重力がその他の基本的な力を上回るようになると、星や銀河、私たちの身体などあらゆる物体が膨らんで引き裂かれてしまうといわれています。このような説を**ビッグリップ**といいます。

ダークエネルギーの密度が負に減少すれば、宇宙の**加速膨張**は減速に転じ、やがて膨張が収縮に変わると宇宙は縮み、最後は宇宙全体が1点になってしまう可能性があります。この宇宙の最後を**ビッグクランチ**といいます。

宇宙の最後

宇宙がどのような最後を迎えるのかはダークエネルギーの性質に関係があり、大きく3つのシナリオがあります。

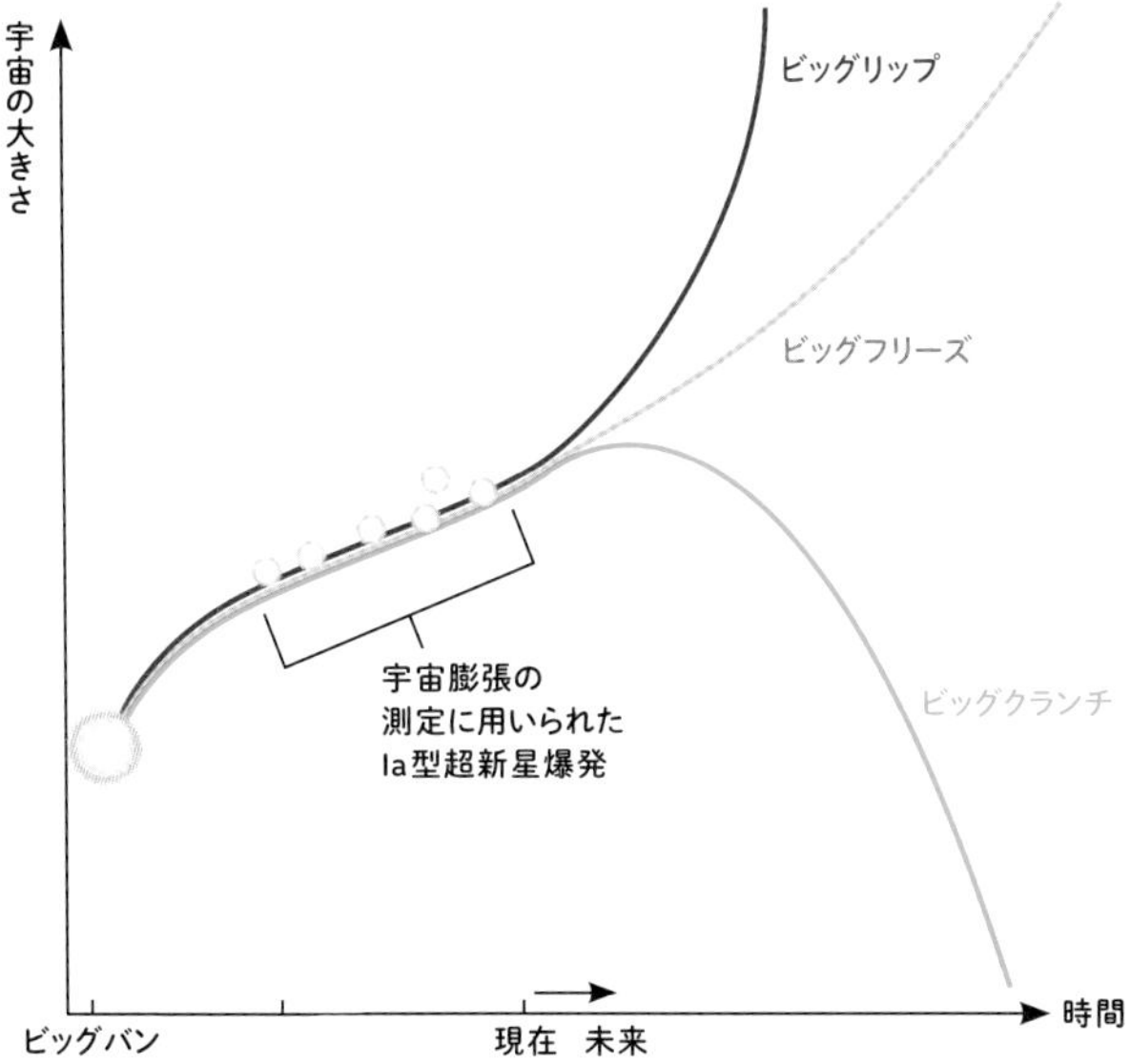

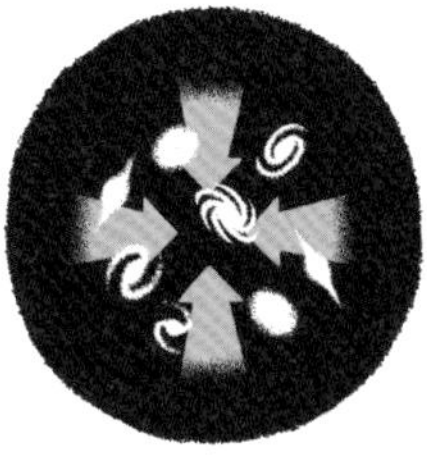

ビッグクランチ

宇宙の加速膨張が減速に転じ、やがて収縮し始めることで宇宙が一点になってしまいます。

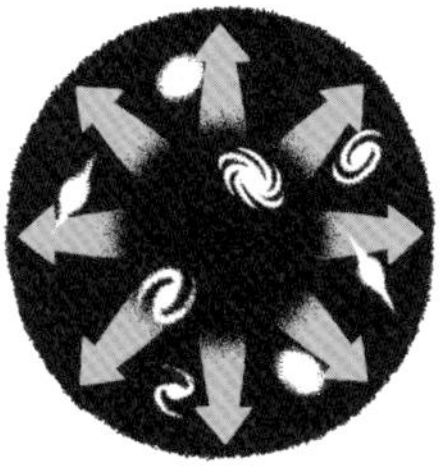

ビッグフリーズ

宇宙の膨張が進み物質が分散することで新しい反応がまったく起きなくなり、冷たく真っ暗な空間がただ広がります。

ビッグリップ

宇宙膨張が加速することで、ダークエネルギーによる反発的な力がほかの基本的な力を上回り、あらゆる物体が引き裂かれます。

memo

ダークエネルギーは未知のエネルギーです。将来どう変化するかわかっていません。そのため、宇宙の未来や最後についてさまざまな説があるのです。

53 chapter 3 宇宙は急激に膨張して始まった

宇宙は誕生直後の10^{-36}から10^{-34}秒後という、まさに一瞬とも呼べないほどの時間で、いきなり急激に膨張（インフレーション）したと考えられています。

かつて宇宙の観測結果とビッグバン宇宙モデルの間には**地平線問題**、**平坦性問題**、**モノポール問題**、**密度揺らぎ問題**といった矛盾がありました。宇宙はできたときに急膨張した、と考えるインフレーションはこれらの問題をうまく説明できる画期的な理論なのです。

しかし、肝心のインフレーションの仕組みはまだよくわかっていません。物体の重力は宇宙を縮ませる引力になるはずなので、宇宙を急膨張させるためのなにかしらの反発力が必要になります。そこで、宇宙を膨張させる斥力《せきりょく》（反発し合い、お互いを遠ざけようとする力）の効果を持った〝なにか〟が真空に充満していたと考えられるようになり、それは**インフラトン**と呼ばれています。インフラトンは、宇宙が膨張しても密度が変わらない性質を持つとされます。現在もさまざまなインフレーションのモデルが考えられ、宇宙マイクロ波背景放射や重力波によってインフレーションを観測する計画が進められています。

インフレーション宇宙

宇宙は誕生直後に一瞬で急激に膨張したと考えられています（インフレーション）。ビッグバン宇宙論だけでは説明できないさまざまな観測結果を説明することができます。

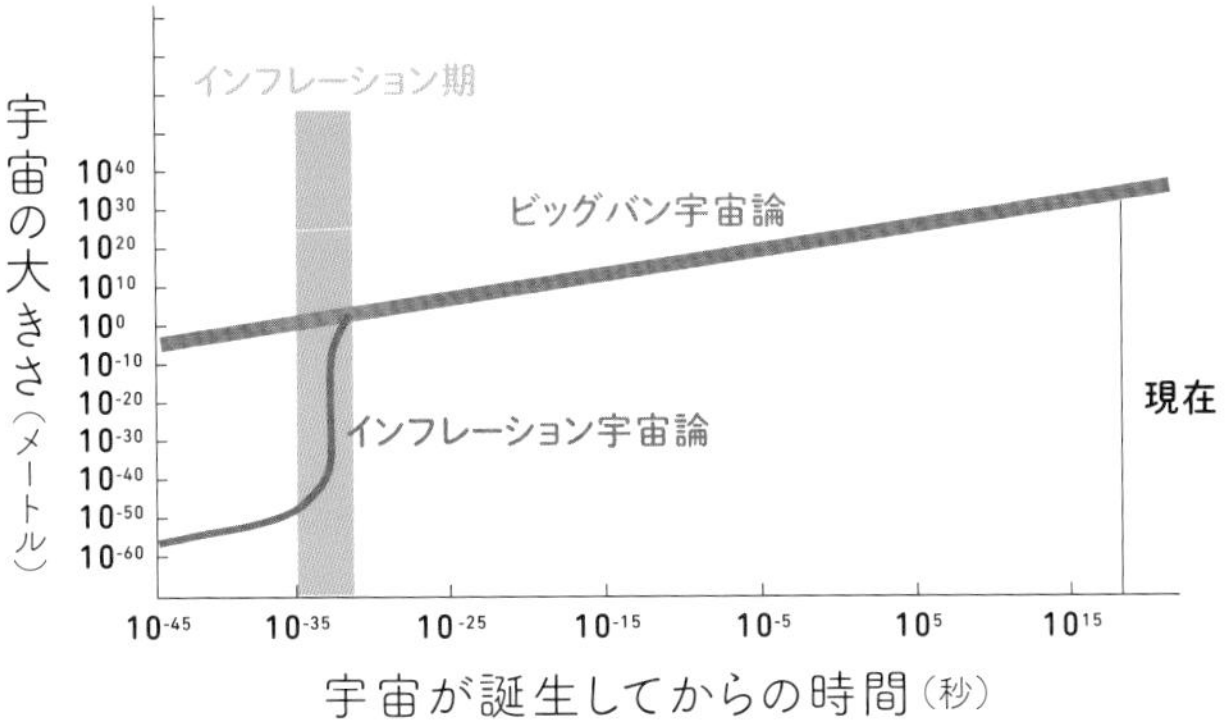

スローロールインフレーション

「スローロールインフレーション」はインフレーションの仕組みと考えられるモデルのひとつ。インフラトンと呼ばれる場が、ポテンシャルというエネルギー上を転がることでインフレーションが起こります。その後、ポテンシャルの谷に転がるときの摩擦エネルギーによって宇宙は再加熱され、ビッグバンが起こる仕組みです。

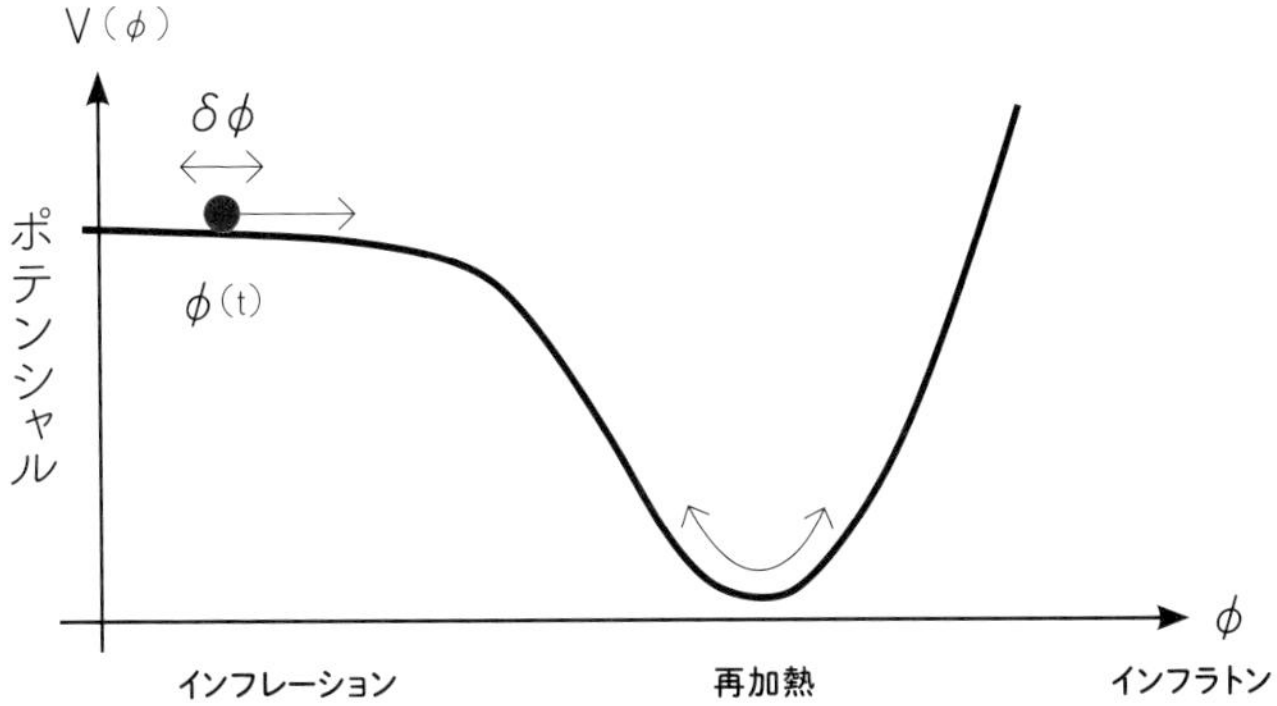

memo
ポテンシャル（エネルギー）は位置エネルギーともいい、物体や場に潜在的に蓄えられているエネルギーのことです。

54 chapter 3 宇宙がどこもだいたい同じ温度だった理由

宇宙初期の灼熱のビッグバンは、宇宙の加速膨張や水素やヘリウムなどの元素合成、宇宙背景放射の観測などをうまく説明できます。しかし、それだけでは説明できない謎があるため、ビッグバンの前に宇宙でなにが起こっていたのかを考えることになりました。そのひとつが**一様性問題**です。

一様性問題とは、宇宙マイクロ波背景放射の温度が宇宙のどの方向を見てもだいたい同じであるのはなぜか、という問題です。宇宙マイクロ波背景放射が放出された時点の宇宙は、現在の宇宙の大きさの約１０００分の１、約４５００万光年の大きさでした。宇宙マイクロ波背景放射の温度が同じということは、当時の約４５００万光年の大きさの宇宙空間の温度がだいたい同じだったことになります。しかし、熱が伝わる速さは光速を超えることはできません。宇宙誕生から宇宙マイクロ波背景放射が放射されるまでの約38万年の間に約４５００万光年もの広い宇宙の温度が均一になるはずがないのです。ですがこの問題は、ビッグバンよりも前にインフレーションによって急激に宇宙が膨張したと考えることで解決できるようになりました。

一様性問題

宇宙背景放射の温度がどの方向を向いてもだいたい同じなのは、宇宙背景放射が放たれた当時の約4500万光年の大きさの宇宙の温度もほぼ同じであったことを意味します。インフレーションを考えなければ、宇宙誕生から約38万年の間でこれだけ広い範囲で温度が一様になるはずがないのです。

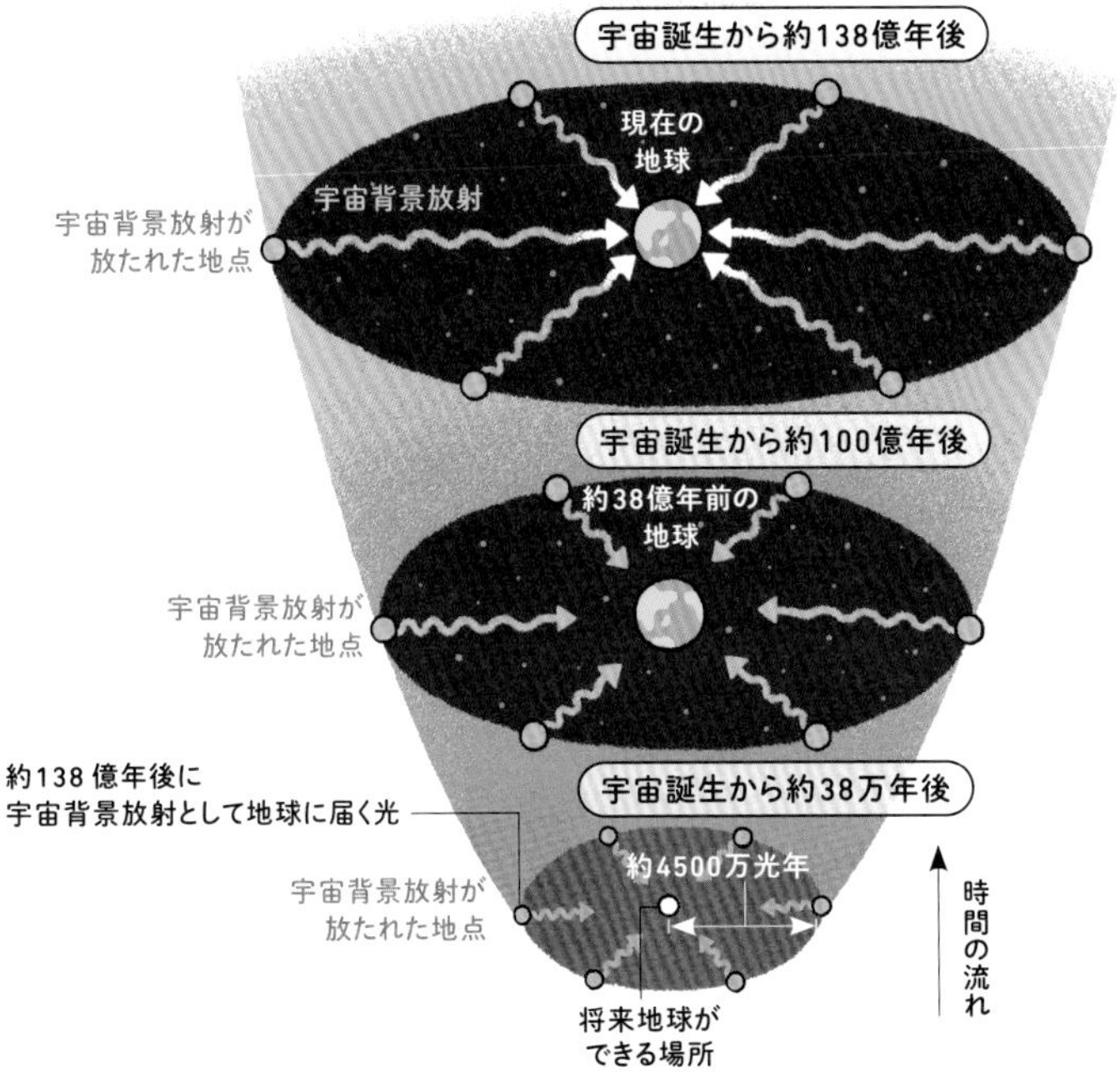

インフレーションによる一様性問題解決のイメージ

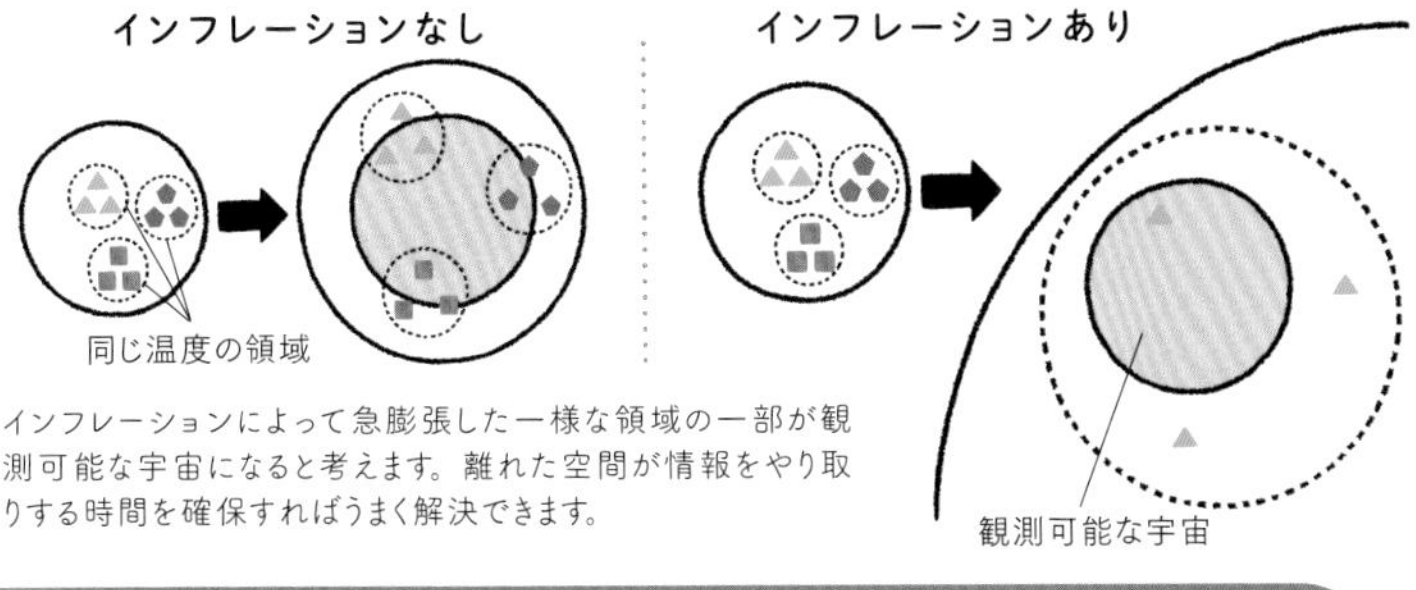

インフレーションによって急膨張した一様な領域の一部が観測可能な宇宙になると考えます。離れた空間が情報をやり取りする時間を確保すればうまく解決できます。

memo　インフレーション理論は1981年に佐藤勝彦、次いで、アメリカのアラン・グースによって初めて提唱されました。

55

chapter 3

宇宙に果てはあるのか、その先がどうなっているのかもわからない！

「宇宙に果てはありますか？」とよく聞かれますが、答えは「わかりません」。

光は1年に1光年（約9兆5000億km）しか進めないので、遠くからきた光ほど過去からきたということになります。宇宙は約138億年前に誕生したと考えられていますが、宇宙の光が直進できるようになったのは宇宙誕生から約38万年後からです。

宇宙マイクロ波背景放射は宇宙誕生から約38万年後に直進を始めて約138億年かけて地球に到着した光です。これこそが観測できる光の中でもっとも遠く、もっとも過去からきた光なのです。

宇宙は膨張しているので、その最古の光を放出した地点は現在はもっと遠い場所にあるはずです。約138億光年という距離は光が進んだ距離（光路距離）で、実際の物理的な距離（固有距離）は約470億光年です。

これが観測可能な宇宙の現在の大きさであり、観測できるという意味での宇宙の果てとなるでしょう。その向こうがどうなっているのかはわかりません。無限に広がっているかもしれませんし、三次元の球体やドーナツのようになっていて端がないかもしれません。

観測可能な宇宙

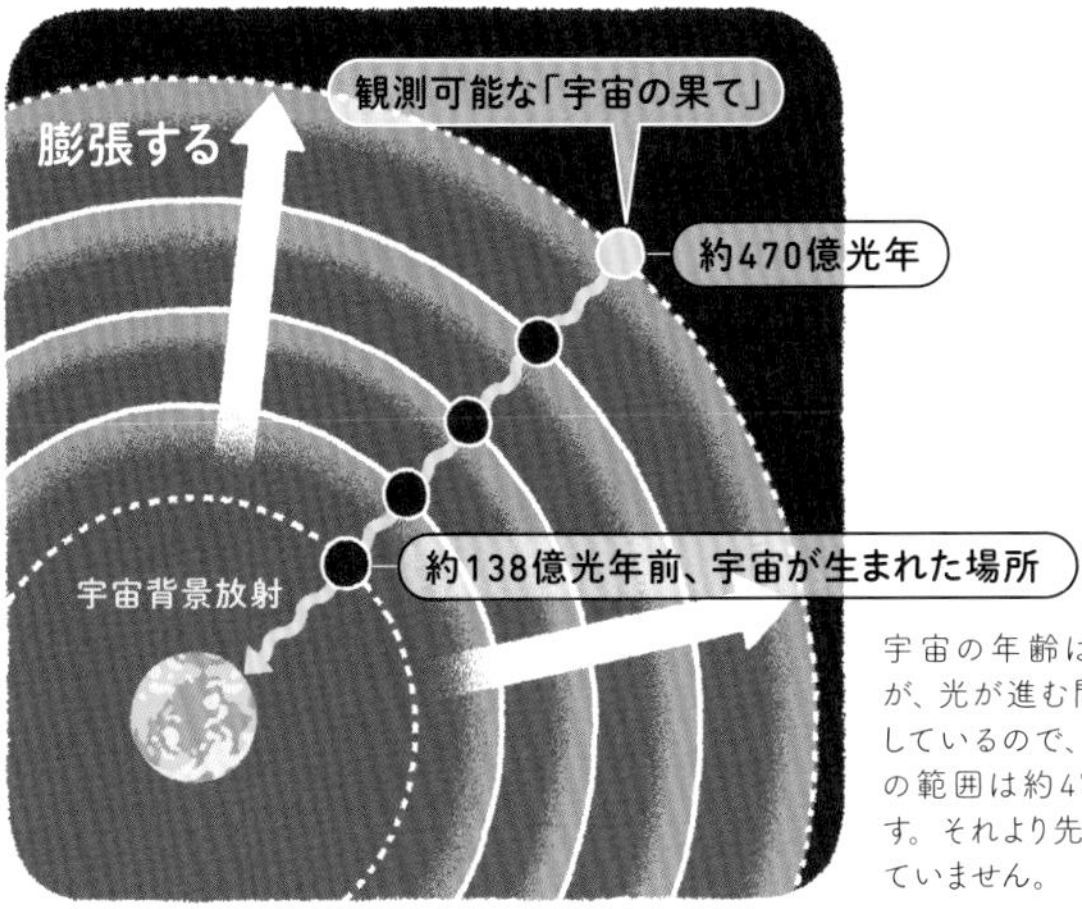

宇宙の年齢は約138億年ですが、光が進む間にも宇宙は膨張しているので、観測可能な宇宙の範囲は約470億光年となります。それより先についてはわかっていません。

観測できない宇宙？

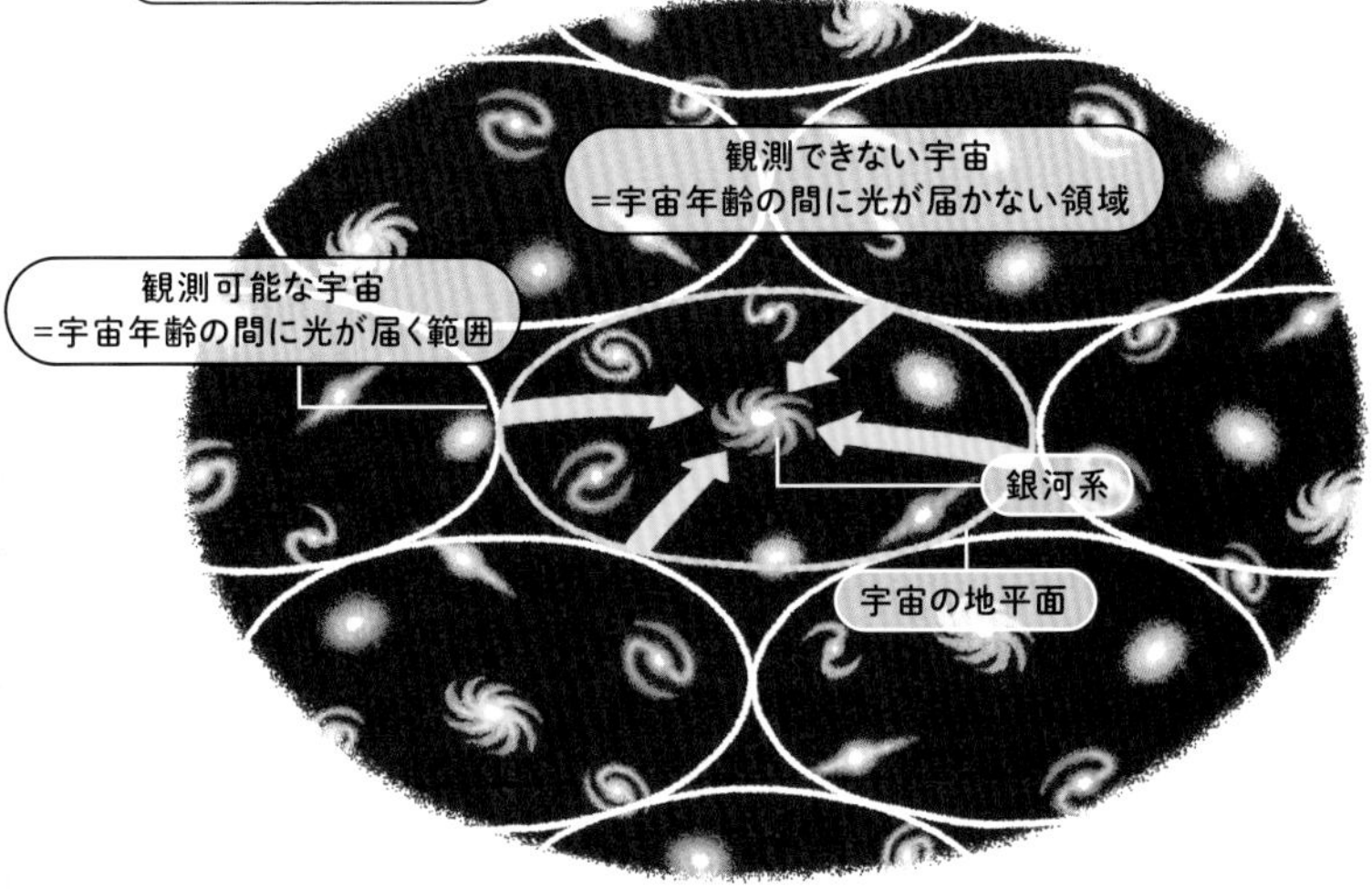

インフレーション宇宙論によると、宇宙は観測可能な範囲よりもはるかに広大とされています。観測可能な宇宙の外には観測できない宇宙が広がっているのかもしれません。

memo　観測可能な宇宙の端から全宇宙を見渡したとしても、おそらく私たちが見ている宇宙と同じように見えるはずだと考えられています。

56

chapter 3

今の物理学が通用しない時代があった!?

とても小さい（ミクロな）ものの現象を説明するのが量子論です。それに対して量子論を扱わず、大きい（マクロな）ものの現象を説明する理論を**古典論**といいます。宇宙の進化を説明するのに使われる一般相対性理論は、量子論的な内容を含まないので古典論です。ある現象において古典的な理論が当てはまらなくなると判断する目安は、それらの理論における基本的な物理定数を組み合わせることで計算できます。量子論では、光子が持つエネルギーと振動数の比例定数である**プランク定数**が基本的な定数に、一般相対性理論では万有引力定数が基本的な定数になります。

これらから、ブラックホールの事象の地平面の位置を表すシュバルツシルト半径がコンプトン波長という物質が持つ特定の波長と等しくなるとして見積もった長さ、質量、時間はまとめて**プランクスケール**といいます。それよりも小さいスケールでの現象は量子効果を考慮する必要があり、現在の理論では記述できません。したがって、**プランク長**よりも小さかった宇宙初期は現在の物理学では正確に記述することができないのです。

トンネル効果

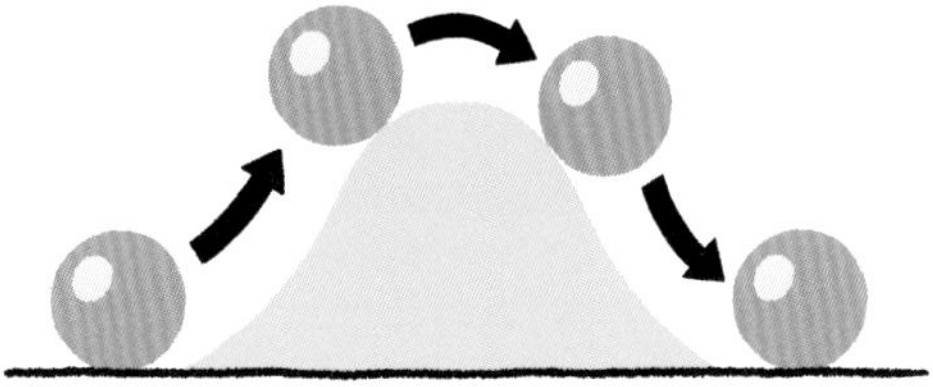

古典論ではポテンシャルの山を越えるには物体がその山以上のエネルギーを持っている必要があります。

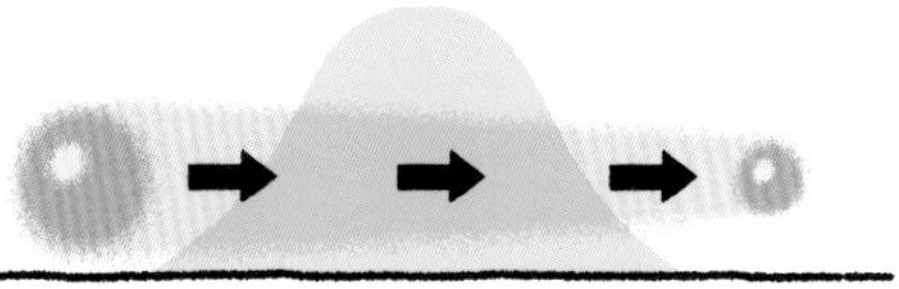

量子論ではポテンシャルの山以下のエネルギーでも物体は外側にすり抜けることができます（トンネル効果）。量子論では、古典論の常識が通用しないことが起こり得ます。

プランクスケール

プランクスケール以下では古典的な重力理論である一般相対性理論は成立せず、量子論と重力理論を組み合わせた未完成の量子重力理論が必要になります。宇宙の大きさがプランク長よりも短かった時代では今の物理学は通用しないのです。hはプランク定数を表しています。

プランク長＝ $\sqrt{\frac{hG}{c^3}} = 1.616255 \times 10^{-35}\mathrm{m}$

プランク質量＝ $\sqrt{\frac{hc}{G^3}} = 2.176434 \times 10^{-8}\,\mathrm{kg}$

プランク時間＝ $\sqrt{\frac{hG}{c^5}} = 5.391247 \times 10^{-44}\,\mathrm{s}$

57
chapter 3

宇宙はもしかしたら無数にあるかもしれない

観測可能な宇宙には限りがあります。しかし、観測での検証が不可能なことも理論的に考えることはできます。もしかしたら宇宙は複数あり、私たちの住む宇宙以外の宇宙が存在するかもしれない、といった説です。このような複数の宇宙を仮定した説を**多元宇宙論**といいます。

インフレーション宇宙論でも、同じシナリオを考えることができます。インフレーションを起こしている偽の真空の一部でインフレーションが終了して、真の真空が誕生します。真の真空、つまり私たちの宇宙から見ると、真の真空領域は拡大しながら偽の真空領域を押しつぶします。一方で、偽の真空、つまり別の宇宙から見ると偽の真空でのインフレーションは続いているため急激に膨張します。こうして生まれた別の宇宙を**子《こ》宇《う》宙《ちゅう》**、真の真空の宇宙を**親《おや》宇《う》宙《ちゅう》**といいます。

このとき、親宇宙と子宇宙は「アインシュタイン・ローゼンの橋」とよばれる**ワームホール**でつながれています。この橋は私たちの宇宙から見ればブラックホールに見えますが、やがてちぎれて親宇宙と小宇宙は分離すると考えられています。

インフレーションによる多元宇宙論

量子論では、広く「真空」はエネルギーが極小な状態（谷にある状態）を指します。エネルギーが最低の真空を「真の真空」、そうでないものを「偽の真空」と言います。

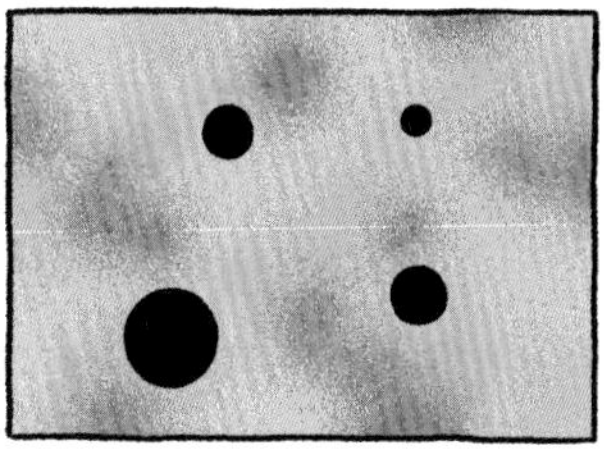

1

インフレーションを起こしている偽の真空の一部でインフレーションが終わり真の真空の泡が誕生します。

2

真の真空の泡は拡大し、真の真空の泡に囲まれた偽の真空はインフレーションを続けて子宇宙になります。

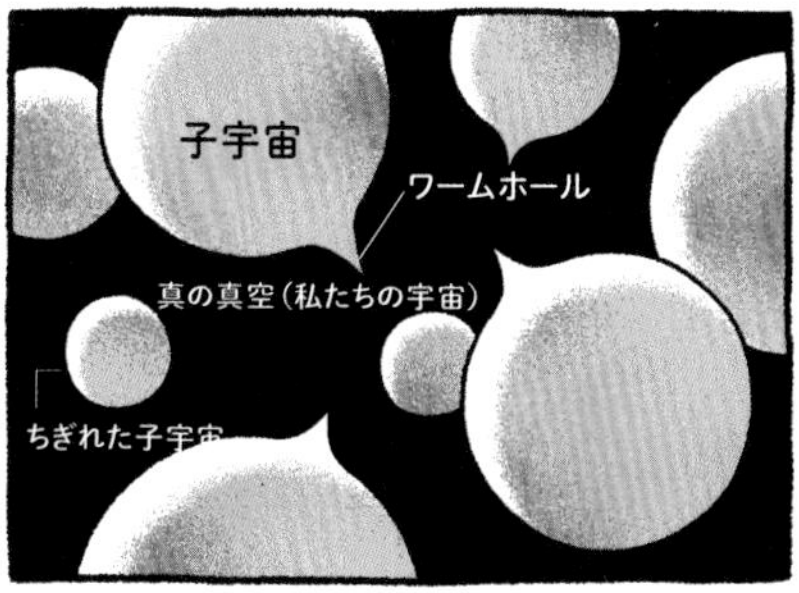

3

真の真空と子宇宙はワームホールでつながれていますが、やがてちぎれて私たちの宇宙である真の真空と子宇宙に分離します。

親宇宙と子宇宙が分離するように、子宇宙は孫宇宙を、孫宇宙はひ孫宇宙を生むのが泡のようすに似ているため、インフレーションによる「泡宇宙モデル」といわれています。

58

chapter 3

宇宙は無から生まれた？

「宇宙は無から生まれた」と考えられています。ここでいう「無」は、時間や空間はあるけれども物質はないという意味ではなく、時間も空間も物質も存在しないという意味での「無」です。量子論によって、無からの宇宙の誕生を考えることができます。アインシュタイン方程式を量子論的に書くことで、宇宙の大きさの確率に対する方程式が得られます。これは**ホイーラー・ドウィット方程式**と呼ばれています。

量子論ではなにかが完全に決まっていて、じっとしていることはありえません。位置やエネルギー、時間や空間などは絶えずうろうろしていて揺らいでいるのです。また、量子論ではミクロな粒子が普通は通れないエネルギーの壁をまれに通り抜けるということが起こります。これを**トンネル効果**といいます。半径がゼロの周りで揺らいでいる宇宙がトンネル効果によって突然生まれるのです。つまり、無から宇宙が生まれたことになります。

こうして誕生したプランク長ほどの小さな宇宙が、真空のエネルギーによる急な坂を転げ落ちることでインフレーションを引き起こし、急膨張すると考えられるのです。

量子論と揺らぎ

古典論では、位置などの物理量が1つに完全に止まっているという状態を考えられます。

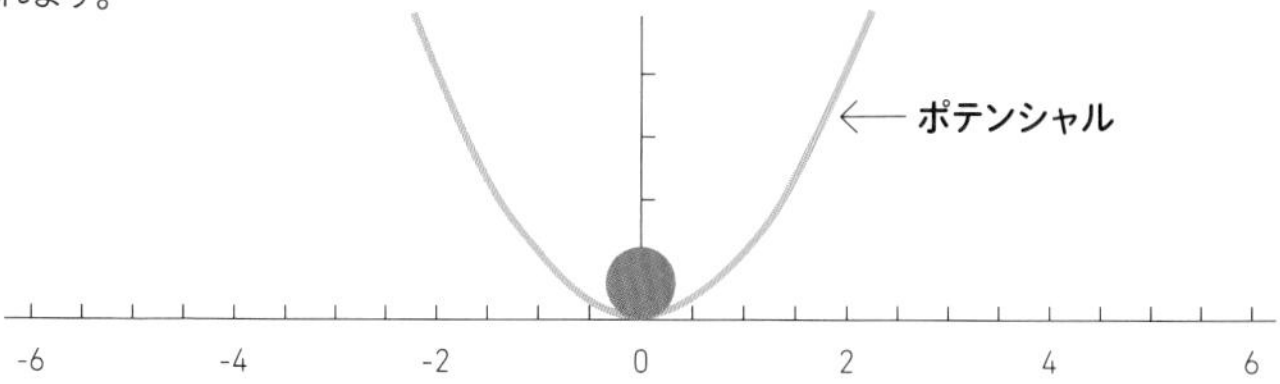

量子論では、物理量は絶えず揺らいでいます。そのため古典論では通れないエネルギーの壁をトンネル効果によって確率的に通り抜けることができます。

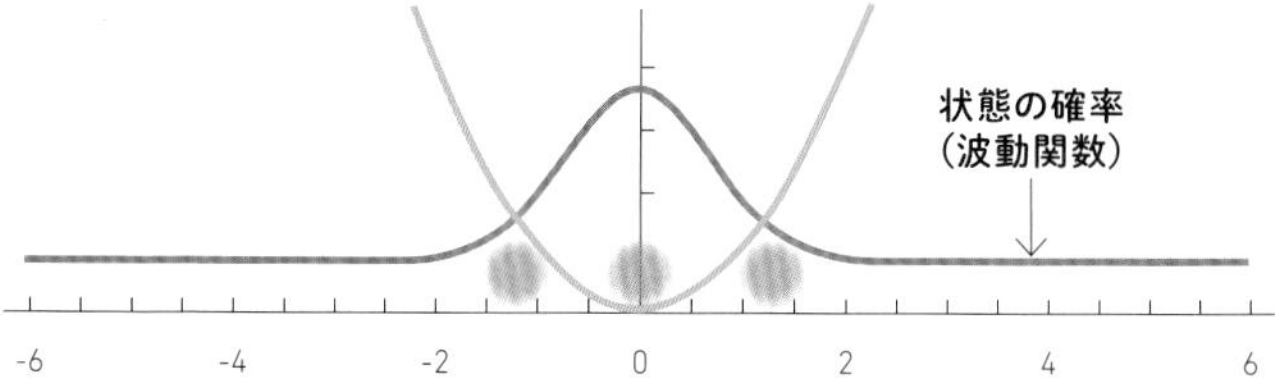

ビレンキン仮説

半径がゼロの周りで揺らいでいる宇宙がトンネル効果によって突然生まれます。無から誕生したプランク長ほどの小さな宇宙が、ポテンシャルの坂を転げ落ち、インフレーションを引き起こして急膨張するという説があります。

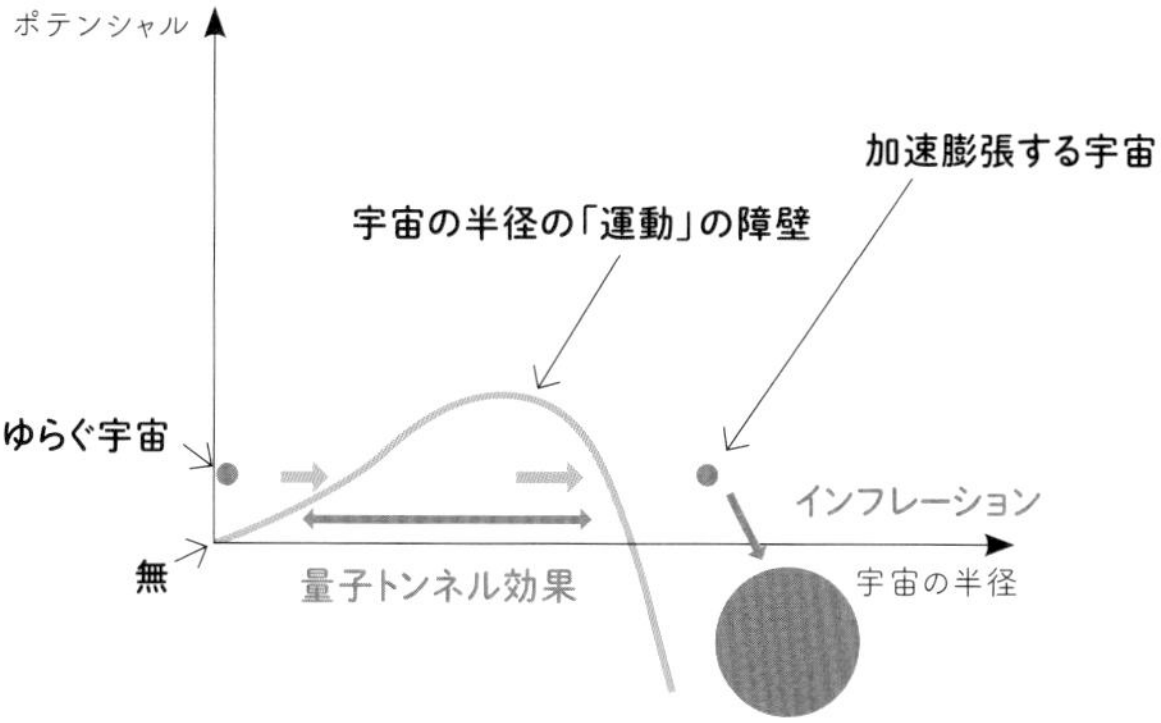

COLUMN

宇宙物理学を学ぶにはどうしたらいい？

宇宙物理学の各分野は、どれもそれひとつで分厚い本ができるほど深く広大です。本書で説明できなかったおもしろい研究もたくさんあります。参考になる書籍やWebページなどを巻末に載せたので、本書をきっかけに少しでも宇宙物理に興味を持ち、さらに「知りたい!　勉強したい!」と思ったみなさんは参考にしてみてください。

将来的に宇宙物理の研究をしたいみなさんには、まず学校で習う算数や理科、数学や物理に本気で取り組むことをおすすめします。学校で勉強する項目は有識者による長い協議の結果選別された「役に立たないわけがない」コスパ最強の知識なのです。私も人と一切会話しない日があっても、移項や微分をしない日はありません。

とはいえ学校での勉強に限らず、小・中学生でも興味が湧いたのであれば大学生が学ぶようなことを勉強したり、好奇心をかき立てられたことに没頭しても構わないのです。

学校の授業は定められたカリキュラムがあるので、それに倣って進めるしかありません。でも、もしみなさんがもっと進んで勉強したいことがあるのなら、家族や先生など周囲の大人に相談してみてください。

CHAPTER 4

宇宙に存在する「天体」ってなんだろう

天体と聞くとなにをイメージするでしょうか？
月や星を思い浮かべる人が多いかもしれませんね。
でも天体とは月や星に限らず、
宇宙に存在する物体のことを指します。
この章ではそれぞれの天体の特徴や、
その一生などについてひもときましょう。

59

chapter 4

宇宙のさまざまな天体を見てみよう

宇宙に存在する物体を「天体」と言います。天体には様々な種類があります。

＊通常、星間物質は天体に含めません。

名前	特徴	種類と例
惑星	重力と圧力（勾配）が釣り合う十分な質量を持ち、軌道上から他の天体を排除し、恒星の周りを公転する天体	地球型惑星、木星型惑星、天王星型惑星
準惑星	重力と圧力（勾配）が釣り合う十分な質量を持つが、軌道上から他の天体を排除していない、恒星の周りを公転する天体	冥王星型惑星
太陽系小天体	太陽系小天体重力と圧力（勾配）が釣り合う十分な質量をたず恒星の周りを公転する天体	小惑星、彗星、太陽系外縁天体
系外惑星	太陽以外の恒星を公転する惑星	ホットジュピター、エキセントリックプラネット
原始惑星系円盤	新しく形成された恒星を取り囲むガスとダストからなる円盤	フル円盤、遷移円盤
衛星	惑星、準惑星、太陽系小天体の周りを公転する天体	規則衛星、不規則衛星
恒星	核融合反応によって自ら光り輝く天体	主系列星［O型、B型、A型、F型、G型、K型、M型（赤色矮星）］、巨星（青色、赤色）、超巨星（青色、赤色）
褐色矮星	質量が小さく水素の核融合が起こらない恒星	独立型、伴星型

コンパクト天体	恒星に比べて非常にコンパクトな天体	白色矮星、中性子星（パルサー、マグネター）、ブラックホール
変光星	明るさが変化する恒星	脈動変光星、激変光星（新星、超新星）、食変光星
連星	複数の恒星やコンパクト天体が互いに重心周りに回る天体	二連星、三連星……
星団	恒星の集まり	散開星団、球状星団（暗黒物質の存在、複数の世代の星、衛星星団、最小限の大きさ、そして星同士の重力相互）
星雲	星間物質の観測できるほどの集まり	散光星雲、暗黒星雲、超新星残骸、惑星状星雲
銀河	多数の恒星やガス、ダスト、ダークマターの集まり	渦巻、棒渦巻、楕円、レンズ、不規則、矮小 活動銀河（クエーサー、セイファート銀河、電波銀河）
銀河群	3～10個の銀河の集まり	コンパクト銀河群
銀河団	100個以上の銀河の集まり	例：おとめ座銀河団、かみのけ座銀河団
超銀河団	複数の銀河群や銀河団の集まり	例：おとめ座超銀河団、ラニアケア超銀河団
ガンマ線バースト	ガンマ線を爆発的に放出する天体	ショートガンマ線バースト、ロングガンマ線バースト
星間物質	星の間に存在する物質	星間ガス、星間ダスト

60
chapter 4

宇宙における地球の住所を調べてみると…

日本に住んでいて住所を聞かれたら、「京都府〇〇市××」と都道府県から答えると思います。では、もしこの宇宙のどこかでたまたま出会った人に住所を聞かれたら、宇宙のどこに自分の家があるのか伝えられますか？　宇宙規模で伝えると、正しい住所は「ラニアケア超銀河団　おとめ座超銀河団　局所銀河群　銀河系　太陽系　地球　日本　京都府〇〇市××」となります。

　直径約10万光年の銀河系は、私たちが住む太陽系を含む銀河です。銀河系は局所銀河群（直径約600万光年）という多くの銀河が集まった銀河群に属しています。そして、局所銀河群は、直径約2億光年のおとめ座超銀河団とよばれるさらに多くの銀河が集まった超銀河団に属し、おとめ超銀河団は直径約5億2000万光年のラニアケア超銀河団という超銀河団に属しています。

　このように宇宙に存在する天体の空間的な分布には惑星や星などの比較的小さなものから、複数の銀河が集まった超銀河団のような大きなものまでさまざまなスケールの構造が見られます。これを宇宙の階層構造といいます。

地球の住所

地球は太陽系の一部。太陽は銀河系の中→銀河系は局所銀河群の中→局所銀河群はおとめ座超銀河団の中→そしておとめ座超銀河団はラニアケア超銀河団の中にあります。

61

chapter 4

天文学では、自ら光り輝く恒星だけを「星」と呼ぶ

夜空に光っている物体をすべて星とよんでいませんか。天文学では宇宙に存在する物体を天体と呼び、星は主に恒星のことを指します。恒星とは、天体内部の核融合反応によってエネルギーを作り出し、自ら光り輝いている天体のことです。

天文学では水素とヘリウム以外の元素すべてを「金属」といいます。**恒星**は金属量によって「種族Ⅰ」「種族Ⅱ」「種族Ⅲ」に分けられます。金属を多く含む星が「種族Ⅰ」、少ない星が「種族Ⅱ」、まったく含まないと考えられている星が「種族Ⅲ」に分類されます。

種族Ⅰの星は**銀河円盤**に多く分布し、主に青白く輝く若い星です。種族Ⅱの星の多くは銀河円盤周りの**ハロー**や中心部の**バルジ**に分布し、銀河系が形成されたころに作られた１００億歳以上の年老いた赤い星が多いです。この種族Ⅱの中の重い星が核融合により急速に進化し、超新星爆発を起こして質量の大部分を吹き飛ばしました。そのときに周囲に放出された炭素、酸素、鉄などの重い元素が銀河円盤内に降り積もり、集まって生まれたのが種族Ⅰの星と考えられています。種族Ⅲの星はまだ見つかっていません。

星の種族

恒星の種族とその特徴をまとめています。

特徴	種族I	種族II
分布	円盤部	ハロー・バルジ
属する星団	散開星団	球状星団
重元素の量	多い	少ない
星のスペクトル型	O、B型星が多い	K、M型星が多い
明るい星	青い超巨星	赤色巨星
星の固有運動	速度が小さい	速度が大きい

（P140参照）

種族Iの例　ベテルギウス

オリオン座にある種族Ｉの恒星で、全天で21個ある1等星の1つ。肉眼で観望が可能です。左上のオレンジ色に輝く星がベテルギウス。中央にはオリオン座分子雲が見えます

種族IIの例　HE 0107-5240

ほうおう座の方角の約3万6千光年離れたところにある太陽の0.8倍程度の質量を持つと考えられている種族IIの恒星です。

memo　種族IIIの星はビッグバン後の第一世代の星で、非常に遠方にあると考えられています。

62

chapter 4

星の光に混ざり合う、さまざまな強さと周波数の光

恒星は、色によっても分類ができます。実際の星の光には、さまざまな周波数の光が混ざり合っています。光を周波数ごとに分解してそれぞれの光の強さを表したものを**スペクトル**といいます。恒星から放たれる光のスペクトルには、**スペクトル線**（輝線や吸収線）とよばれる線が現れます。これは原子中の電子がエネルギーの高い状態から低い状態に移って光を放射したり、低い状態から高い状態に移って光を吸収することで生じます。

　スペクトル線は構成原子の種類で決まり、星の表面温度や表面重力でも変わります。スペクトル線の見え方で恒星を表面温度が高い順にO、B、A、F、G、K、Mと分けたものがスペクトル型。同じスペクトル型でも、半径の小さい矮星と半径の大きい巨星があります。

　恒星の明るさと色（表面温度）の関係を表す図は**HR図**といいます。HR図の対角上に位置する恒星は**主系列星**《しゅけいれつせい》と呼ばれ、核融合反応によるエネルギーで自らの重さを支えながら安定して輝く恒星です。太陽程度の質量の星は約100億年主系列に留まった後、大きく膨張してHR図上で右上の**赤色巨星**《せきしょくきょせい》に移り、やがて左下の**白色矮星**《はくしょくわいせい》になっていきます。

恒星のスペクトル

恒星はスペクトルの特徴によって分類され、スペクトル線には明るい線（輝線）や暗い線（吸収線）が含まれます。これは原子内の電子のエネルギーが変化することで光を放出したり吸収したりすることで現れるもので、原子ごとにその周波数が決まっています。右のアルファベットがスペクトル型を、左は天体の名前を表しています。

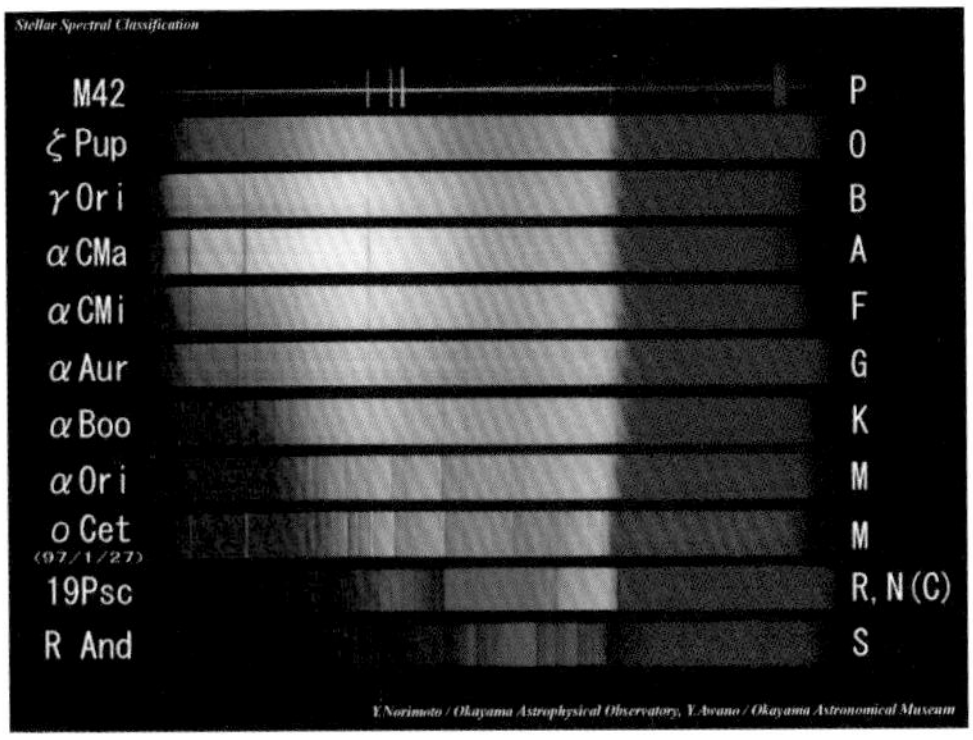

HR図

恒星の明るさと色（表面温度）の関係を示しています。縦軸を絶対等級（上に行くほど明るい）、横軸を温度（右にいくほど低温）としています。太陽程度の質量の星はHR図上で右下から左上へと主系列に留まった後、右上に移動し赤色巨星になり、やがて左下の白色矮星になります。

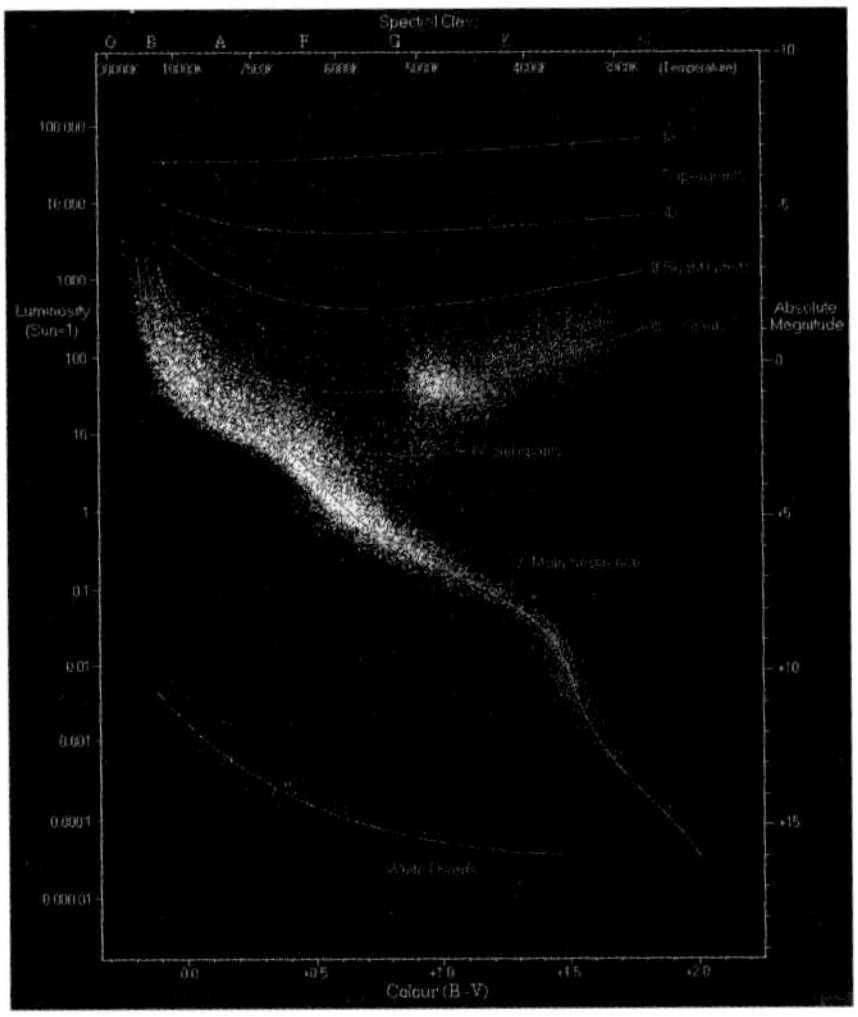

memo
星の色は表面温度で異なるので、スペクトル型で星の色がわかります。

63

chapter 4

星は重さで死に方が違う

生物がいつか死ぬように星にも寿命があり、星がどのように死ぬかはその星の質量によって決まります。

生まれたときの質量が太陽の0・08倍より小さいと、最期は中心部で水素の核融合が起こらない褐色矮星《かっしょくわいせい》になり、それより大きな質量を持つ場合は、核融合を起こして主系列星になります。

質量が太陽の0・08〜8倍までなら、赤色巨星になってガスを徐々に放出し、最終的には恒星の中心部分だけが残った白色矮星になって穏やかに死を迎えます。

一方、質量が太陽の8〜25倍の場合には、核融合によって鉄の中心核が作られることで核融合は止まってしまい、重力によって縮み始めます。やがて自分自身の重力を支えきれずに崩壊し、派手に超新星爆発を引き起こしながら死んで中性子星が残ります。

さらに質量が太陽の25倍より大きい場合には、同じように超新星爆発の後、最後にブラックホールが残ります。

星は質量が大きければ大きいほど核融合の燃料を速く消費してしまうので、寿命が短くなります。

星の最後

星はその質量によって異なる進化を経て異なる最後を迎えます。質量が大きいほど速く核融合反応の燃料を使い果たすため、寿命が短くなります。

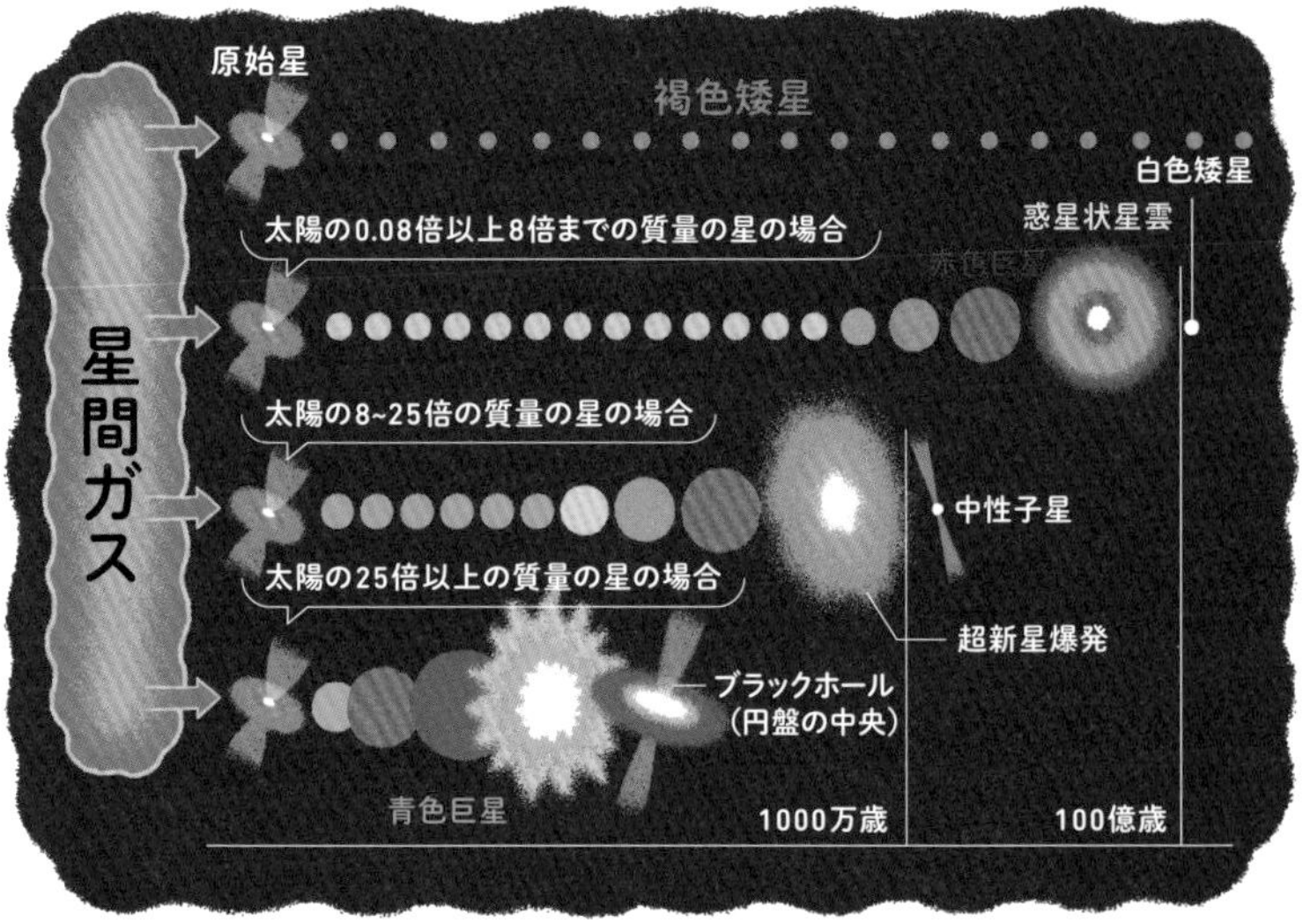

褐色矮星

質量が太陽の1％～8％ほどで、核融合反応は起こりますが短期間で止まってしまうため、恒星にも惑星にも当てはまらない天体です。ほかの恒星と同様、星間ガスから原始星となりますが、低質量のため核融合が起こらず、そのまま冷えていきます。

白色矮星

質量が太陽の8倍以下の恒星が、最後の段階で形成する天体です。宇宙の恒星の97％は白色矮星として生涯を終えます。もとは恒星の中心部だったので高温の天体ですが、核融合により新たなエネルギーが生み出されないため、徐々に温度が下がり暗くなっていきます。

64
chapter 4

明るさが変化する恒星「変光星」にはさまざまな種類がある

恒星の中には明るさが変化するものがあり、変光星《へんこうせい》と呼ばれます。変光星は、明るさが変化する原因により種類が分類されます。

星が膨張・収縮する脈動《みゃくどう》という現象によって明るさが変化する変光星は**脈動変光星**といい、星全体が単純に収縮・膨張を繰り返す**動《どう》径《けい》脈動**と、ある部分は膨らんでほかの部分は縮む**非動径脈動**の2つに大きく分けられます。

脈動変光星は、脈動の周期と明るさが変化する幅やスペクトル型などの変光の特徴によって、さらに細かく分類されます。中でも1～135日周期で、0.1～2等の変光幅、F～Kのスペクトル型を持つ変光星を**セファイド**といいます。セファイドは、周期と絶対等級の間に一定の関係があります。そのため、変光の周期を測定することで本当の明るさを知ることができます。この明るさを見かけの明るさと比較することで、地球に近い銀河の距離を特定するのに利用されています。

脈動変光星以外にも、星の外層や大気の爆発で、短期間に明るさが増しその後ゆっくり暗くなるような変光が生じる**激変星《げきへんせい》**や、連星系で星が周期的に隠されることによって変光が生じる**食変《しょくへん》光星**などがあります。

脈動変光星

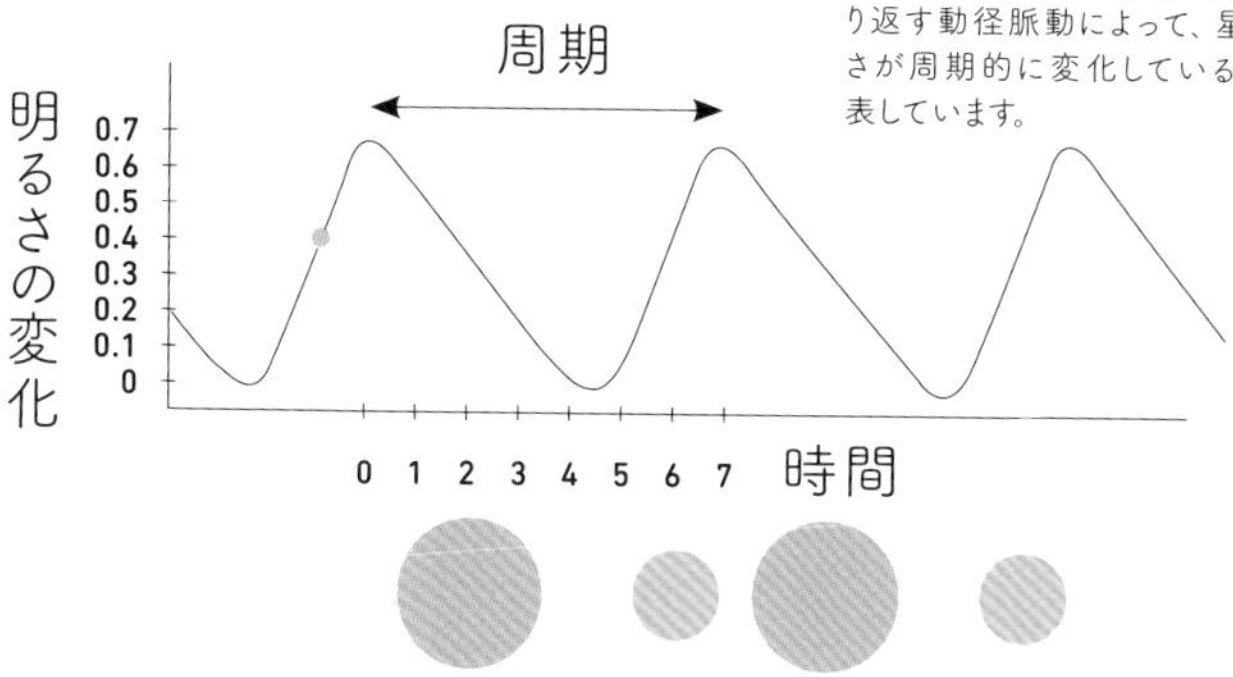

変光星の星全体が収縮と膨張を繰り返す動径脈動によって、星の明るさが周期的に変化している様子を表しています。

セファイド変光星の周期と等級の関係図

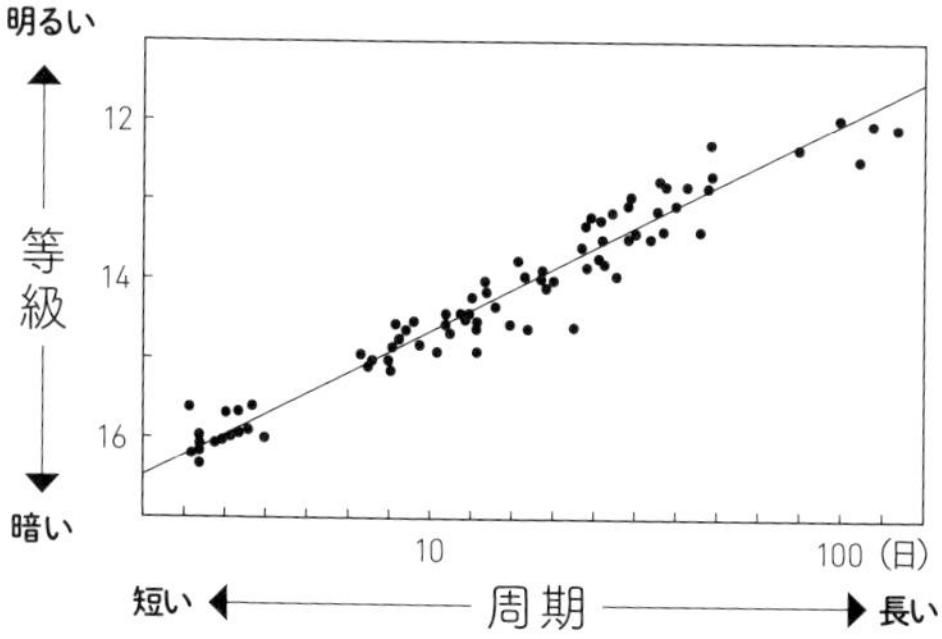

縦軸は見かけの等級を示していますが、大マゼラン雲中の星は地球から見ればほぼ同じ距離にあると見なせるので、絶対等級に変換できます。セファイド変光星は明るさが変化する周期と絶対等級の間に一定の関係があり、周期を測定することで絶対等級を知り、それを見かけの等級と比較すると星までの距離が出ます。

とも座RS星

ハッブル宇宙望遠鏡が捉えた、とも座RS星の写真。とも座RS星は6500光年の距離にあり、約6週間の周期で明暗を繰り返します。

65

chapter 4

「超新星」の爆発は、宇宙の進化に大きく影響する

白色矮星の表面で一時的に強い爆発が起こり、短期間で明るさが増してその後ゆっくりと暗くなる激変星は**新星**といいます。星のなかったところに、突然新しい星が現れたように見えることから、そういわれるようになりました。新星の中でも特に明るい天体が**超新星**といわれ、研究が進むと**超新星**は星全体が爆発する現象とわかりました。

超新星は光を周波数ごとに分解したスペクトルの特徴で分類され、もっとも明るい時期に水素の吸収線が現れないI型とII型に分かれます。I型はケイ素の吸収線が強い$\mathrm{I_a}$型、ケイ素の吸収線が弱くヘリウムの吸収線が見える$\mathrm{I_b}$、どちらも見えない$\mathrm{I_c}$に分かれます。

$\mathrm{I_a}$型は白色矮星を含む連星における白色矮星が核爆発したもの、$\mathrm{I_b}$、$\mathrm{I_c}$、II型は大質量の星が重力崩壊することで爆発したものと推察されています。

星風によって水素外層とヘリウム層を失った星の中で質量の大きい星が爆発して引き起こされるのが、$\mathrm{I_b}$、$\mathrm{I_c}$型です。

超新星爆発は質量の大きな星の内部や爆発時に合成されたさまざまな元素を放出するので、宇宙の化学的な進化に大きく影響します。

超新星爆発

星全体が爆発する現象である超新星爆発は光を周波数ごとに分類したスペクトルの性質で、水素の吸収線があるI型とないII型に分けられます。

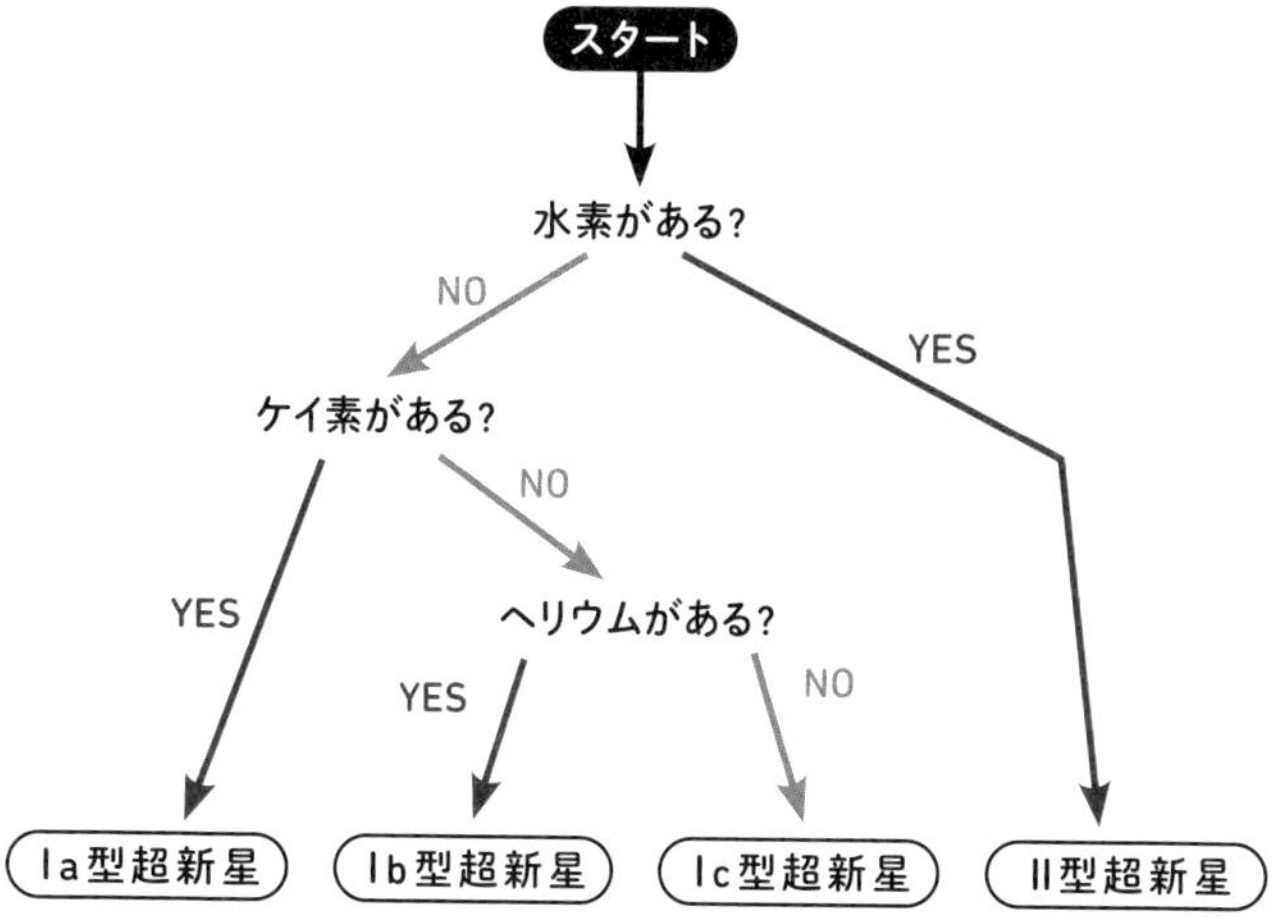

Ia型超新星爆発

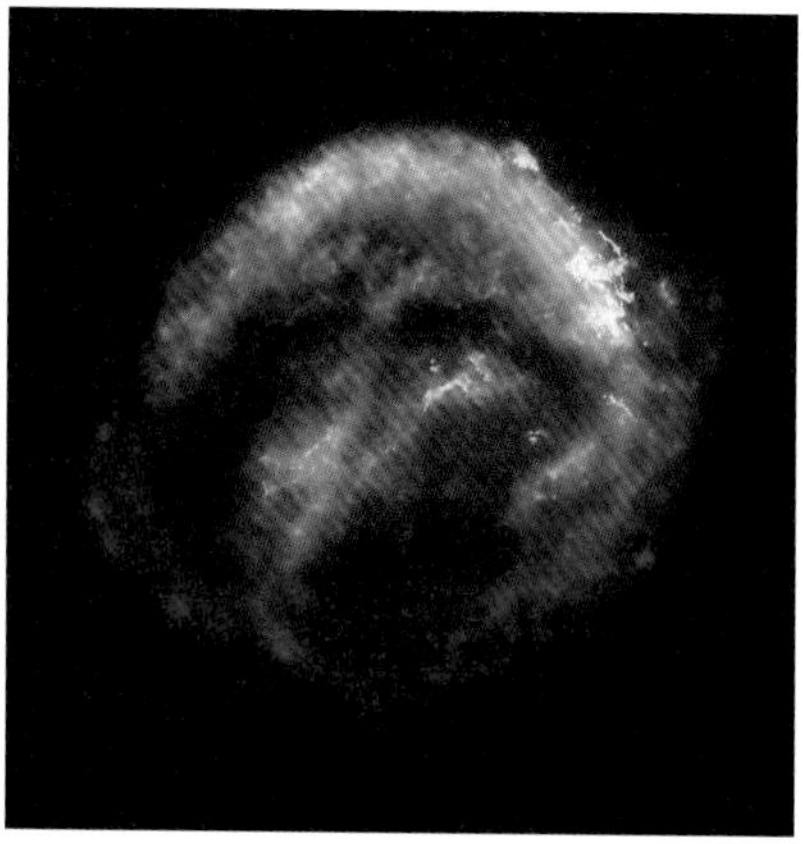

銀河系内のケプラーの超新星とよばれるIa型超新星爆発の残骸の写真。明るさがほぼ一定で標準光源に使われるIa型超新星爆発は、連星の白色矮星が熱核爆発することで引き起こされると考えられていますが、その爆発の仕組みはまだよくわかっていません。

memo

連星とは2つの星がお互いに重力的な影響を与え合い、連合した状態にあるもののこと。より明るい方が主星《しゅせい》、もう一方を伴星《ばんせい》といいます。

66
chapter 4

小さいのに重い、高密度の天体「中性子星」

重い恒星（太陽の8〜25倍の質量）が進化の最終段階で起こす超新星爆発で残された、中性子を主成分とするコンパクト星が中性子星です。太陽の1.4倍ほどの質量で、半径は10㎞ほどの超高密度の天体です。恒星は自身の重力で収縮しようとする力に対して、核融合による圧力で反発して形を支えていますが、中性子星は中性子の**縮退圧**《しゅくたいあつ》という圧力と強い力（核力）で形を支えています。

スピンの大きさが半整数（整数＋½）の粒子を**フェルミ粒子**といいます。**中性子**はフェルミ粒子の仲間で、フェルミ粒子は1つの状態に1個しか存在することができません。そのため、温度が低くてもエネルギーの低い状態から順番に満たされるため、高いエネルギーの状態に入らざるを得ません。このエネルギーが生む圧力が縮退圧です。

中性子星は強力な磁場を引きずって高速回転し、電波やX線などの光のビームを放出します。ビームの放射方向である磁場の極と自転軸がずれているため、灯台のようにぐるぐる回りながら地球を照らします。このように、短い周期で断続的に電磁波が放射されているように見える天体を**パルサー**といいます。

中性子星

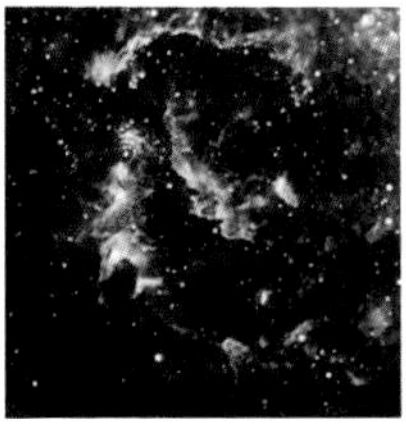

コンパス座にある若くて高エネルギーのパルサー（中性子星）であるPSR B1509-58。中性子星は中性子からできているコンパクトな天体です。

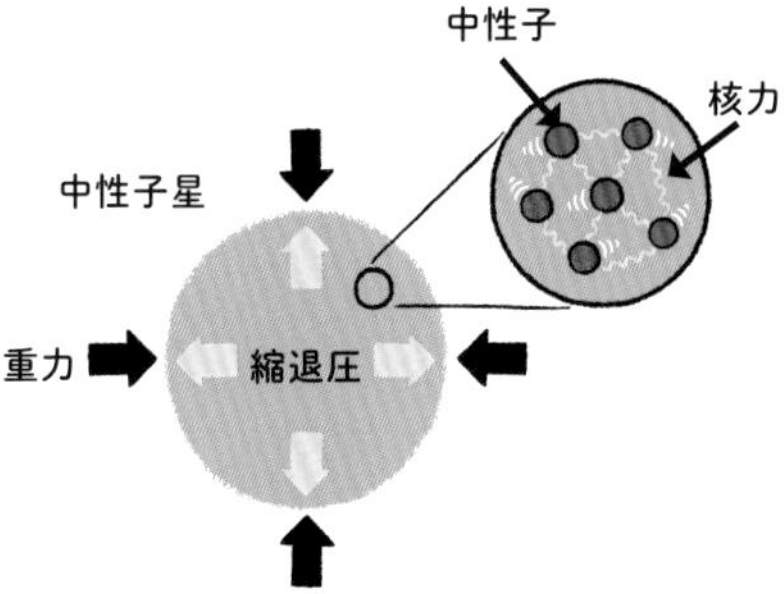

中性子星は強い力（核力）と中性子の縮退圧によって自分の重力を支え、形を保っています。

パルサーが届く仕組み

強力な磁場を持つ中性子星が1秒に1回転ほどのペースで高速回転すると磁場の極方向に電波やX線の光のビームが出ます。自転軸とビームの方向がズレているため、回転によって断続的に電波などのビームが地球に届きます。

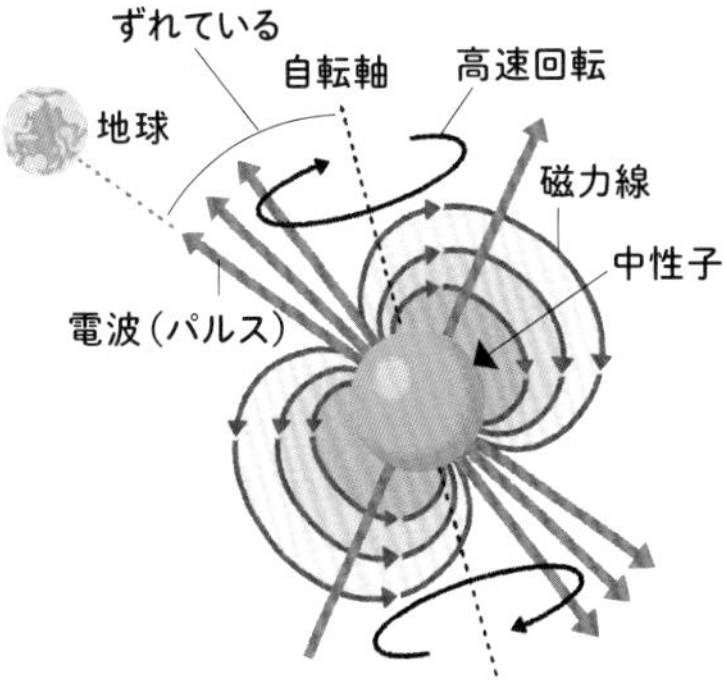

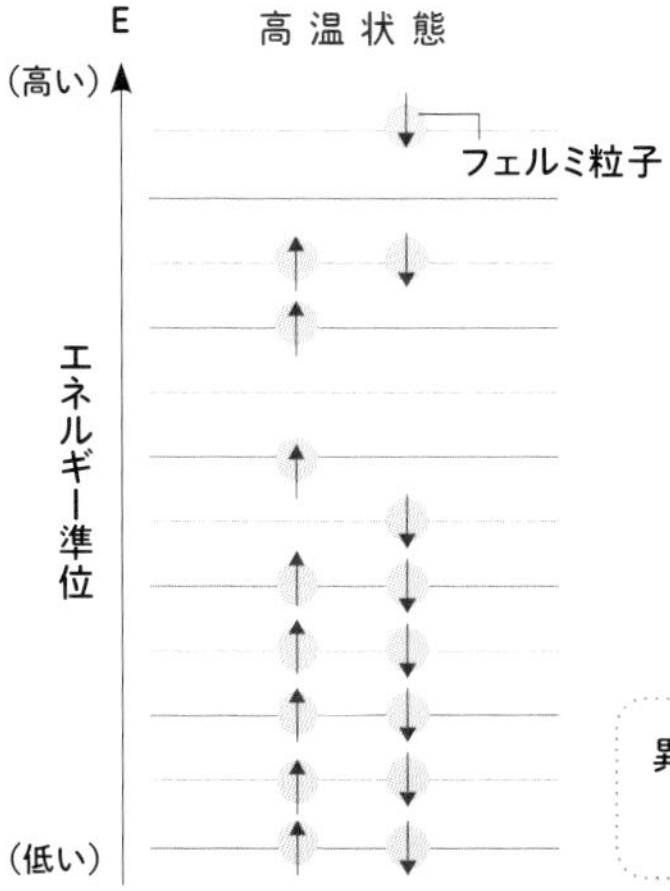

フェルミ粒子と縮退圧

ミクロな粒子が取ることができるエネルギーの値をエネルギー準位といい、量子論ではとびとびの値になります。フェルミ粒子は1つのエネルギー準位には1つの粒子しか入ることができません。その結果、高いエネルギー状態を持つ粒子が存在します。これによって生まれる圧力を縮退圧といいます。

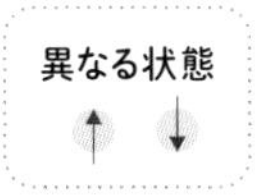

memo

通常の星と比べて、質量のわりにサイズの小さな天体をコンパクト星といいます。白色矮星や中性子星、ブラックホールもコンパクト星の仲間です。

67
chapter 4

大質量の星は、死ぬときに膨大なエネルギーを放出する

宇宙では数秒から数時間にわたりガンマ線とよばれる光を爆発的に放出するガンマ線バーストという現象が見られます。この現象が発見されたのは１９６０年代で、１日に数回程度の頻度で起きていることがわかっています。

観測されるガンマ線バーストは地球から10億光年以上も離れていて、そのエネルギーは太陽が１００億年間で放出するエネルギーを一瞬で上回るほど大きいのが特徴です。ガンマ線バーストには大きく2種類あり、継続時間が2秒よりも短いショートガンマ線バースト、長いロングガンマ線バーストがあります。

通常の超新星の10倍以上の爆発エネルギーを持つ超新星は極超新星《きょくちょうしんせい》といいます。太陽の約25倍以上の質量の恒星のIc型超新星爆発は極超新星となってロングガンマ線バーストを引き起こしブラックホールが誕生します。

一部の物質はジェットとよばれる高速の粒子の流れとなって断続的に噴き出します。遅いジェットに後から出た速いジェットが衝突することで、大量のガンマ線がジェット方向に細いビームとして放出され、ロングガンマ線バーストになると考えられています。

ガンマ線バースト

ガンマ線バーストのの残光の写真（GRB 990123）。ガンマ線バーストはガンマ線とよばれる光を数秒から数時間の間に爆発的に放出する、天文学でもっとも明るい物理現象です。これが起きた後はX線の残光が数日見られます。

ガンマ線バーストの継続時間

ガンマ線バーストには継続時間が2秒よりも短いショートガンマ線バーストとロングガンマ線バーストの2種類があります。

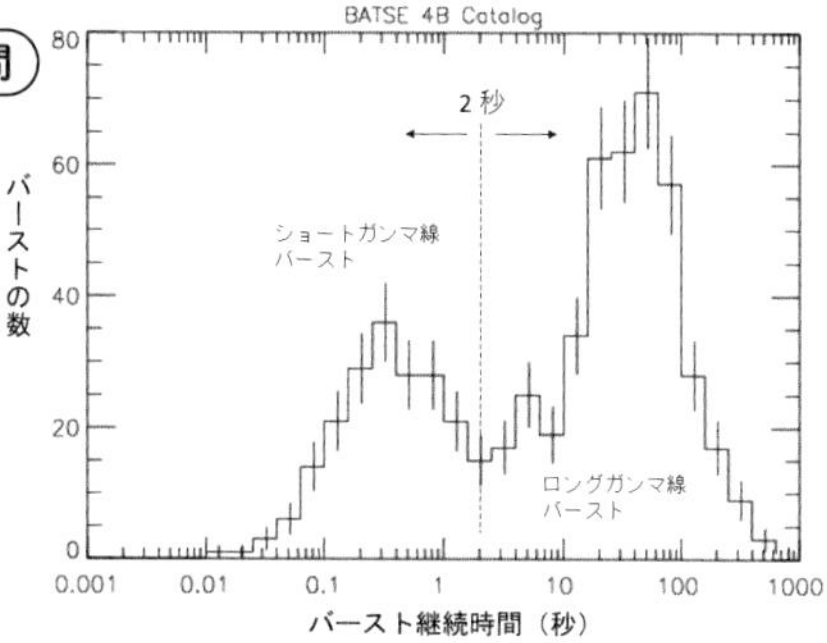

内部衝撃波モデル

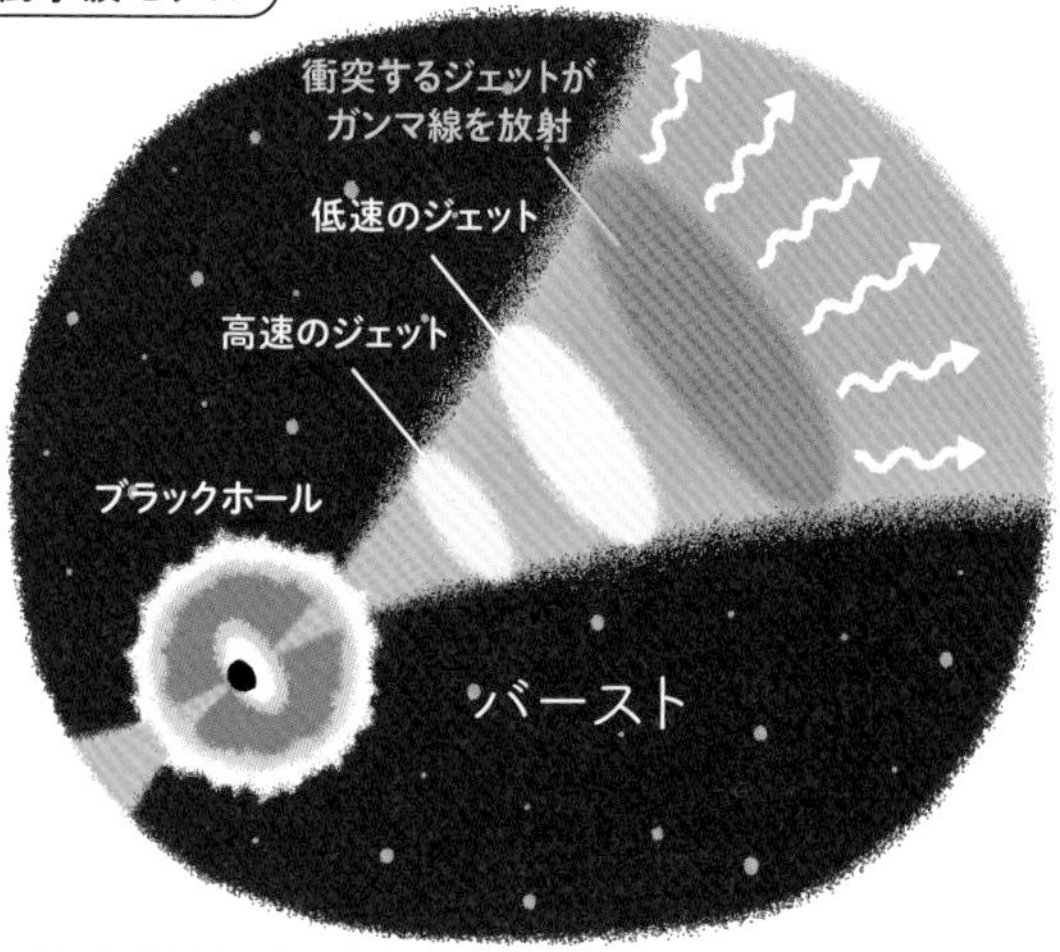

一部の物質はジェットと呼ばれる高速の粒子の流れとなって、ブラックホールから噴き出します。これらが衝突することでロングガンマ線バーストが引き起こされます。

memo

ショートガンマ線バーストは、中性子星同士が合体する現象によって発生すると考えられています。

68

chapter 4

宇宙空間にはまったくなにもない…わけではない

宇宙空間はなにもない真空ではなく、実際には物質が存在しています。この銀河内の星の間に存在する物質は**星間物質**といい、**星間ガス**と**星間ダスト**からできています。

星間ガスは水素が約70%、ヘリウムが約30%の気体で、わずかに酸素、炭素、窒素、ケイ素、鉄などが含まれています。典型的な星間ガスの密度は1㎤あたり水素原子1個ほどと小さいです。星間ガスは温度や密度などによってコロナガス、雲間物質、HⅡ領域、HⅠガス雲、分子雲などに分けられます。

星間ダストは**宇《う》宙塵《ちゅうじん》**とも呼ばれ、星の間に存在する小さな粒子のことをいいます。大きさは通常1µm（マイクロメートル）以下です。星間ダストは大きくケイ素系と炭素系に分けられ、星などが発する光を吸収したり、散乱したりすることで、その進行を妨害します。

ダスト粒子は恒星の進化や超新星爆発などの最終段階で作られて宇宙に放出されたものです。ダストはガスとともに集まり**分《ぶん》子《し》雲《うん》**とよばれる主に水素分子からなる雲のようなまとまりを形成します。その中で特に密度の高い領域（**分子雲コア**）は、自身の重力で集まることで星が生まれると考えられています。

星間物質

銀河の中の星と星の間

銀河中の天体の間には星間ガスや星間ダストがあります。ガスは水素やヘリウムからなる気体です。ダストは1μm以下の小さな粒子です。

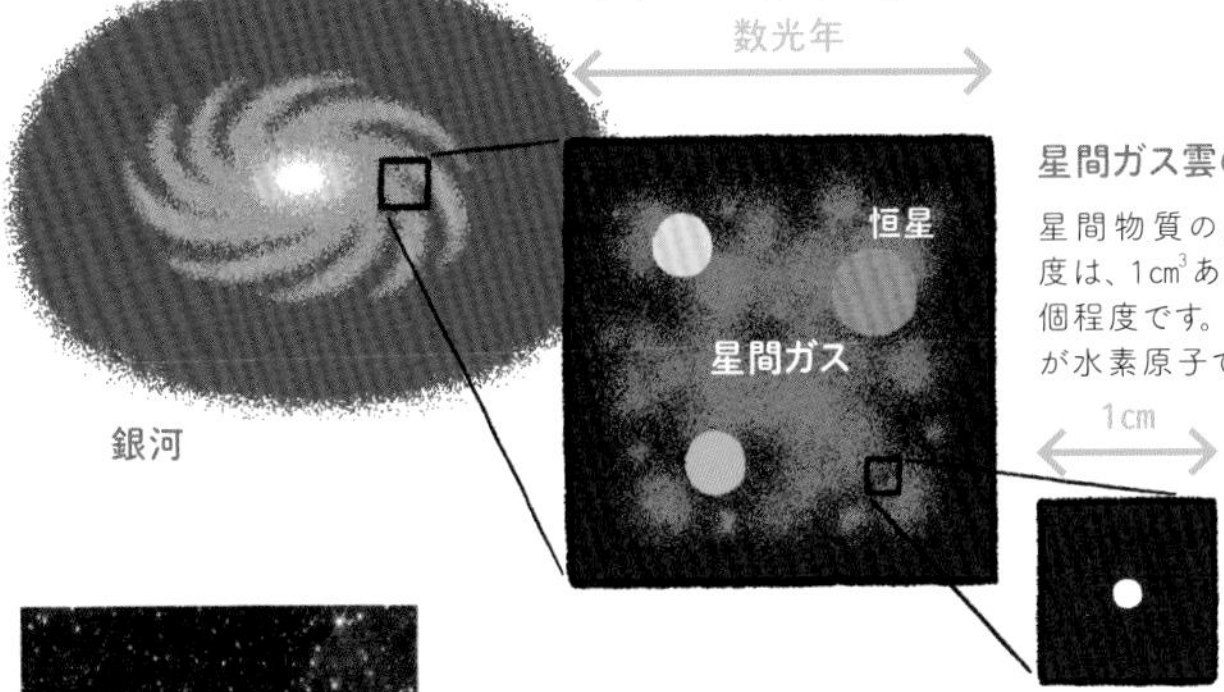

星間ガス雲の中

星間物質の典型的な密度は、$1cm^3$あたりに原子1個程度です。そのほとんどが水素原子です。

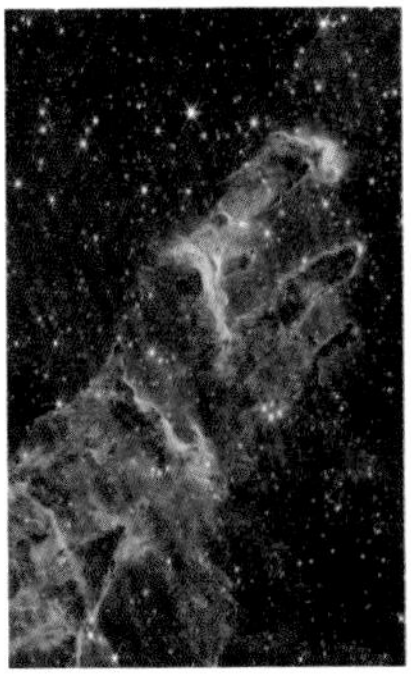

分子雲

へび座の方向約6500万光年先にあるわし星雲の一部。この領域は創造の柱と呼ばれ、柱のように見える部分はガスとダストが集まってできた冷たい分子雲です。この中で特に密度の高い領域の分子雲コアでは新しい星が作られています。

星間ガス

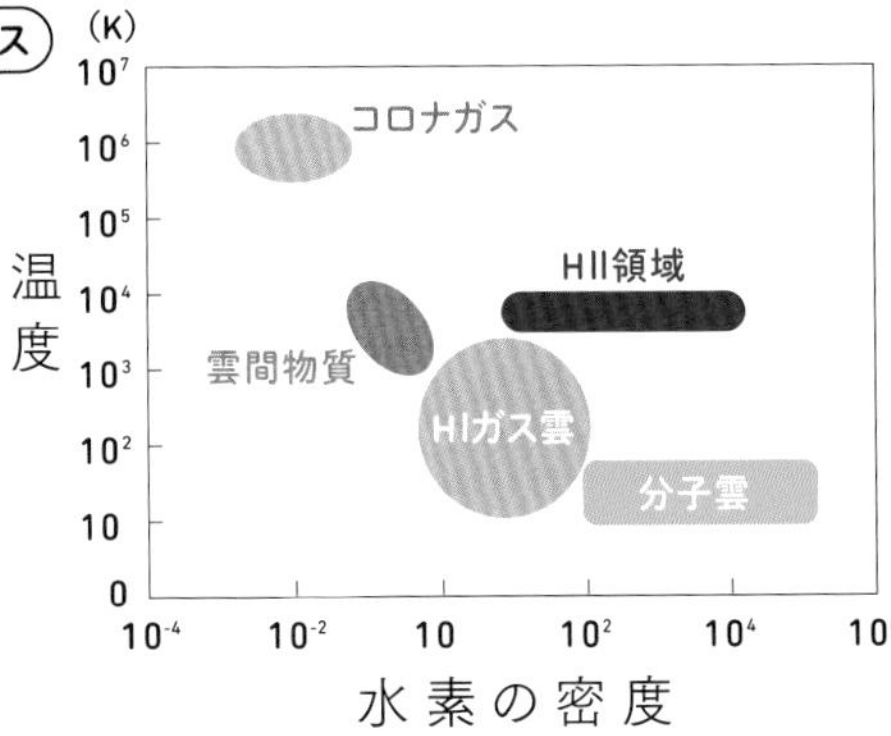

星間ガスには高温のコロナガス、温度が1万K程度で中密度の雲間物質、100K程度で中密度のHIガス雲、水素ガスが電離したHII領域、10K程度で高密度な分子雲などに分けられます。

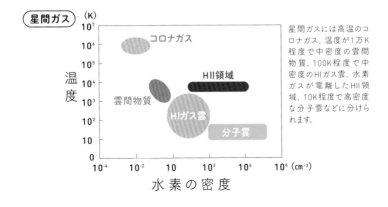

69

chapter 4

宇宙にある銀河の数はなんと1兆個！

多数の恒星やガス、ダスト、ダークマターの集まりが重力によって形を保っている天体を銀河といいます。どの程度の数の恒星が集まれば銀河になる、というはっきりとした定義はありません。

宇宙全体には、1000億〜1兆個の銀河があると見積もられています。銀河は10億個以下の恒星を含む小さくて暗い矮小銀河。そして、それよりも大きくて明るい巨大銀河に分けられます。

巨大銀河はさらに形状によって楕円銀河、渦巻銀河、棒渦巻銀河、レンズ状銀河、不規則銀河に分類されます。楕円銀河は特に構造的な特徴を持たない楕円形の銀河で、楕円の強さでさらに細かく分類されます。

渦巻銀河は、渦状の構造（渦状腕《かじょうわん》）を持つ銀河、棒渦巻銀河は中央部のバルジとよばれる領域が平らな棒状で、その両端に渦巻き状の構造を持つ銀河です。レンズ状銀河は、楕円銀河よりも平べったく渦状腕を持たず凸レンズのような形をした銀河です。不規則銀河は、はっきりとした構造の見られない不規則な形状が特徴です。このような巨大銀河の分類をハッブル分類といいます。

ハッブル分類

巨大銀河は形状によって分類されます。

楕円銀河

約5000万光年の距離にあるおとめ座の楕円銀河M87

渦巻銀河

ハッブル宇宙望遠鏡が撮影した渦巻銀河M51

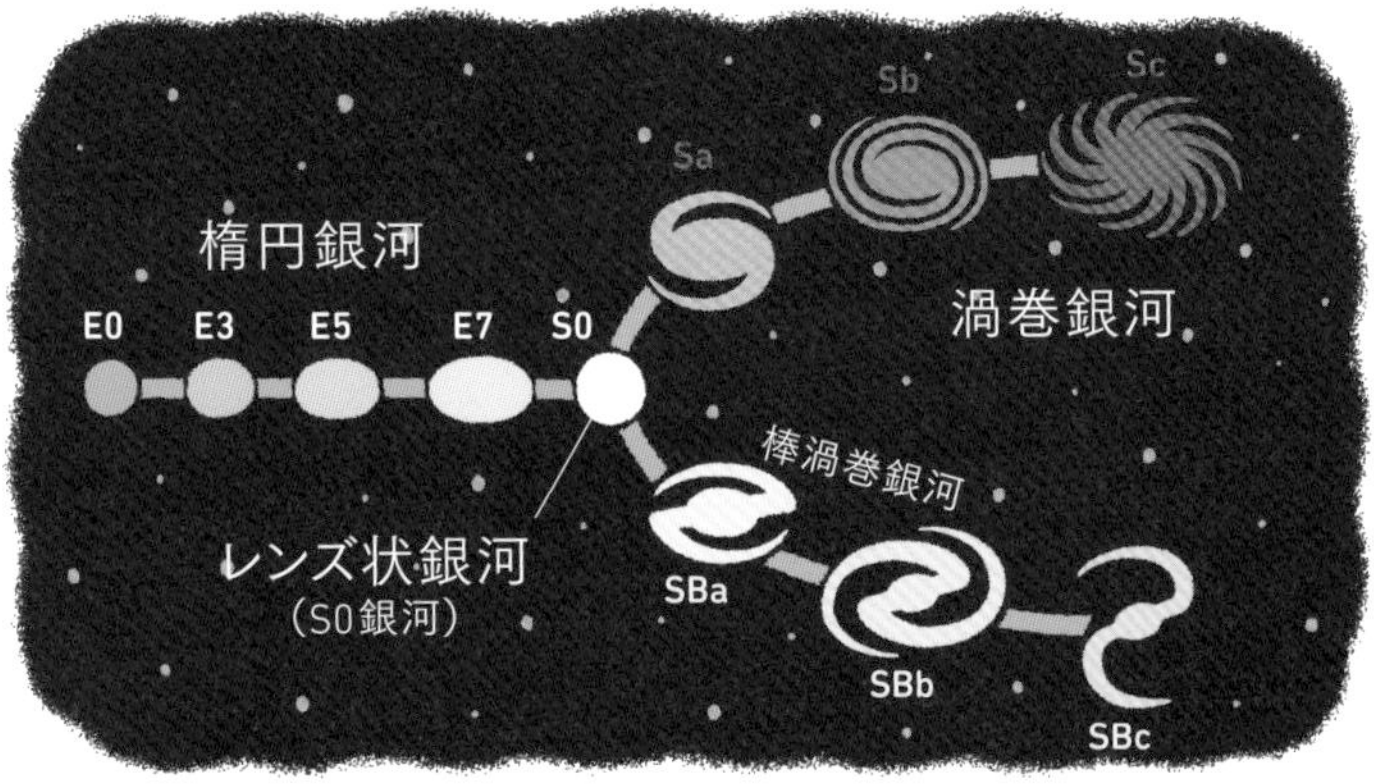

レンズ銀河

CFHT（カナダ・フランス・ハワイ望遠鏡）で撮影されたレンズ状銀河NGC3115

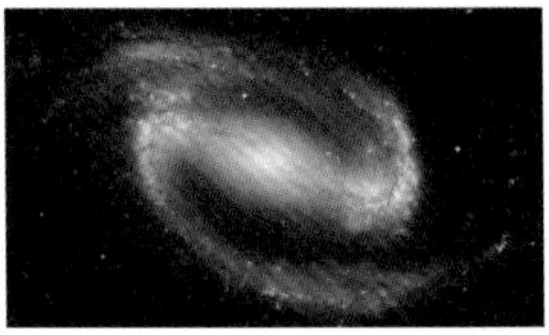

棒渦巻銀河

ハッブル宇宙望遠鏡が撮影した棒渦巻銀河NGC1300

memo　ハッブル分類をまとめた図をハッブル音叉図といいます。これは銀河を形状で分類した図であって、銀河の進化を表す図ではありません。

70

chapter 4

渦巻銀河の特徴「渦状腕」はなにからできている？

代表的な銀河のひとつ、渦巻銀河の構造を詳しく見てみましょう。渦巻銀河は**渦状腕**という渦状の構造が特徴で、全銀河の約60%以上がこの渦巻銀河といわれています。渦巻銀河は渦の強さにより細かく分類されます。

渦巻銀河の中心には、バルジという古い星からなる平たく高密度の楕円体の構造があります。多くのバルジの中心には、超大質量のブラックホールが存在するといわれています。バルジを取り囲む円盤状の構造は銀河円盤といい、バルジを中心に円運動しています。

銀河円盤の内部には、バルジから腕が伸びるようにして渦を巻いている構造があり、これが渦状腕です。渦状腕は非常に若い星と星間物質が集まってできていて、星の形成が活発です。そして、銀河全体はハローという球状の構造に覆われています。ハローは3層に分かれ、一番内側の光学ハローには光で見ることができる**球状星団**とよばれる星団が分布しています。光学ハローの外側にはX線ハローがあります。X線や電波の観測で発見されたX線ハローは希薄な高温のガスで満たされていて、外側には、ダークマターからなる**ダークハロー**が広がると考えられています。

渦巻銀河の構造

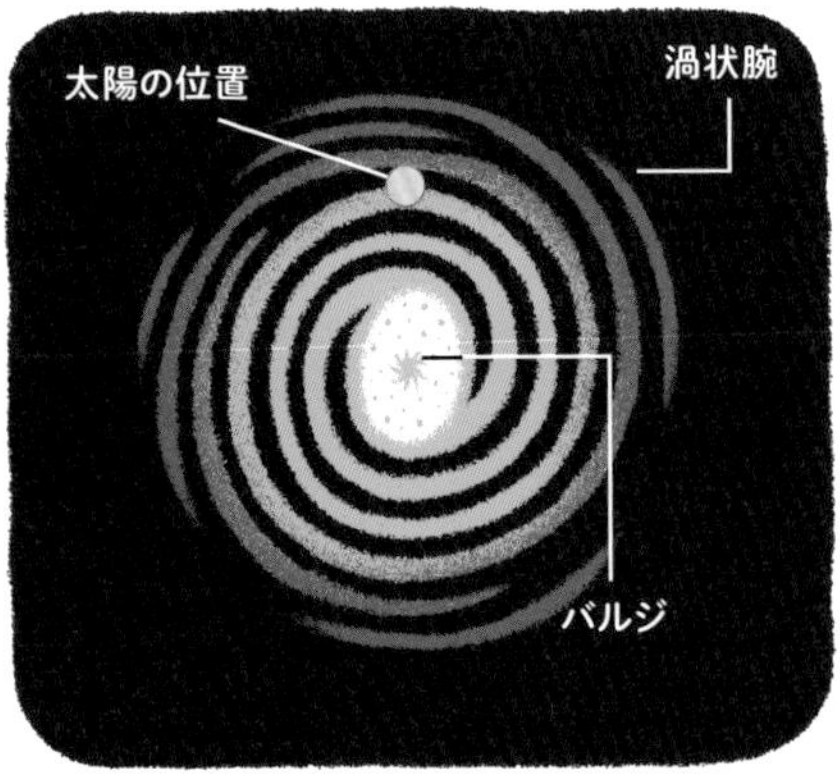

渦巻銀河を銀河円盤の上から見た図

渦状腕と呼ばれる渦状の構造は星間物質や種族Iの若い星が集まっています。中心には古い星からなる平たい楕円体の構造（バルジ）があります。

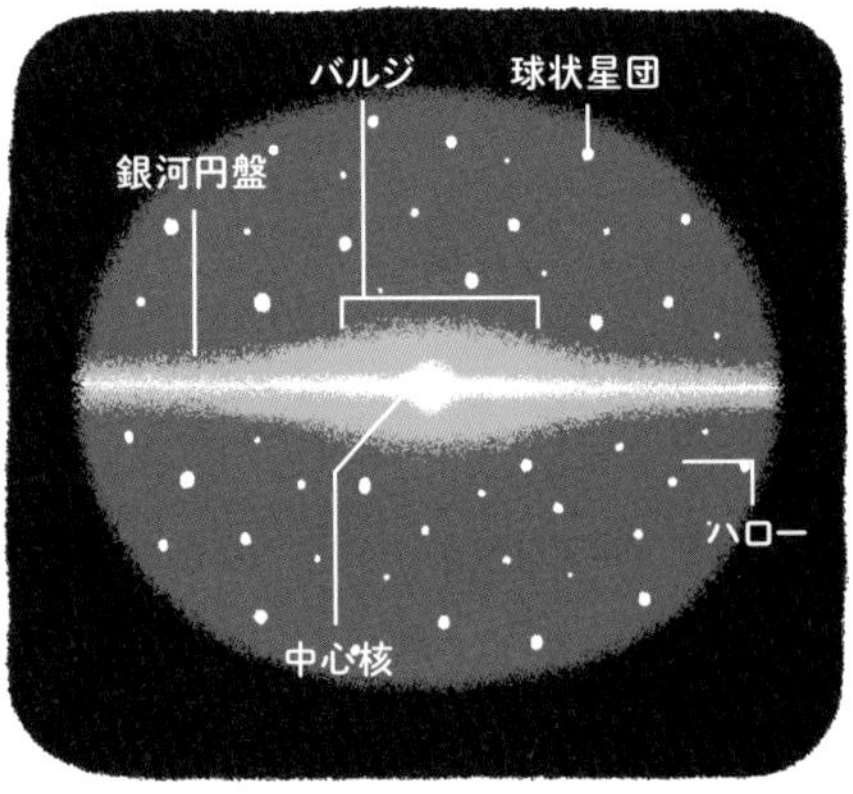

渦巻銀河を銀河円盤の横から見た図

ハローは光学ハロー、X線ハロー、ダークハローの3層からなり、光学ハローには種族IIの古い星からなる球状星団があります。その外に希薄な高温ガスで満たされたX線ハロー、一番外側にはダークマターからなるダークハローがあります。

71
chapter 4

太陽系は、銀河系を２億年かけて一周している

太陽系を含む銀河を銀河系や天の川銀河といいます。銀河系には数千億個もの恒星があり、その質量の合計は太陽の約１兆倍と考えられています。そのうち、光を出している質量の合計は約５％で、残りの95％は正体不明のダークマターです。つまり、ほとんどはよくわからない物質からできているのです。

銀河系は長い間渦巻銀河だと考えられていましたが、現在は棒渦巻銀河だと考えられています。銀河系の直径は約10万光年で、中心部は厚さ１万５０００光年の円盤状になっています。中心には比較的古い星からなる平べったいバルジを持ち、その周りに若い恒星や星間物質からなる銀河円盤があります。銀河円盤の中には、非常に若い星や星の素になるガスが集中する渦状腕があります。

ちなみに太陽は、中心から約３万光年離れたオリオン座腕とよばれる渦状腕の中にあります。銀河円盤を取り囲むハローには古い星からなる球状星団が多く見られ、太陽系は秒速約２００kmで銀河系内を２億年かけて一周していると考えられています。夜空を流れる**天の川**は、円盤状の銀河の中から円盤方向に沿って銀河を見渡した銀河系の姿なのです。

銀河系（天の川銀河）

天の川銀河のイラスト。太陽系が所属する銀河である銀河系は天の川銀河ともよばれます。長い間渦巻銀河だと考えられていましたが、現在は棒渦巻銀河だと考えられています。

長野県の志賀高原から撮影された天の川の写真。

天の川の正体

太陽系は、銀河系の中心から約3万光年離れたオリオン座腕と呼ばれる渦状腕の中にあります。天の川が夜空をまたぐ川のように見えるのは、銀河系の中から銀河円盤の方向を見ているからなのです。

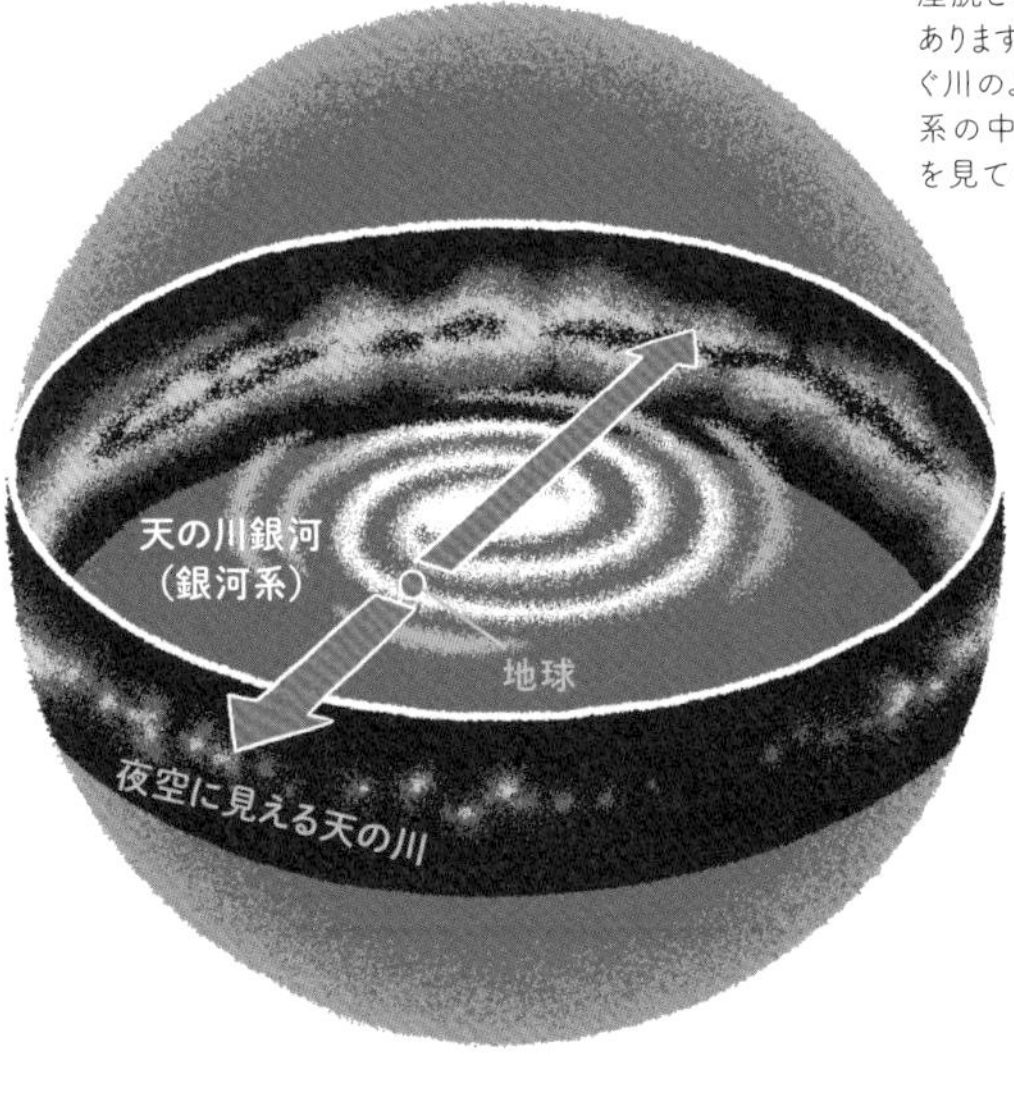

72
chapter 4

銀河がたくさん集まった集団の名前は「超銀河団」！

たくさんの星、ガス、塵の集まりである大きな銀河同士も、重力によって引き合ってさらに大きな銀河の集団を作っています。3〜10個程度未満の銀河の集まりが、重力によって形を保っている天体を**銀河群**といいます。銀河系も局所銀河群とよばれる銀河群に所属しています。

銀河群の典型的な大きさは1Mpc程度で（1Mpc＝約326万光年）、合計質量は太陽の質量の10^{12}倍から10^{13}倍になります。

そして、100個程度以上の銀河の集まりが重力によって形を保っている天体を**銀河団**といいます。銀河団の典型的な大きさはおよそ5Mpc程度で、合計質量は太陽質量の10^{14}倍から10^{15}倍にもなります。

銀河系からもっとも近い銀河団は、18Mpc（約5900万光年）離れたところにある、**おとめ座銀河団**です。

さらに、複数個の銀河群や銀河団が連なった集団を超銀河団といい、その大きさはなんと1億光年以上！

銀河系から約1億光年以内の距離にある銀河はすべて、おとめ座銀河団を中心とした**おとめ座超銀河団**に所属しています。

①
しし座銀河I
LeoI
距離：84万光年
直径：1000光年
矮小だ円体銀河

②
しし座銀河II
LeoII
距離：78万光年
直径：500光年
矮小だ円体銀河

③
こぐま座銀河
Ursa Minor
距離：22万光年
直径：1000光年
矮小だ円体銀河

④
りゅう座銀河
Draco system
距離：26万光年
直径：500万光年
矮小だ円体銀河

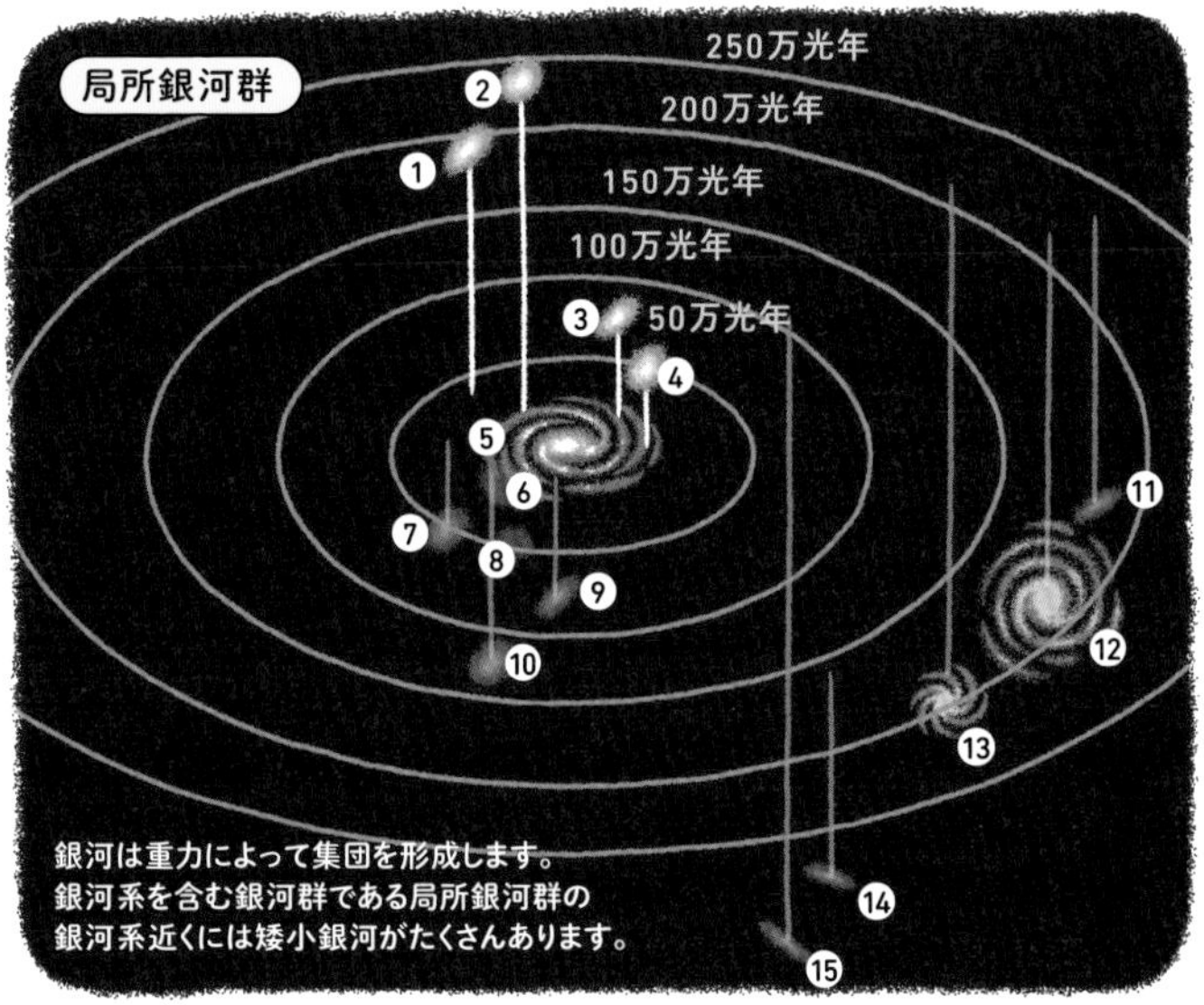
局所銀河群
250万光年
200万光年
150万光年
100万光年
50万光年
銀河は重力によって集団を形成します。
銀河系を含む銀河群である局所銀河群の
銀河系近くには矮小銀河がたくさんあります。

⑤
銀河系
Galaxy
距離：—
直径：10万光年

⑥
大マゼラン雲
LMC
距離：16万光年
直径：2万光年
矮小不規則銀河

⑦
りゅうこつ座銀河
Carina dE
距離：35万光年
直径：500光年
矮小だ円体銀河

⑧
小マゼラン雲
SMC
距離：20万光年
直径：1万5000光年
矮小不規則銀河

⑨
ちょうこくしつ座銀河
Sculptor system
距離：27万光年
直径：1000光年
矮小だ円体銀河

⑩
ろ座銀河
Fornax system
距離：48万光年
直径：3000光年
矮小だ円体銀河

⑪
NGC147
距離：218万光年
直径：1万光年
だ円体銀河

⑫
アンドロメダ銀河
NGC224 M31
距離：250万光年
直径：15~22万光年
渦巻銀河

⑬
NGC598 M33
距離：296万光年
直径：4万5000光年
渦巻銀河

⑭
NGC6822
距離：157万光年
直径：8000光年
矮小不規則銀河

⑮
IC1613
距離：243万光年
直径：1万2000光年
矮小不規則銀河

73
chapter 4

宇宙には超銀河団もあればなにもない空間もある

星が集まり銀河になり、銀河が集まり銀河群や銀河団を構成することを説明しました。では宇宙を大きく見渡すと、いったいどのような構造になっているのでしょう？

宇宙には1億光年の間、銀河が集まった超銀河団という構造がある一方で、1億光年以上の間ほとんど銀河のない空洞のような領域もあります。この巨大な空間をボイドといいます。複数の銀河団の間は細長い帯状の銀河分布によってつながっていますが、これを**フィラメント状構造**といいます。超銀河団はフィラメント状構造によってボイドを囲むように分布しています。銀河団とそれらをつなぐフィラメント状構造、ボイドが形作るこの構造のことを**宇宙の大規模構造**といいます。

宇宙誕生から約38万年後の宇宙の晴れ上がりの後、宇宙の物質の密度はほぼ均一でしたが、0・1％ほどわずかに濃淡があったと考えられ、密度が高い部分には重力によって物質が集まり、密度が低い部分はより薄くなりました。ダークマターが集まった密度の高い場所では星が誕生し、それらが集まり銀河を形成し、さらにそれらが集まり銀河団となり、宇宙の大規模構造が作られたと考えられます。

宇宙の大規模構造

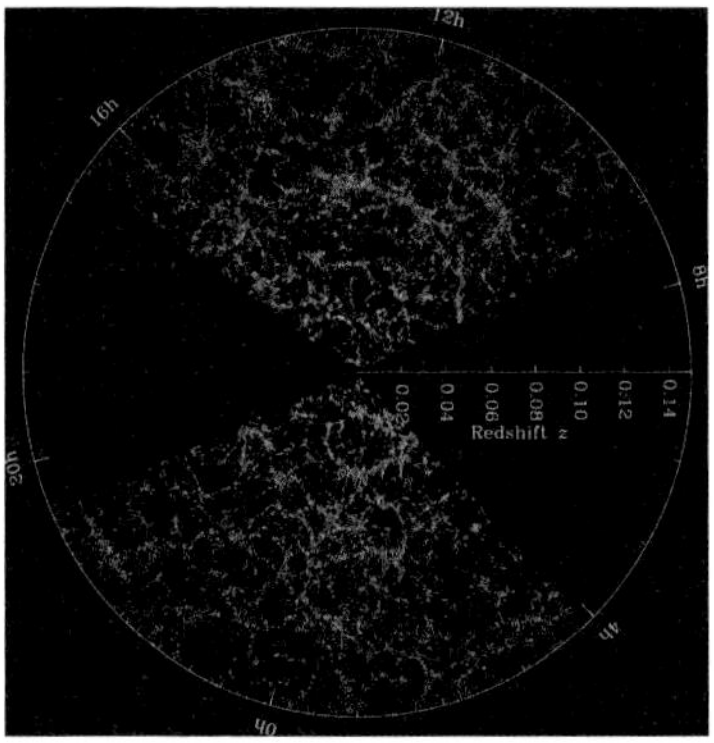

銀河の大規模サーベイ観測プロジェクト「スローン・デジタル・スカイ・サーベイ」で得られた地球から約19億光年までの範囲の銀河分布。宇宙の大規模構造が確認できます。左右の暗い部分は天の川銀河が邪魔となり観測できない方向です。

宇宙の地図

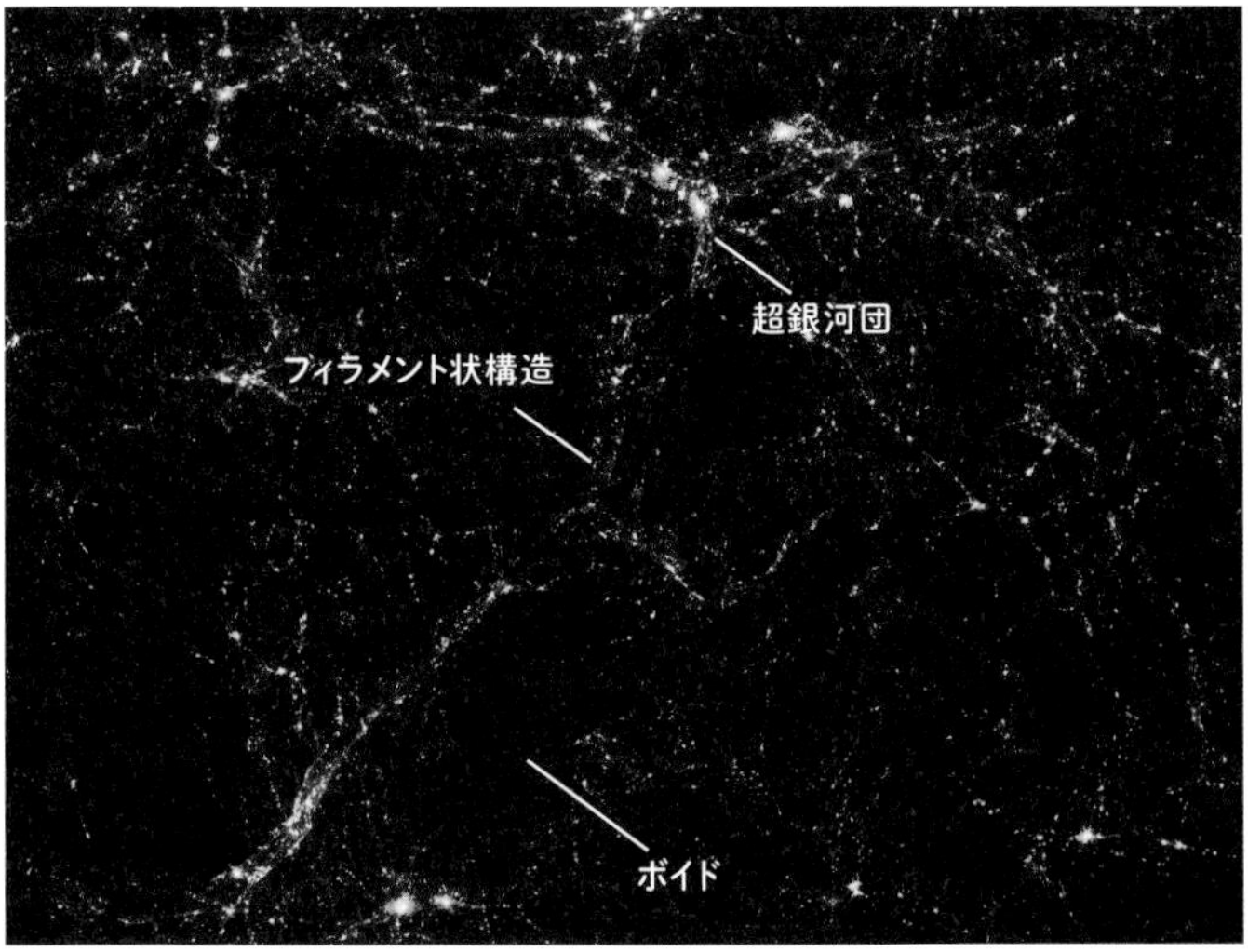

5000万光年にわたる宇宙空間のコンピュータによるシミュレーション結果の画像。超銀河団は細長い帯状の銀河分布であるフィラメント状構造によって、銀河のほとんどない空間（ボイド）を囲む網のように分布しています。この構造を宇宙の大規模構造といいます。

74
chapter 4

天球を使うと、地上からの星の動きがよくわかる

観測している人を中心に描いた仮想的な球面を**天球**《てんきゅう》といいます。実際の天体はそれぞれ異なる距離にありますが、非常に遠くにあるため地上からはその距離を実感できません。プラネタリウムのように自分を中心とした球面に張りついているように見えると思います。そのため、地球上から見える天体の位置や動きは、天体までの距離をひとまず無視して天球上の位置で表すのが便利です。

地球の自転軸を南北に延長して天球と交わる点を**天の南極**・**天の北極**といい、地球の赤道面が天球と交わってできる円を**天の赤道**といいます。地球は太陽の周りを公転しているので、天球上の経路を1年かけて太陽は移動します。この道は**黄道**《こうどう》といいます。また、地球の自転軸は公転面に対して傾いているので、黄道も天の赤道に対して傾きます。そのため、黄道と天の赤道は2点で交わり、太陽が天の南半球から北半球に移る点を**春分点**、天の北半球から南半球に移る点を**秋分点**といいます。地球上と同じく天球上の位置も緯度と経度で表します。天の赤道を基準に南北に測った緯度を**赤緯**《せきい》、春分点を基準に測った経度を**赤経**、これらをまとめて**赤道座標**といいます。

天球

天体の位置は観測者を中心にした仮想的な球面で位置を指定するのが便利です。天体は遠くにあるため奥行きを感じることはできませんが、実際は方向だけでなく距離も天体の位置を指定するのには必要です。

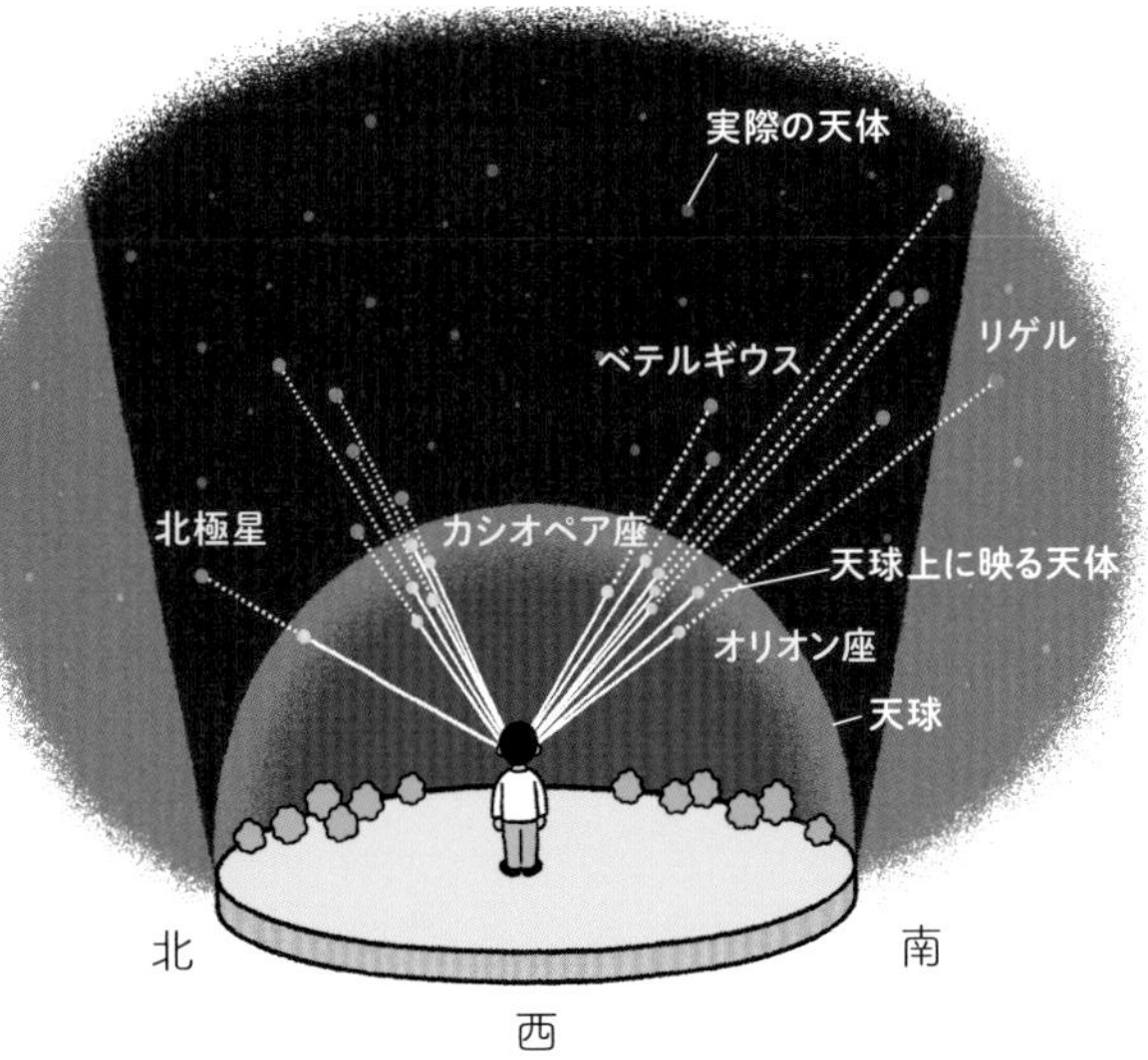

赤道座標

地球上の位置を経度と緯度で指定するように、天球上の位置を指定するのに赤緯と赤経という赤道座標がよく使われます。なお黄道を基準にした黄道座標もあります。

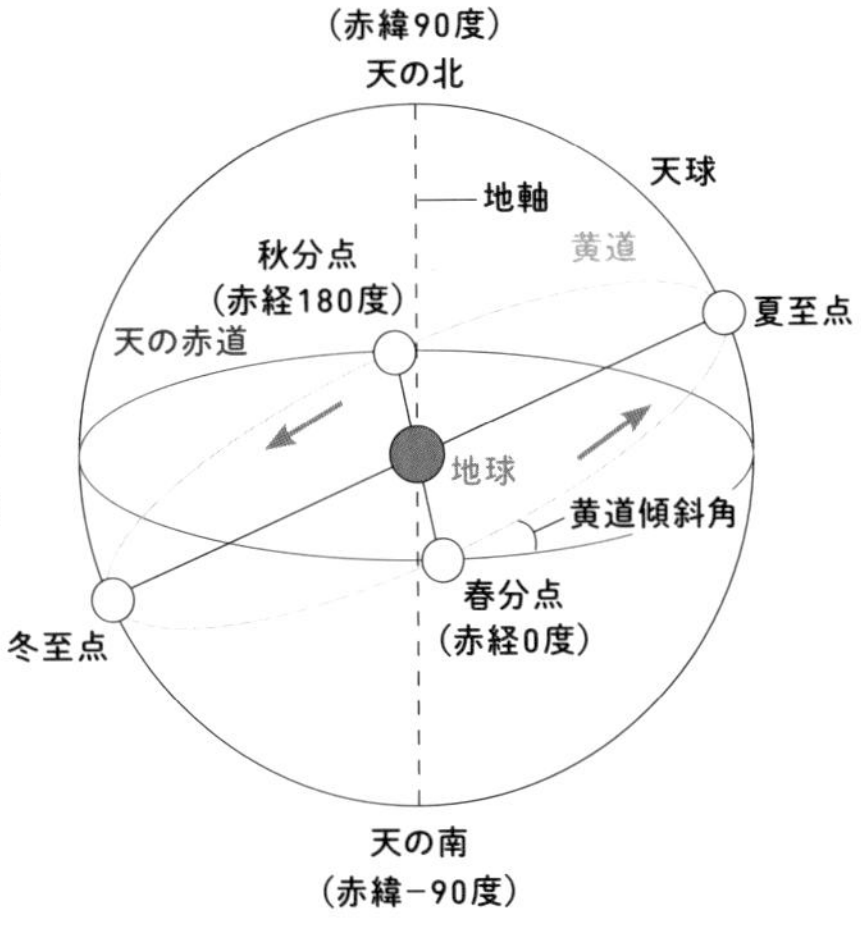

75

chapter 4

太陽はあと55億年は輝き続けて そのあと寿命を迎える

太陽は、平均的な質量を持つ主系列星のひとつです。太陽の主成分は水素約70%、ヘリウム約25%で、酸素、炭素、鉄などはそれぞれ1%以下しかありません。

太陽の中心核では水素がヘリウムに融合される核融合反応が起こっていて、約1500万Kにも達しています。この影響により、太陽を構成する原子はプラズマ状態になっています。核融合反応でガンマ線として放出されたエネルギーは高温・高圧の中をプラズマ粒子とぶつかりながら進みます。そのため、放射層とよばれる層から光球とよばれる表層に到達するまでに数10万年もかかります。その間にエネルギーを失うことで可視光などの太陽光として放出されるのです。

太陽の現在の年齢は約46億年で、残りの寿命は中心部の水素を使い果たすまでの、約55億年だと見積もられています。中心部での核融合反応が終わると、中心部は収縮、外側は地球に届くほどまでの大きさに膨張し、圧力と温度が下がることで赤色巨星になります。やがて、膨張し尽くすと外層部を放出して惑星状星雲を経て白色矮星になり最後を迎えるでしょう。

太陽

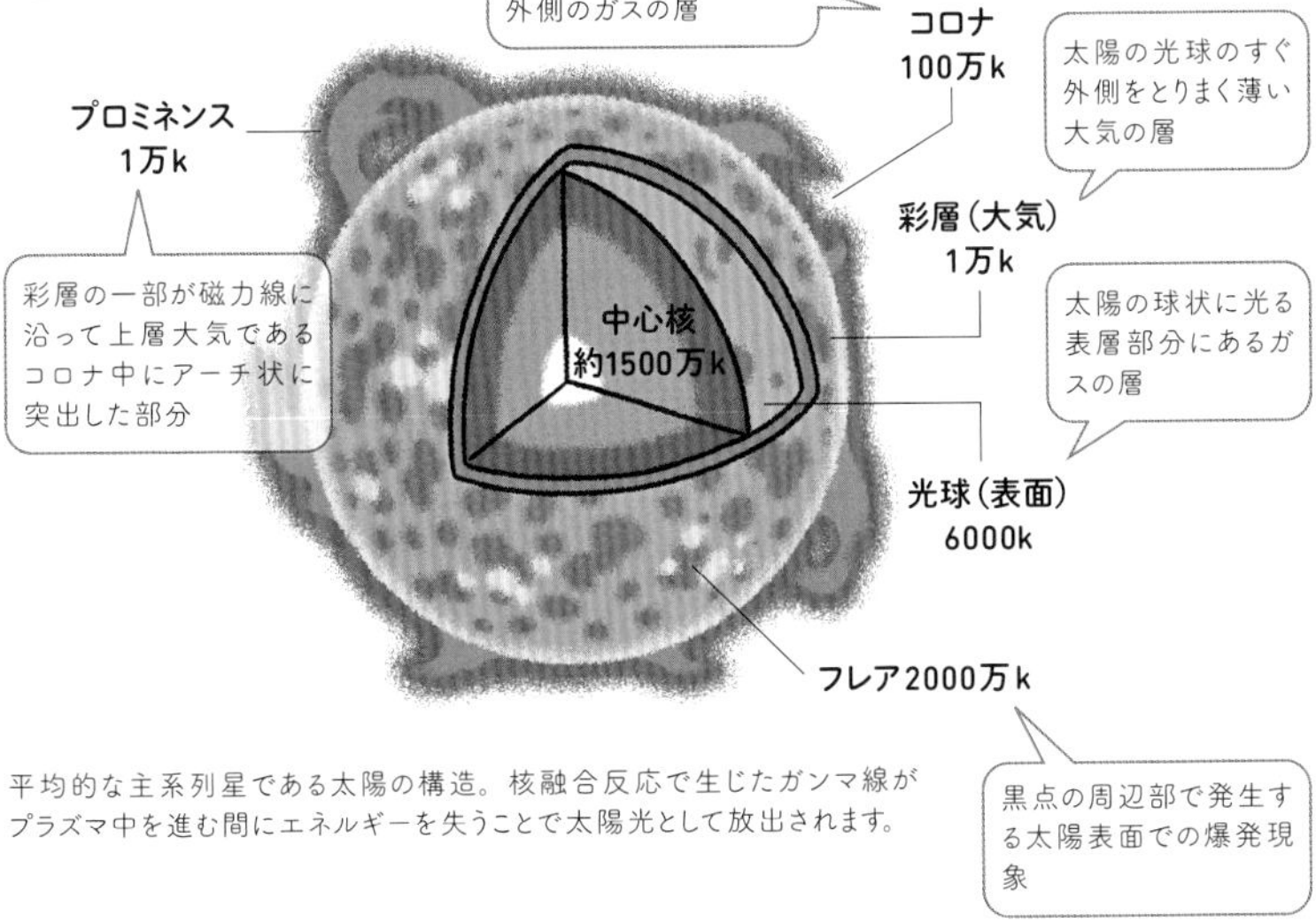
太陽の大気のいちばん外側のガスの層

コロナ
100万k
太陽の光球のすぐ外側をとりまく薄い大気の層
プロミネンス
1万k
彩層の一部が磁力線に沿って上層大気であるコロナ中にアーチ状に突出した部分
彩層(大気)
1万k
中心核
約1500万k
太陽の球状に光る表層部分にあるガスの層
光球(表面)
6000k
フレア2000万k
黒点の周辺部で発生する太陽表面での爆発現象

平均的な主系列星である太陽の構造。核融合反応で生じたガンマ線がプラズマ中を進む間にエネルギーを失うことで太陽光として放出されます。

太陽の最後

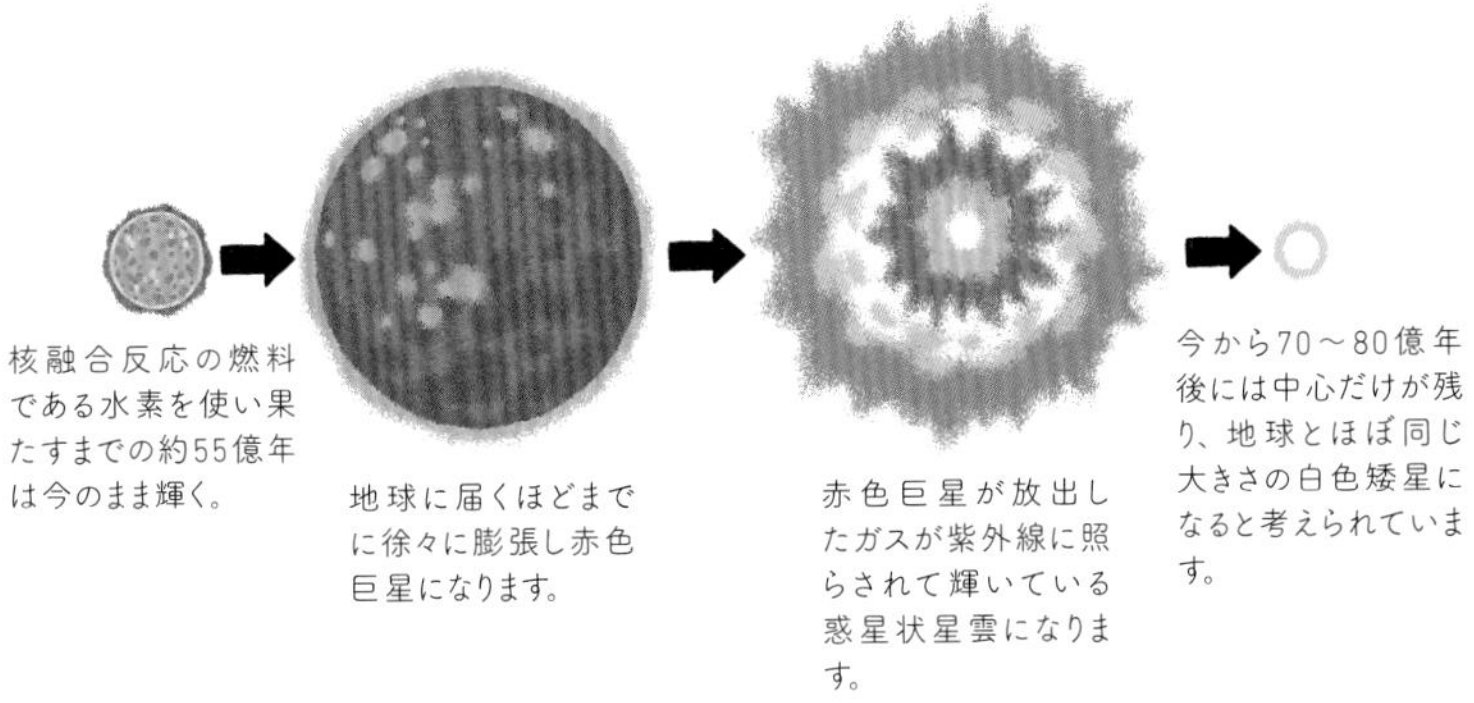

核融合反応の燃料である水素を使い果たすまでの約55億年は今のまま輝く。
地球に届くほどまでに徐々に膨張し赤色巨星になります。
赤色巨星が放出したガスが紫外線に照らされて輝いている惑星状星雲になります。
今から70～80億年後には中心だけが残り、地球とほぼ同じ大きさの白色矮星になると考えられています。

76
chapter 4

太陽系の全体の質量の99・87%は太陽の質量！

地球は、太陽の周りを重力によって回っていて、これを公転といいます。このように、恒星の重力により複数の天体が公転している集団を惑星系といいます。太陽を恒星とする惑星系は太陽系といいます。

太陽系は約46億年前にガスと固体の塵《ちり》からなる分子雲から形成されたと考えられています。太陽系は水星、金星、地球、火星、木星、土星、天王星、海王星の8個の惑星とそれらの衛星、準惑星、小惑星、彗星、惑星間のダストで構成されています。太陽系の惑星は、太陽の周りを回る十分大きな天体のことで、

d＝太陽までの距離　φ＝赤道直径

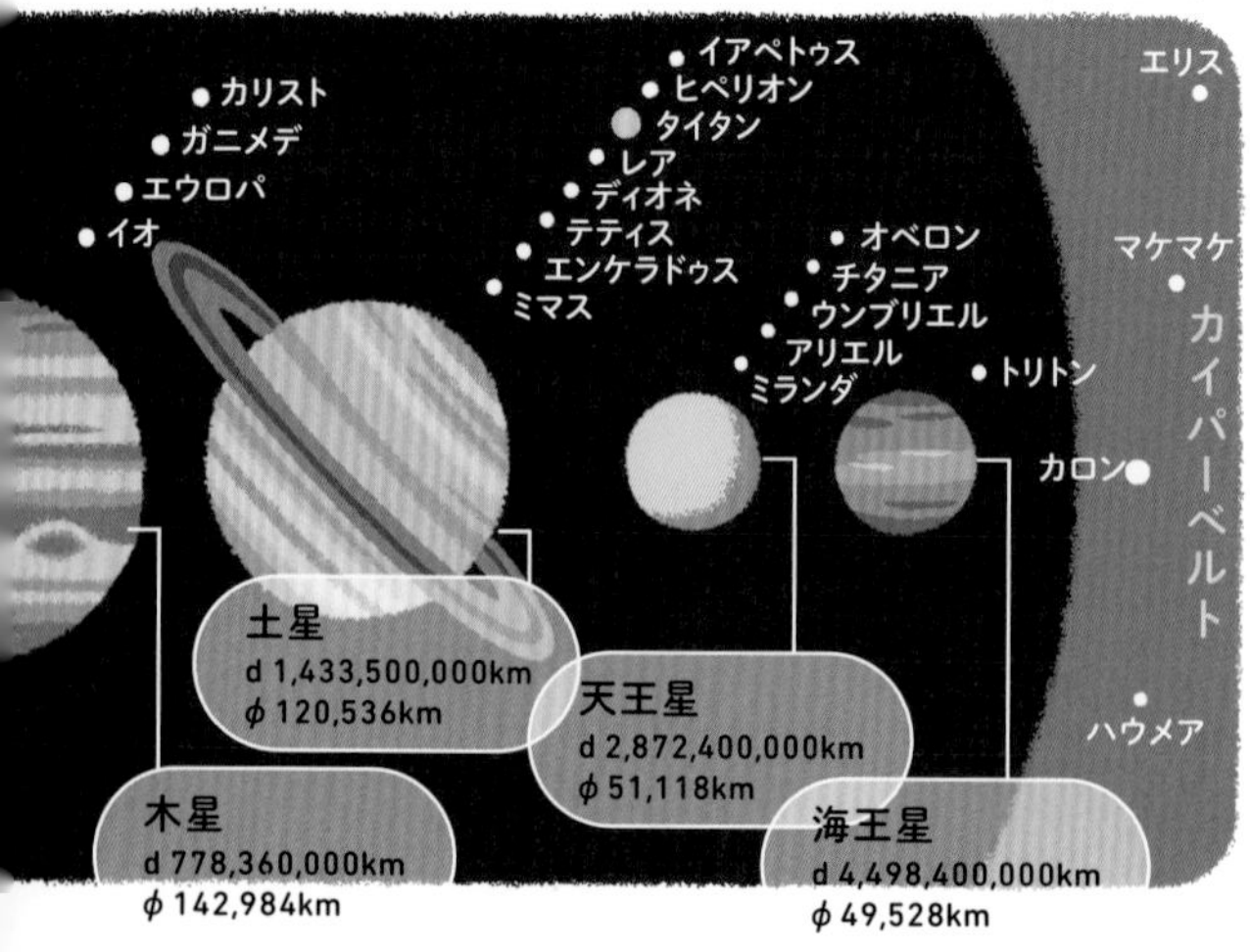

その軌道からほかの天体を排除したものです。公転する惑星以外の天体のうち、それ自身が丸い形になれるだけの重力があるものが**準惑星**で、衛星は惑星を公転する天体です。**小惑星**は惑星、衛星、準惑星を除いた小天体のうち、木星軌道より内側にあるもの。太陽系の内側でガスやダストを放出する氷の天体が**彗星**です。

これらの天体は太陽の周りを同一方向にほぼ同一平面内の楕円軌道上を公転しています。太陽から海王星までの距離は約45億kmです。このように、太陽系は多くの天体で構成されていますが、太陽系の全体の質量のじつに99・87％を太陽の質量が占めているのです。

太陽系

太陽の惑星系が太陽系です。太陽系は惑星、準惑星、衛星、小惑星、彗星などからなります。

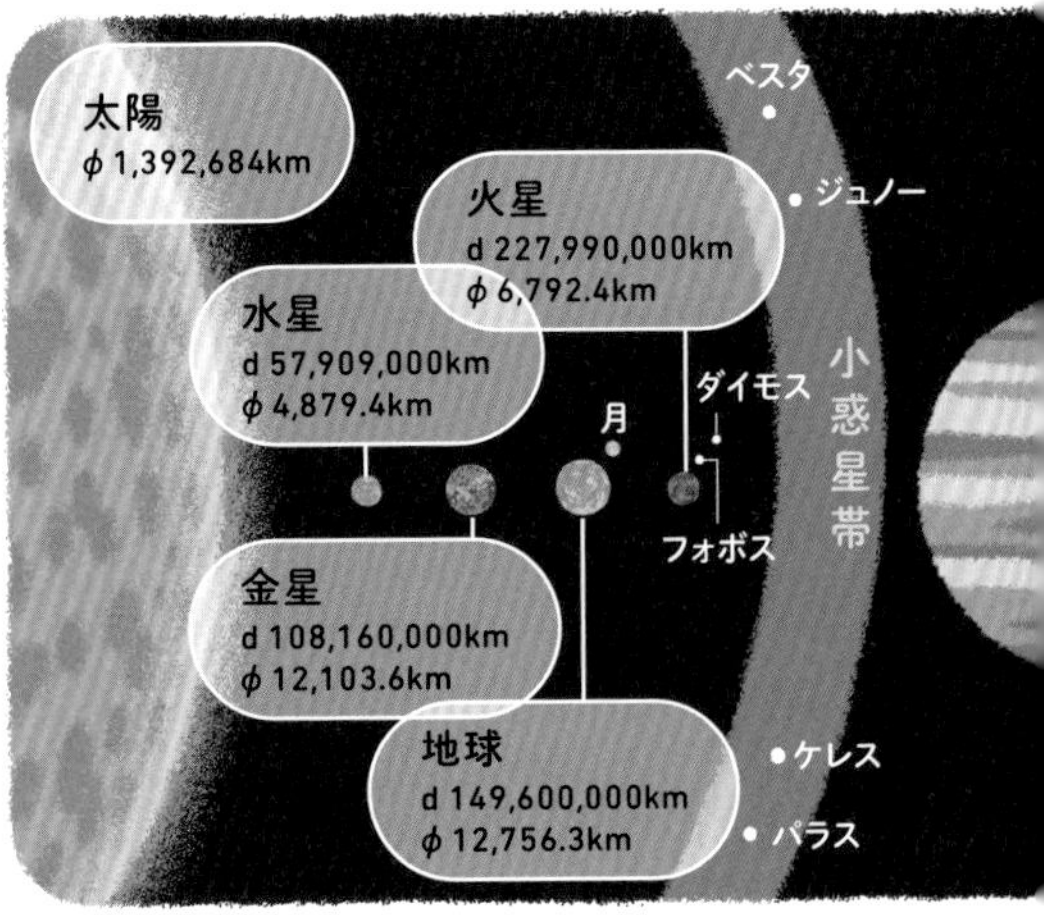

太陽系を構成する天体の質量の割合

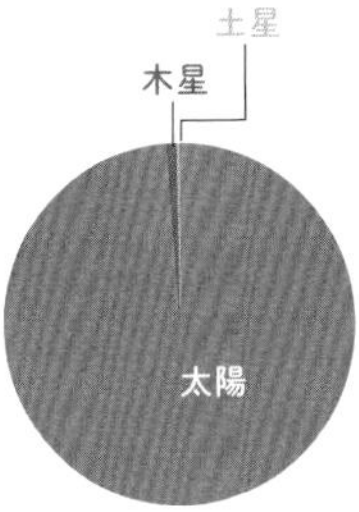

太陽系全体の質量の99.87%は太陽の質量が占めています。

77
chapter 4

惑星のいろいろな個性を再発見！

地球型惑星

水星

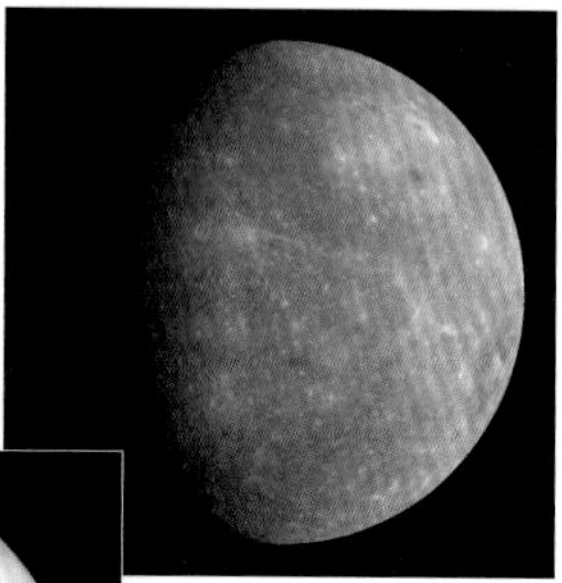

2008年にメッセンジャーが撮影した水星。

金星

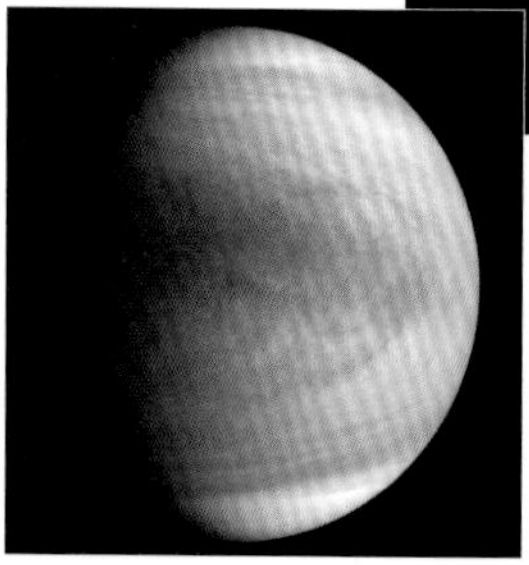

2018年にあかつきが撮影した金星。

惑星とひとことでいっても人と同じように個性があります。ここでは、惑星ごとの変わった一面を紹介したいと思います。さまざまな人工衛星や探査機によって撮影された、加工のないなるべく自然のままの惑星の姿もお見せします。

まず水星、金星、地球、火星のような、主に岩石や金属で構成される惑星を地球型惑星といいます。

水星は、太陽に近いため昼間の温度は約400℃と灼熱になります。しかし、水星には大気がほとんどないため熱を保てず、夜は

火星　2007年にロゼッタが撮影した火星。

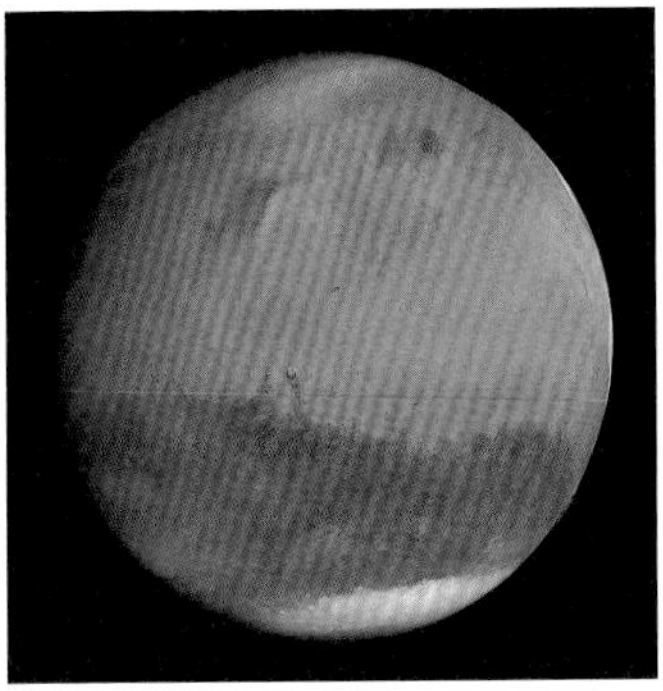

地球　2001年にMODISによって撮影された地球。

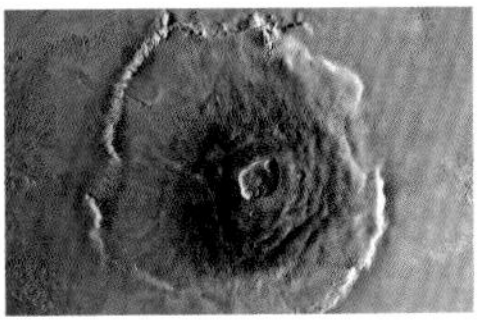

オリンポス　NASAによって撮影されたオリンポス山。

約マイナス160℃にもなります。一日の温度差が半端ない惑星なのです。

金星は濃硫酸の厚い雲で覆われています。金星は太陽系の惑星で唯一公転と逆向きに約243日かけて自転しています。そのため、金星では太陽が西から昇って東に沈みます。

地球は、現在生命体の存在が確認されている唯一の天体です。地球には人間も含めて数百万種類から数千万種類の生物が存在すると考えられています。

そして火星には、**オリンポス山**とよばれる太陽系最大の山があります。高さはなんと約2万7000m！　ちなみに、地球でもっとも高い山であるエベレストは約8800mで、オリンポス山はその約3倍です。

木星型惑星

土星

2004年にカッシーニによって撮影された土星。

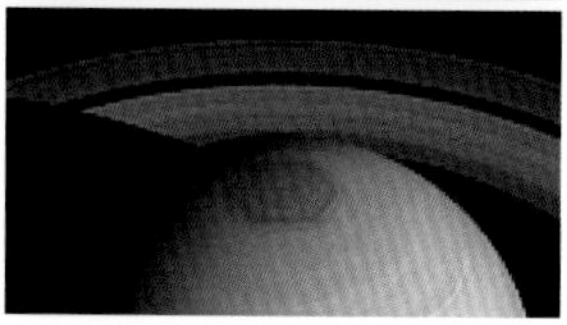

2014年にカッシーニによって撮影された北極の六角形の雲模様。

木星

2014年にカッシーニによって撮影された木星。

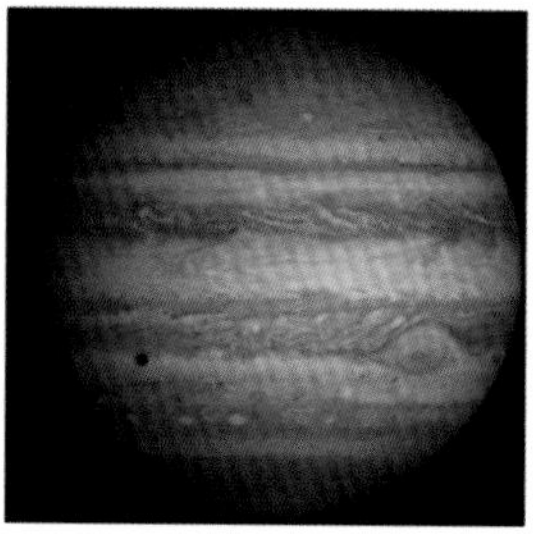

木星や土星のような水素やヘリウムのガスを主成分とする惑星は、**木星型惑星**といいます。そして、天王星や海王星のような水、アンモニア、メタンを多く含む惑星を**天王星型惑星**とよびます。

木星は太陽系最大の惑星です。木星には特徴的な縞模様が見られ、これは厚さ約3000kmもあるアンモニアの雲からできています。この雲には**大赤斑**《だいせきはん》とよばれる地球が1、2個収まるほど大きな高気圧の嵐が渦巻いている様子が見られます。

土星は数m以下の岩石や氷が集まってできている輪が特徴的です。土星の北極には六角形の雲模様が発見されていますが、なぜこのような模様ができるのかは完全にはわかって

天王星

1986年にボイジャー2によって撮影された天王星。

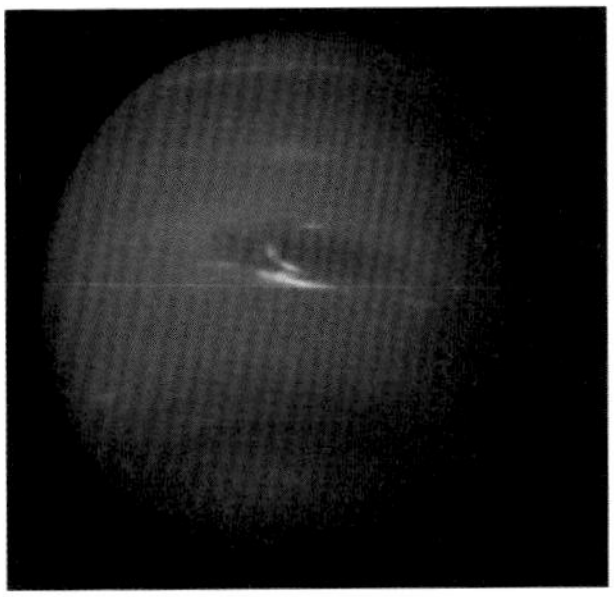

海王星

1989年にボイジャー2によって撮影された海王星。

いません。

天王星は自転軸が横倒しになって太陽の周りを公転しています。横倒しになったのは他の天体と大規模な衝突があったためと考えられています。横倒しになっているため、海王星では公転周期の半分の42年間昼が続いた後に、42年間夜が続きます。

海王星はとても美しい青色に見えますが、じつは、これは海王星の大気中のメタンが太陽光の赤色を吸収し青色だけを反射しているためです。

78

chapter 4

月だけじゃない！次々に発見される衛星たち

惑星や準惑星、小惑星の周りを公転する天然の天体のことを衛星といいます（惑星の輪を構成する氷や岩石などの小さな天体は衛星に含まれません）。太陽系惑星を例に、詳しく説明しましょう。

月は地球の唯一の衛星です。地球以外の惑星で最初に発見されたのは木星のガリレオ衛星（イオ、エウロパ、ガニメデ、カリスト）です。イオでは活発な火山活動が確認されています。また、エウロパは地下に液体の水が存在すると考えられていて、そこに生命が存在するのではないかと期待されています。

観測技術の発達により、次々に太陽系惑星のほかの衛星も発見されています。衛星の多くは母惑星の自転に沿って赤道面を公転しますが、木星、土星、海王星の衛星の中には逆行するものも見つかっています。また、比較的大きい衛星は岩石や金属を多く含んでいますが、小惑星は主に氷でできています。

水星と金星には衛星はなく、火星は2個の小さい衛星を持ちます。木星、土星、天王星、海王星にはたくさんの衛星があり、中でも木星と土星にはそれぞれおよそ80〜90個ほどの衛星が確認されています。

惑星の衛星

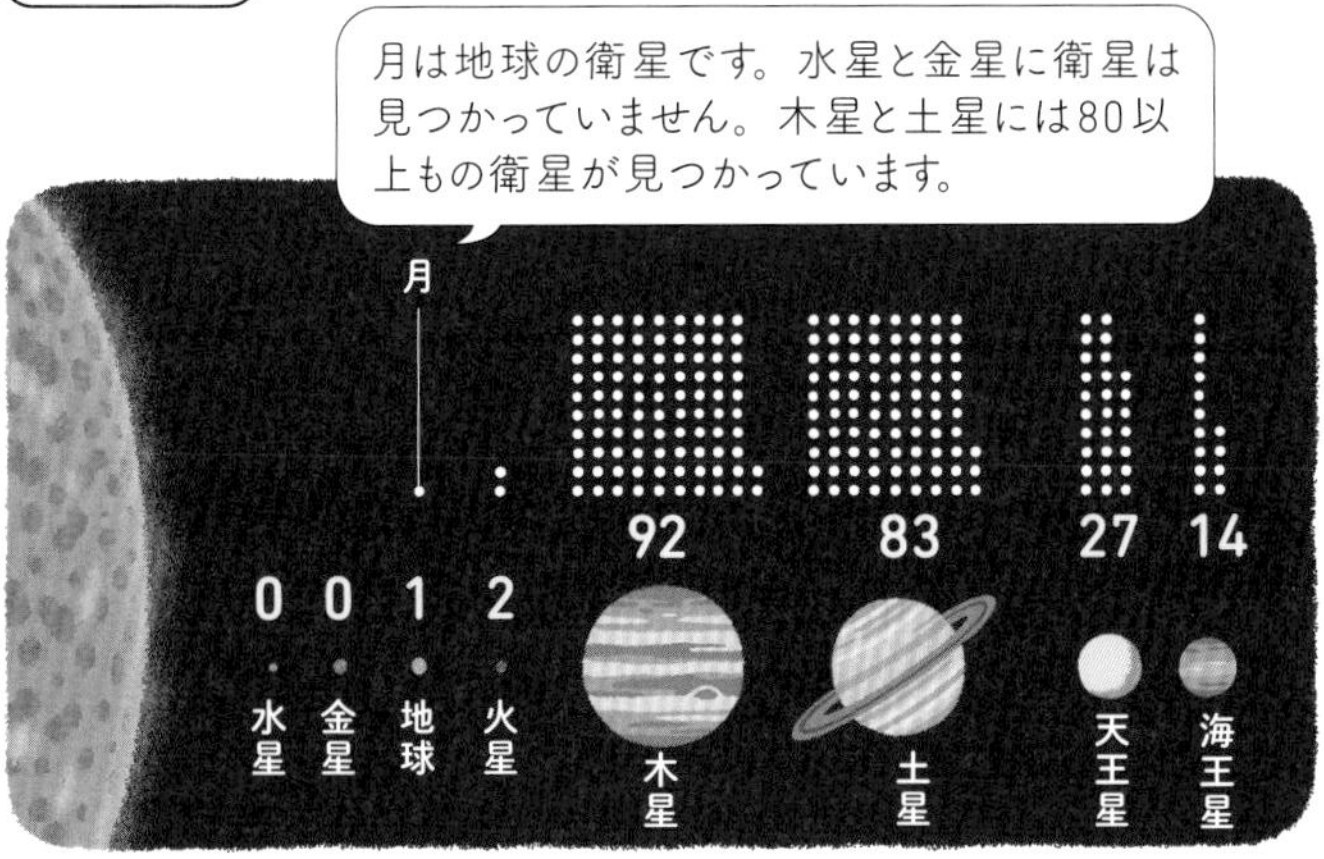

太陽系の主要な衛星

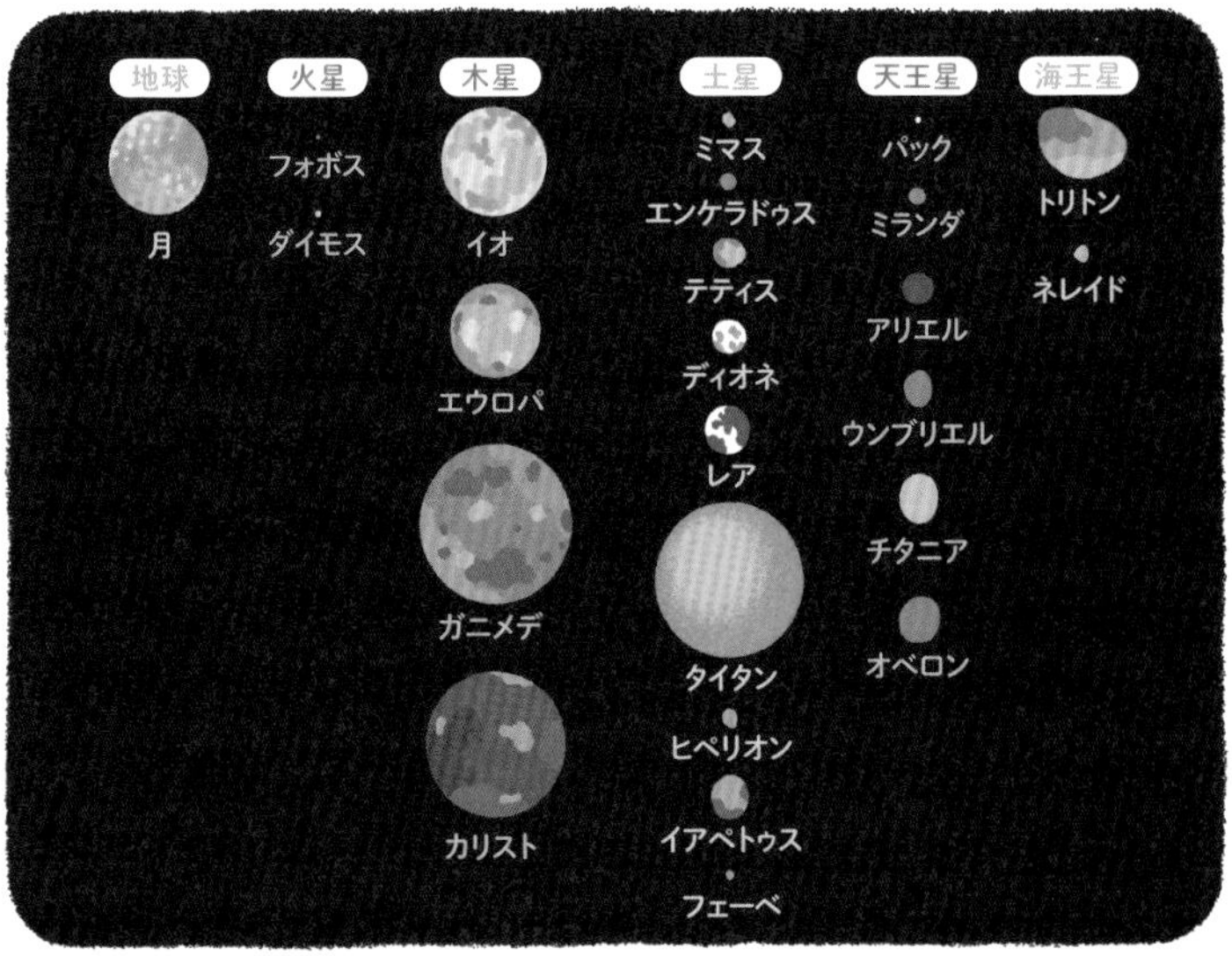

太陽系の主要な衛星の大きさを比較しています。質量と大きさが共に最大の衛星は木星のガニメデで、直径はおよそ5000kmほどです。月の直径は3500kmほどです。

79

chapter 4

太陽が隠される「日食」 月が隠される「月食」

太陽と地球と月の位置関係によって地球からの太陽や月の見え方は大きく変化します。特徴的なのは、太陽が月の背後に隠される日食と、月が地球の背後に隠れる月食です。完全に隠されるときを本影《ほんえい》、部分的に隠されるときを半影《はんえい》といいます。

日食は月が新月のときに起きますが、月と地球の軌道面が約5度傾いているために、太陽、地球、月が一直線に並んで日食が起こるのは1年に2、3回程度です。月は地球の周りの、地球は太陽の周りの楕円軌道を回るために見かけの大きさが常に変化します。

月の見かけの大きさが太陽よりも大きい場合は、太陽が月に完全に隠される皆既日食を本影で見られます。逆に太陽の見かけの大きさが月よりも大きい場合は、月の外側に太陽がはみ出して細い光の輪に見える金環日食が本影で見られます。いずれも半影では太陽の一部が隠される部分日食が見られます。

月食の場合は本影で皆既月食、半影で部分月食が見られます。皆既月食では月は完全には消えず赤く光って見えます。これは波長の長い太陽からの赤い光が地球の縁の大気で屈折し、回り込んで月まで届くためです。

日食

月によって太陽が隠されるのが日食。太陽、月、地球がこの順に一直線に並んで日食が起こるのは1年に2、3回程度です。

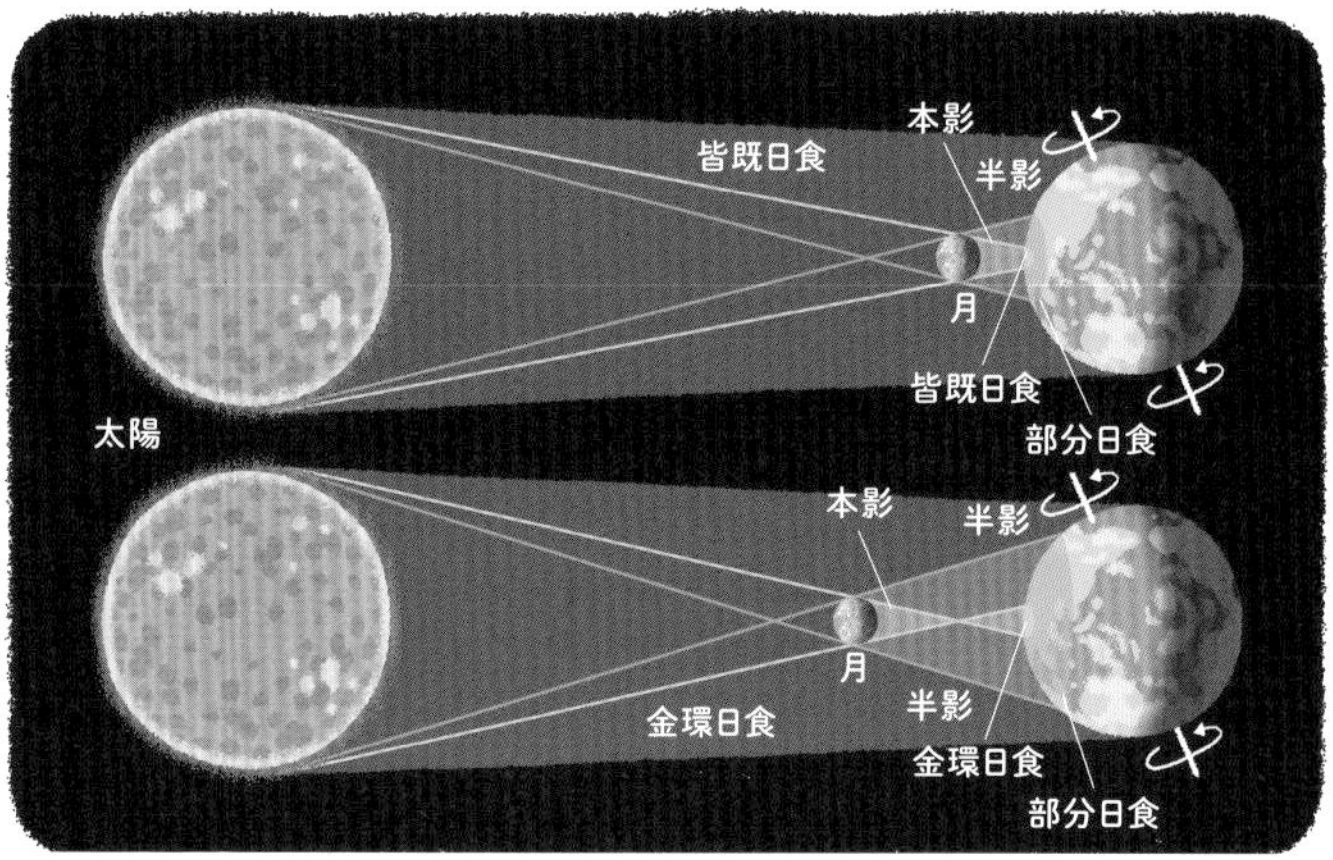

月食

月が地球の背後に隠れるのが月食。太陽、地球、月がこの順に一直線に並んで月食が起こるのは1年に1回程度です。

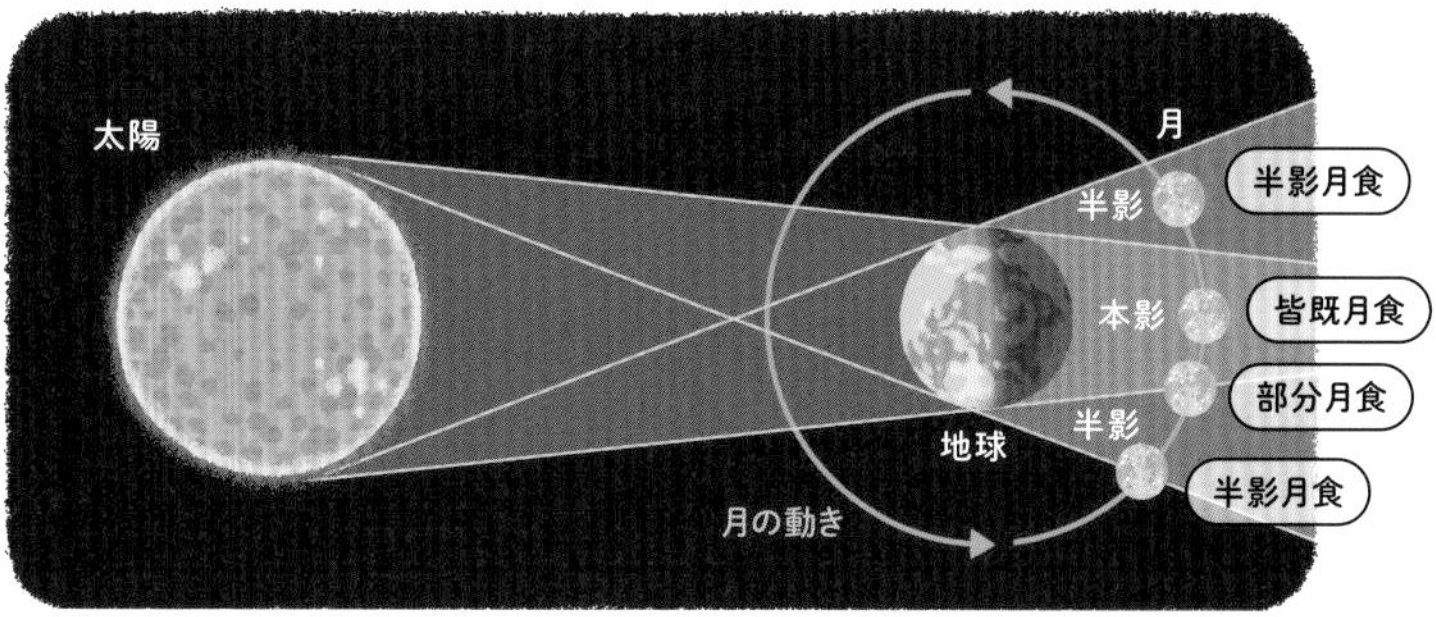

80
chapter 4

潮の満ち引きは、月の重力による引力で起きる

海水面の高さが約半日周期で変化するのを海岸で見たことがありますか？　この現象を**潮汐**《ちょうせき》（潮の満ち引き）といいます。海水面がもっとも高くなるときを**満潮**、もっとも低くなるときを**干潮**、合わせて**干満**《かんまん》といいます。この潮汐は、月と太陽の重力によって引き起こされています。太陽の方が大きく重いので、月よりも地球に大きな影響を与えていると思うかもしれませんが、月は太陽よりも近くにあるため、太陽の倍の影響があります。

地球と月は共通の重心を中心に回っていますが、この公転によって地球には月と反対方向に遠心力が働きます。この公転の遠心力と月からの重力の差が潮汐を引き起こすのです。地球の月から遠いところでは月の重力よりも遠心力の方が大きく、月に近いところでは月の重力の方が大きくなります。地球の月から近いところと遠いところが満潮となり、ほかのところより海水が多く集まるのです。

太陽と地球と月が一直線になると、太陽の引力による効果も加わり、特に干満の差が大きい**大潮**《おおしお》になり、太陽と地球と月が直角に並ぶと、太陽と月からの引力の効果が打ち消し合うため、干満の差が小さい**小潮**《こしお》になります。

潮汐

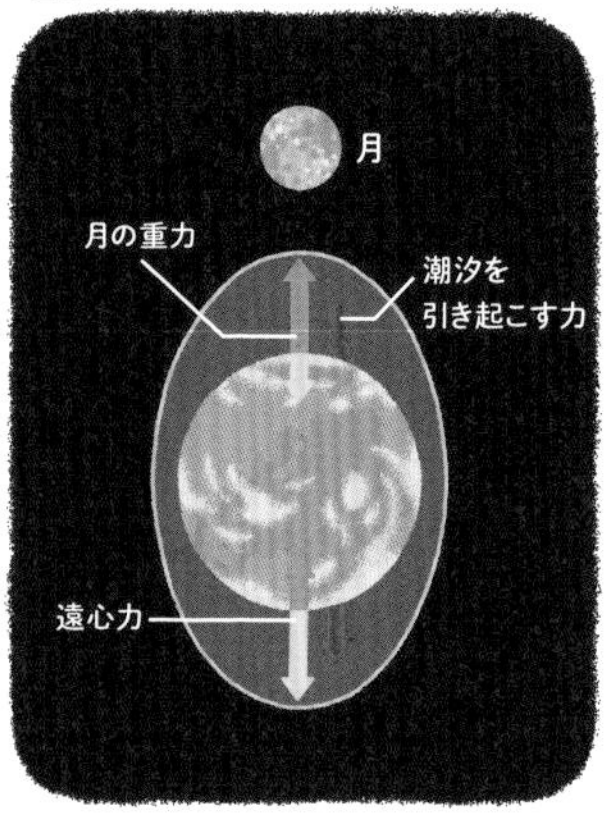

重力と遠心力の差が海水面の干満を引き起こします。

大潮と小潮

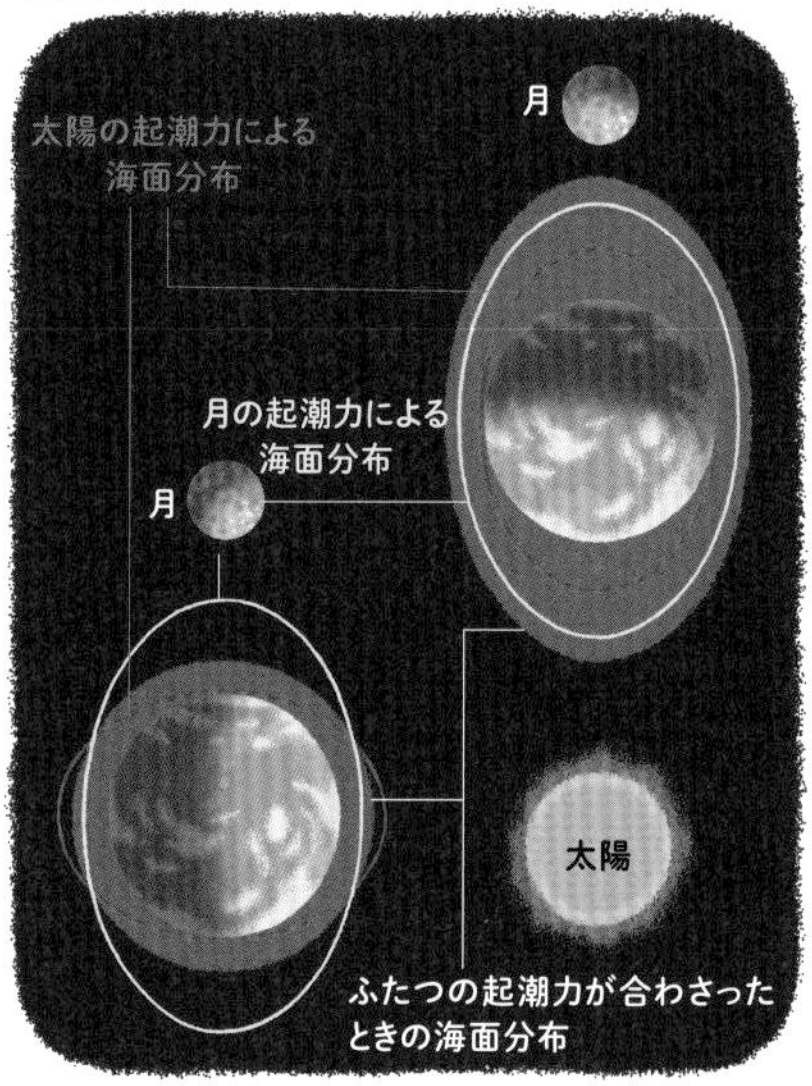

太陽と月による潮汐が重なったとき特に干満の差が大きい大潮になり、太陽と月の位置が90度ズレており、潮汐が最も打ち消し合うとき特に干満の差が小さい小潮になります。

干満

満潮

干潮

香川県の小豆島にあるエンジェルロードの干満。潮の満ち干きによって道が現れたり消えたりする。

81
chapter 4

流れ星は衝撃波で光っている

夜空に一瞬、輝く線を作って消える流れ星。この流れ星は、宇宙からやってくる小さな固体の天体がガス状の大気に高速で突入するときに発光する現象のことで、流星ともいいます。流れ星は十分密度の高い大気を持つ惑星や衛星ならどこでも起こる現象です。

ここでは、地球の大気中で見られる流星について説明します。流星の元になるような惑星の間にある固体の天体を流星物質といい、大きさは直径30μmから1ｍ以下と小さいものです。流星物質が地球の重力によって引き寄せられ、地球の大気に秒速約50kmで突入すると、衝撃波により流星物質と大気が加熱され高温になりプラズマが発生します。

プラズマは固体・液体・気体のような物質の4つ目の状態で、温度が上昇すると物質は固体から液体そして気体へと変化します。さらに温度が上がると気体の分子は分離して原子になり、原子から電子が離れて陽イオンと電子に分かれます。この現象を電離《でんり》といい、電離により生じた荷電粒子の気体がプラズマです。プラズマは不安定なので再び原子核と電子が結びつき安定した状態に戻ろうとします。このときに生じる発光が流星の正体です。

流れ星が光るわけ

小さな物質が地球の大気を高速移動することで生じたプラズマが、再び結びついて元に戻るときに生じる発光が流星の正体です。

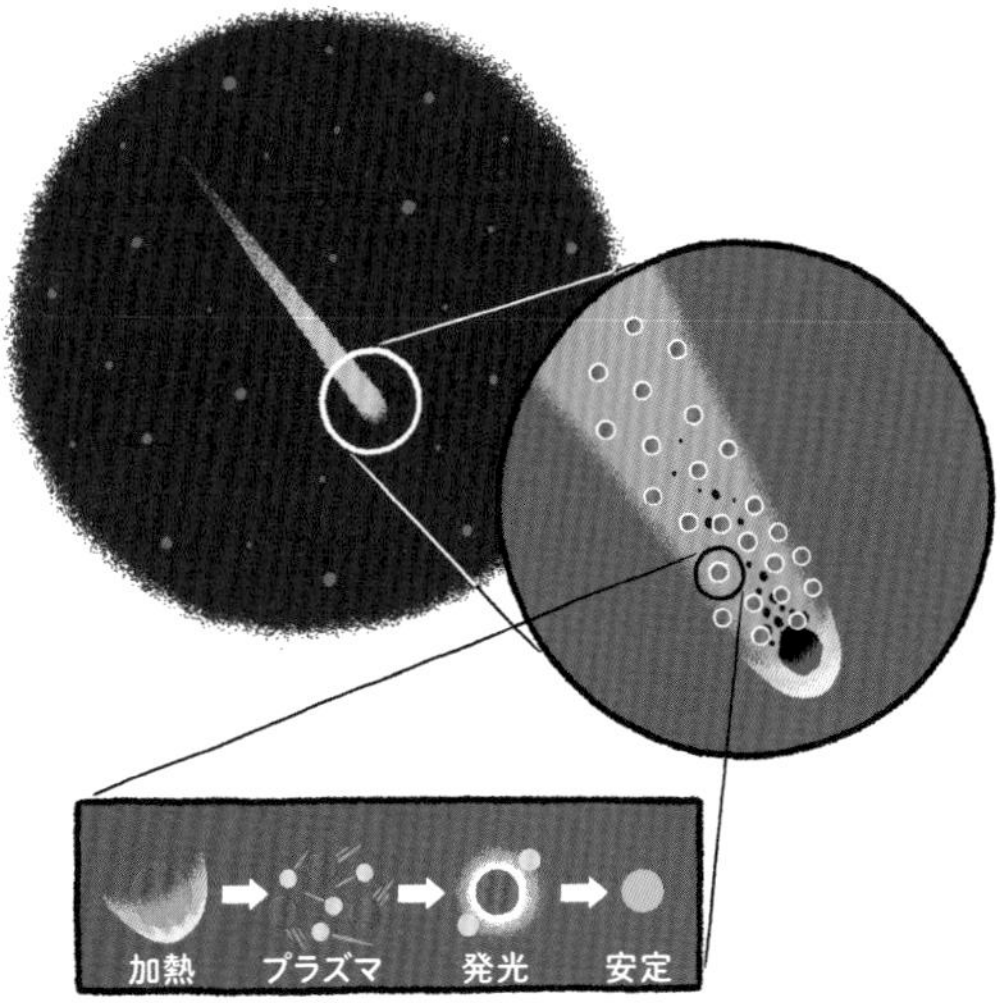

ペルセウス座流星群

毎年定期的に出現する流星の群れは、流星群と呼ばれて人気を集めています。この写真は4時間ほどの時間の間に出現した流星を合成しています。

82
chapter 4

地球と似た生命が存在できる場所

宇宙の研究をしていると、必ずといっていいほど「宇宙人はいますか？」とたずねられます。しかし現在までに地球外生命体は発見されていないため、私たちも「わからない」としか答えられないのです。

地球外生命体の存在に関連して、天文学では地球と似た生命が存在できる領域を**ハビタブルゾーン**といいます。生命が生息可能な領域には液体の水が存在する必要があるはずです。そこで、十分な大気圧がある天体の表面に、液体の水が安定的に存在できる表面温度0℃から100℃の条件を満たす領域をハビタブルゾーンとしているのです。

通常、ハビタブルゾーンは恒星の周りの惑星や衛星を対象に考えられます。ハビタブルゾーンの恒星に近い境目では大気の温室効果により水蒸気が蒸発し、水蒸気による温室効果でさらに温度が上昇してしまいます。逆に恒星から遠い境目では水が凍りつくことで反射率が高くなり、恒星から得る光エネルギーが減少するためさらに温度が低くなってしまいます。もしかしたら、将来ハビタブルゾーンにある天体で、地球外生命体が発見されるかもしれませんね！

ハビタブルゾーン

中心星の質量とハビタブルゾーン

ハビタブルゾーンの位置は中心の恒星の質量によって変化します。中心星の質量が大きいほどハビタブルゾーンは遠くなります。

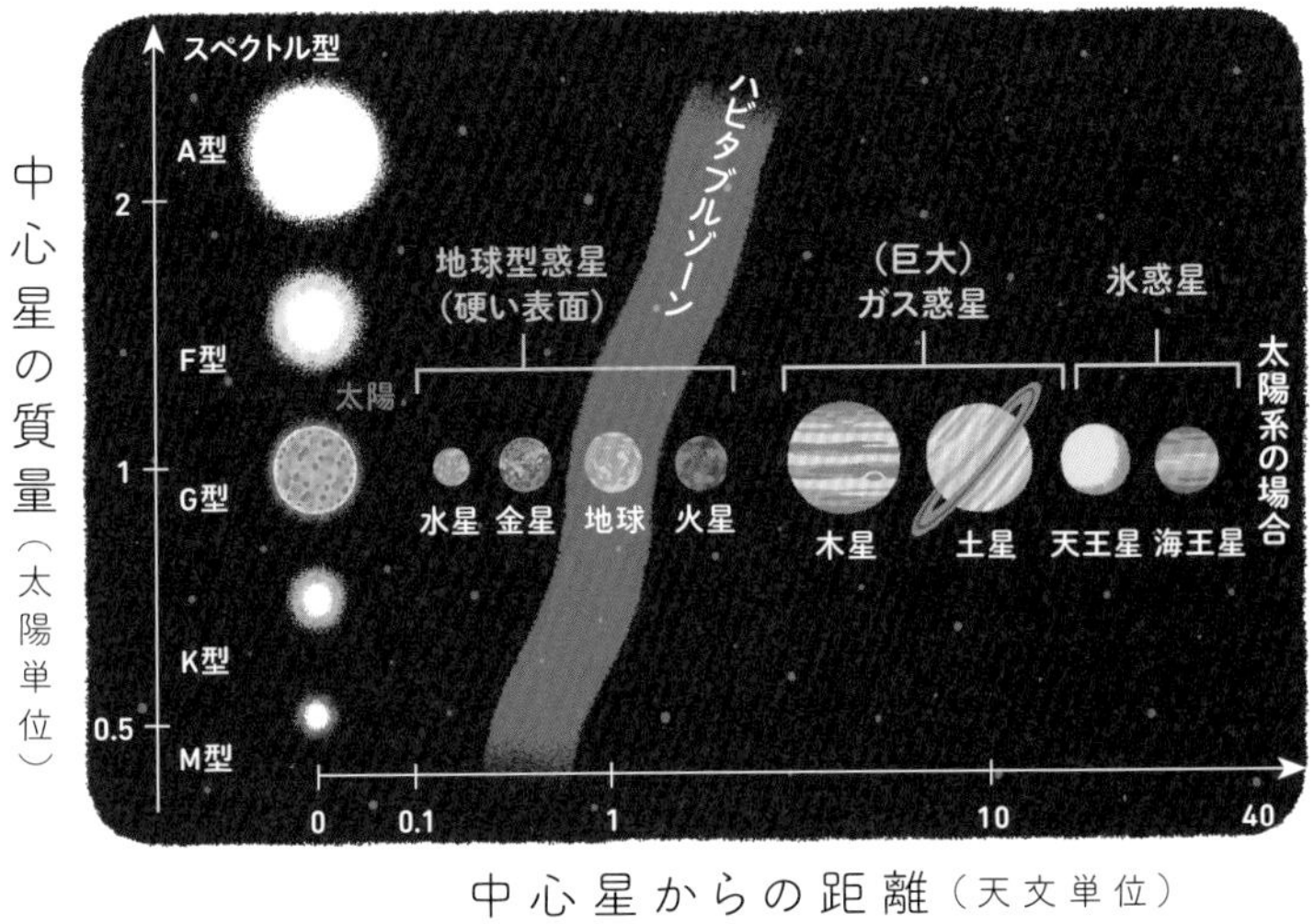

83
chapter 4

世界中にある宇宙機関

宇宙の理解や宇宙空間の活用のために、宇宙機や人間を宇宙空間に送り出す活動を**宇宙開発**といいます。世界中で宇宙開発を行う宇宙機関と研究者らの活躍によって、私たちは天体や宇宙の姿を写真や動画などのデータとして見ることができます。

JAXA（国立研究開発法人宇宙航空研究開発機構）は、2003年に発足した日本の航空宇宙開発政策を主導する機関です。宇宙と地上の間の輸送ロケットの開発と運用、人工衛星や探査機によるさまざまな天体の探査、国際宇宙ステーションの建設や宇宙飛行士の派遣などの任務を達成してきました。

有名な**NASA**（アメリカ航空宇宙局）は、1958年より活動するアメリカの宇宙開発を主導する機関。アポロ計画における月面着陸や宇宙往還機スペースシャトルなどの任務を達成してきました。現在も宇宙ステーションの運用、人工衛星や無人探査機による太陽系探査や太陽系外縁部探査、ハッブル宇宙望遠鏡やジェイムズ・ウェッブ宇宙望遠鏡による宇宙全体の観測などの任務を行っています。

その他にも世界各国の宇宙機関と研究者らが宇宙開発を進めています。

宇宙機

宇宙機とは宇宙空間に飛ばすもののことです。目的や手段などによってさまざまな種類があります。

天体探査	人工衛星	有人宇宙機
地球以外の天体の調査	地球の周りを回る	地球の外にある有人施設
はやぶさ	ひまわり	国際宇宙ステーション
はやぶさ2	だいち	きぼう
かぐや	いぶき	こうのとり（補給船）
あかつき	みちびき	

「天体探査」と「人工衛星」は無人宇宙機です。

宇宙機関

世界にはたくさんの宇宙機関があり、日々競争・協力することで宇宙開発を進め、宇宙空間を活用したり宇宙の姿を解き明かしたりしています。

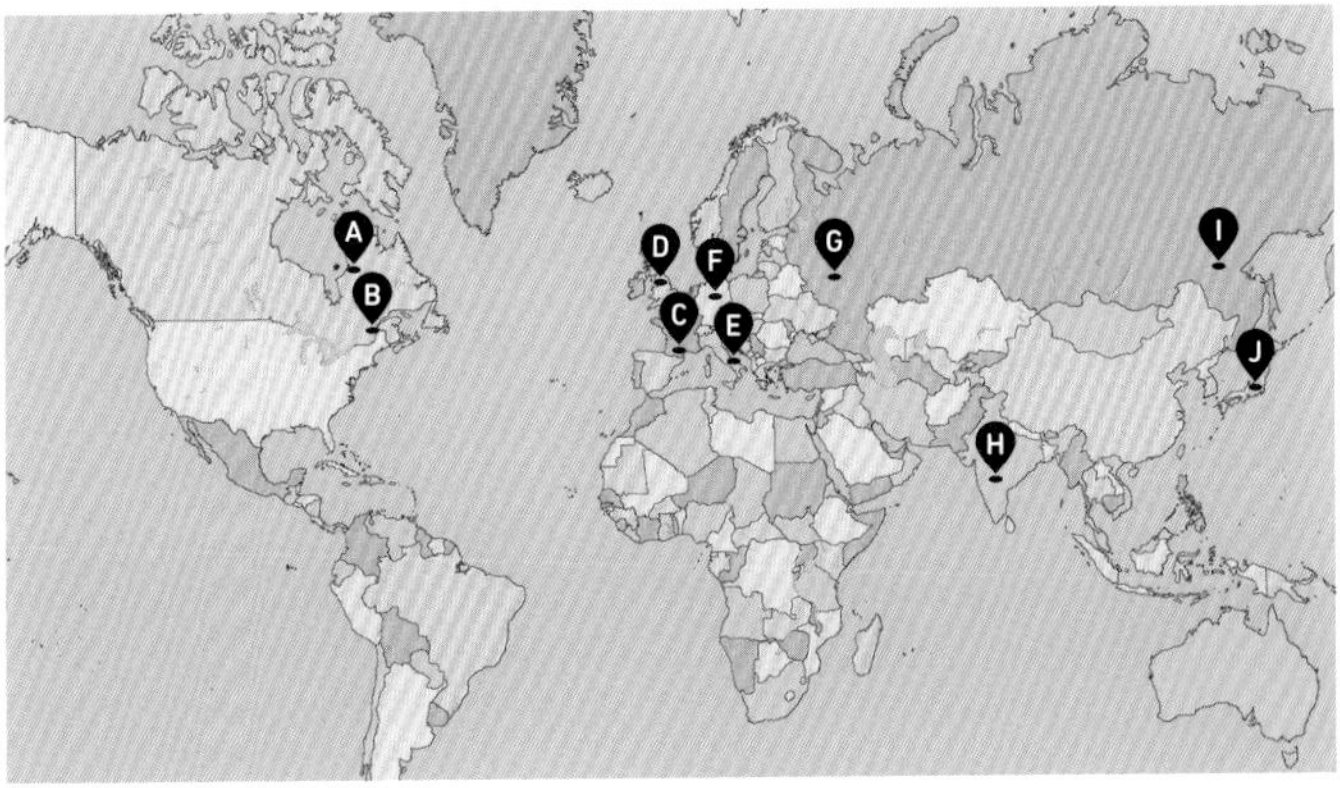

- A カナダ宇宙庁（CSA）
- B アメリカ航空宇宙局（NASA）
- C 欧州宇宙機関（ESA）
  フランス国立宇宙研究センター（CNES）
- D イギリス宇宙局（UKSA）
- E イタリア宇宙事業団（ASI）
- F ドイツ航空宇宙研究所（DLR）
- G ロスコスモス（ROSCOSMOS）
- H インド宇宙研究機関（ISRO）
- I 中国国家航天局（CNSA）
- J 宇宙航空研究開発機構（JAXA）

おわりに

非日常的な宇宙物理の世界をお楽しみいただけたでしょうか？　宇宙物理は大きく「重力」「宇宙論」「天体物理」という分野からなります。その中にはさらに細かい専門分野がたくさんあります。本書ではできるかぎりまんべんなく、宇宙物理について説明しましたが、みなさんはどの話が一番楽しかったですか？　難しくて理解できなかったところもあったかもしれません。でも、絶望する必要はありません。「わからない」のは恥ずかしいことではないからです。

この本で解説したように、この宇宙にはわかっていないことがたくさんあります。なんでも知っているように見える学者も、立派な顔の裏では一生懸命考えて悩んでいるのです。だれだってすぐになんでも理解することはできません。私たちにできるのは自分が理解したいことについて考え、ほかの人と話し合い、学ぶことを楽しむだけです。この本を読んで探究心を駆り立てられたみなさんが、いつか世界中のだれも答えを知らない宇宙の謎を解き明かしてくれるのを楽しみにしています。

武田紘樹

索引

参考文献・ウェブサイト

- 宇宙航空研究開発機構「JAXA」 https://www.jaxa.jp/
- アメリカ航空宇宙局「NASA」 https://www.nasa.gov/
- 国立天文台 https://www.nao.ac.jp/
- 公益社団法人 日本天文学会「天文学辞典」https://astro-dic.jp
- 宇宙の質問箱 https://www.kahaku.go.jp/exhibitions/vm/resource/tenmon/space/
- ひっぐすたん https://higgstan.com/

- 「宇宙 新訂版（講談社の動く図鑑MOVE）」渡部潤一監修（講談社）
- 「イラスト＆図解 知識ゼロでも楽しく読める！宇宙のしくみ」松原隆彦（西東社）
- 「数式いらず！見える相対性理論」竹内 建（岩波書店）
- 「最新 宇宙大図鑑220（ニュートン別冊）」（ニュートンプレス）
- 「ゼロからわかる相対性理論 改訂第2版」（ニュートンプレス）
- 「14歳からのニュートン超絵解本 宇宙のはじまり」（ニュートンプレス）
- 「14歳からのニュートン超絵解本 超ひも理論」（ニュートンプレス）
- 「ニュートン式 超図解 最強に面白い！！宇宙の終わり」（ニュートンプレス）
- 「不自然な宇宙 宇宙はひとつだけなのか？」須藤 靖（講談社）
- 「重力波とはなにか 「時空のさざなみ」が拓く新たな宇宙論」安東正樹（講談社）
- 「第2版 シュッツ 相対論入門 I、II 特殊相対論」Bernard Schutz（丸善）
- 「基幹講座 物理学 相対論」田中貴浩（東京図書）
- 「宇宙論の物理 上下」松原隆彦（東京大学出版会）
- 「人類の住む宇宙 第2版」シリーズ
  岡村定矩、池内 了、海部宣男、佐藤勝彦 、永原 裕子（日本評論社）
- 「場の量子論：不変性と自由場を中心にして」坂本眞人（裳華房）
- 「General Relativity」Robert M. Wald（University of Chicago Press）
- 「The Large Scale Structure of Space-Time」S. W. Hawking
  （Cambridge University Press）
- 「Gravity: Newtonian, Post-Newtonian, Relativistic」Eric Poisson 、
  Clifford M. Will（Cambridge University Press）

SPECIAL THANKS

原稿の確認、ネタの提供、構成の相談などをして頂きました。
ありがとうございました。

天羽 将也、Jimmy Aames、柄本 耀介、大宮 英俊、衣川 智弥、久徳浩太郎、
喜友名 正樹、鈴口 智也、瀬戸直樹、高橋 卓弥、中村徳仁、松木場 亮喜、
間仁田 侑典、武田 詩織

写真クレジット

- Pablo Carlos Budassi（P14、P137）
- 兵庫県立大学西はりま天文台 斎藤智樹（P37・上）
- テクノエーオーアジア（P59・上）
- H2NCH2COOH（P61・上）
- Osanshouo（P61・下）
- 竹内 建（P63・下）
- NASA（P71・右下、P79・上、P79・下右から1、2、4番目、P91・上、P151・中、P172・右、P172・左上、P173・左）
- LIGO（P79・下右から3番目）
- Ute Kraus, Physics education group Kraus, Universität Hildesheim, Space Time Travel, (background image of the milky way: Axel Mellinger) - Gallery of Space Time Travel（P83・下）
- EHT Collaboration（P89・下）
- 鄭 昇明、大向一行（P91・下）
- America, Volume 15, Issue 3, pp. 168-173（P107・下）
- ESA and the Planck Collaboration（P111・右下）
- NASA/COBE（P121・上）
- Daniel Baumann（p121・下）
- Andrew Z. Colvin（P137）
- ESO（P139・右下）
- Rogelio Bernal Andreo（P193・左下）
- Planetkid32（P143・左下）
- Chris Laurel（P143・右下）
- NASA, ESA, the Hubble Heritage Team (STScI/AURA)-ESA/Hubble Collaboration, and H. Bond (STScI and Pennsylvania State University)（P145・下）
- NASA/ESA/JHU/R.Sankrit & W.Blair（P147・下）
- Hubble 1929, Proceedings of the National Academy of Sciences of the United States of NASA, ESA, CSA, STScI; J. DePasquale, A. Koekemoer, A. Pagan (STScI)（P153・中）
- AAO/Malin（P155・左上）
- John Kormendy、University of Texas at Austin（P155・左下）
- NASA/JPL-Caltech/R. Hurt (SSC-Caltech)（P159・左上）
- Sloan Digital Sky Survey（P163・上）
- Andrew Pontzen and Fabio Governato - Andrew Pontzen and Hiranya Peiris,（P163・下）
- Kevin M. Gill（P170・下）、
  ESA & MPS for OSIRIS Team MPS/UPD/LAM/IAA/RSSD/INTA/UPM/DASP/IDA（P171・左）
- NASA/Johns Hopkins University Applied Physics Laboratory/Carnegie（P171・右）
- NASA / JHUAPL / CIW / color composite by Gordan Ugarkovic（P171・左）
- Justin Cowart - Tharsis and Valles Marineris - Mars Orbiter Mission,（P171・左）
- NAOJ（P181・下）

武田紘樹

Hiroki Takeda

京都大学大学院理学研究科 物理学・宇宙物理学専攻 物理学第二分野 天体核研究室 日本学術振興会特別研究員PD。1993年栃木県小山市生まれ。埼玉県立浦和高校、横浜国立大学理工学部卒業。東京大学大学院理学系研究科物理学専攻博士課程修了。東京大学博士（理学)。専門は宇宙物理学、特に重力波物理学・天文学。YouTubeチャンネル「4コマ宇宙」で最新の宇宙物理学の研究をゆるく紹介するなど、多方面で活躍中。

Twitter ▶ @tomatoha831
Instagram ▶ @yonkoma_uchu

広大《こうだい》すぎる宇宙《うちゅう》の謎《なぞ》を解《と》き明《あ》かす

14歳《さい》からの宇《う》宙《ちゅう》物《ぶつ》理《り》学《がく》

2023年 3 月20日　初版発行
2024年10月25日　4 版発行

著者 ● 武《たけ》田《だ》紘《ひろ》樹《き》

発行者 ● 山下直久

発行 ● 株式会社KADOKAWA
〒102-8177　東京都千代田区富士見2-13-3
電話0570-002-301（ナビダイヤル）

印刷所 ● TOPPANクロレ株式会社

ISBN978-4-04-606175-1　C0044